罗杰斯认为，人的不幸，根本在于迷失了人之为人的本性，为种种非其本性所欲的外物所累，人要重获幸福，就须回归本性，依本性的引领来过自己的生活。

心理学名家述评

人性的迷失与复归

罗杰斯的人本心理学

江光荣 著

生活·读书·新知 三联书店

图书在版编目（CIP）数据

人性的迷失与复归 / 江光荣著. — 北京 : 生活书店出版有限公司, 2021.5（2025.5 重印）
ISBN 978-7-80768-304-9

Ⅰ. ①人… Ⅱ. ①江… Ⅲ. ①罗杰斯（Rogers, Carl Ransom 1902-1987）- 心理学 - 研究 Ⅳ. ①B84-097.12

中国版本图书馆CIP数据核字（2020）第186019号

丛书策划　李　娟
责任编辑　杨学会
装帧设计　高　瓦
责任印制　孙　明
出版发行　生活书店出版有限公司
（北京市东城区美术馆东街22号）
邮　　编　100010
经　　销　新华书店
印　　刷　北京启航东方印刷有限公司
版　　次　2021年5月北京第1版
2025年5月北京第3次印刷
开　　本　880毫米×1230毫米　1/32　印张14.125
字　　数　266千字
印　　数　8,001-11,000册
定　　价　58.00元
（印装查询：010-64052612；邮购查询：010-84010542）

序言

本书初版写成于20年前，是“20世纪西方心理学大师述评”系列中的一本。该系列由车文博先生任主编，由湖北教育出版社出版，嗣后又由台湾猫头鹰出版社出版了一个繁体字版。20年来，这套书在大陆和台湾的发行不温不火，近些年大概因为实在年头久远，已经逐渐淡出人们的记忆了。不过，有一点小小自得的是，我写的罗杰斯这本，在大陆和台湾都分别加印过一次。加印的功劳大半归罗杰斯，因为想读他的人比较多；小半功劳归我，因为这书写得比较靠谱，读者可以省心省力，同时又比较放心地读罗杰斯。这些年里，不时有朋友、学生催促我再版这书。有一天，一位前学生拿一本旧书在我面前晃晃，说：“老师你知道你这书现在卖多少钱吗？一百多块呢！”我印象这书定价应该只十多元的。最近几年，因为国内对以人为中心心理治疗感兴趣的人增多，人本心理咨询培训班也多起来，对这书的需求又增加了，因之我心里也有点活动了。2019年5月在北京开第六届人本心理咨询大会期间，生活书店的李娟女士非常诚恳地鼓励我修订再版，心里头一激灵就答应了。

过去几个月里，断断续续做这件修订文稿的事，因之有机会再系统地访问一回罗杰斯。是的，用“访问”这个词挺能形容我做这事的状态。分析着说，这里头大概有三种思想活动：一是重读、复习罗杰斯；二是再认、理解罗杰斯；三是对话、商榷罗杰斯。重读、复习罗杰斯不用解释，因为放下的时间久了，有些事实，有些罗杰斯的思想淡忘了。我想稍微谈谈再认和对话，也只谈其中一点，比较重要的一点。

我从罗杰斯晚年的发展说起。罗杰斯离开大学是1963年，时年61岁。他来到西部，此后一直在加州南部一个美丽的海滨小镇生活，直到1987年离世。这是漫长的24年。罗杰斯的身体和精力一直相当棒，直到去世前都活力不减。他晚年的发展应该说是自由自主的。摆脱了大学的学术政治，生活上没有为稻粱谋的压力，这真的挺符合他心目中理想的发展环境。他发展的实际情况如何呢？他生活得相当自由自在，用个时髦词，他真的“放飞自我”了；他的创造力和学术出产一直维持在高水平；他的家庭生活幸福，老伴于1979年去世，之后他的生活仍然很充实；他因为杰出的思想和学术活动、以人为中心理念和治疗实践的传播，而在全世界享受到崇高的声誉和崇拜……所有这些，似乎都可说，罗杰斯就是他自己关于人的思想、关于自我实现的一个活的样板！他自己对自己的一生也比较满意，这从他85岁时写的一篇小传的题名——《这就是我》——可看出端倪！尽管如此，我仍然觉得，跟历史上一些真正伟大的存在比较，例如苏格拉底、释迦牟尼，例如老子、孔子，他还有不小的距离！

五年前在武汉大学举行的第四届亚太区域国际辅导会议上，我受邀做一个主旨演讲，题目自定。其时我正对王阳明发生兴趣，忽然间萌生一个有趣的念头，何不把罗杰斯跟王阳明做一番比较？于是就做了一个题为《心学与心理治疗——罗杰斯与王阳明的对话》的演讲。在这个比较里，我试图弄明白到底是在什么地方，罗杰斯和他所代表的人本心理学让我感到了差距。我找到了几个不同方面，但其中最关键的，是关于人的定位：天地之间，人应该放在哪里？

我设计了一段对话，来表明二者的不同：

罗杰斯：在我们人本主义者看来，借用一句古话，人是万物的尺度！人的本原之性是亲社会、建设性的。因此，人性是值得信赖的。所以，我们主张，人生的终极价值准则，就在人自身。先生也说，良知自性具足，不假外求。请教先生，我们的看法是一致的吗？

王阳明：未必呢，亲爱的卡尔。在心学看来，人只是天地万物之中的一物而已。天地万物统摄于一个“理”。人性是天理在人身上的体现。只是在这个意义上，我们才说，尽人性即是存天理。人并不是万物的尺度，天理才是万物的尺度。你有没有发现，在人为万物尺度的口号下，人类以变态为正常，以物欲为天性，暴殄天物，糟蹋自然，完全丧失了“万物一体之仁”？

其实，今天再看我为罗杰斯设计的这段话，其中“先生也说，良知自性具足，不假外求”这句引用语的认识高度，罗杰斯实际上是没达到的。无论如何，我试图通过上面这段对话，表明人本主义——无论是作为哲学思潮还是作为心理学思潮——的一个根本局限：人本主义从来只是把视野局限于社会历史角度，从未放眼于自然历史角度。人本主义起于社会抗议（对“神本主义”和“物本主义”的抗议），也止于社会抗议。它把个人自由和尊严绝对化，反而使得人的价值空洞化。这使得人本主义在“争得自由”之后，无法说清楚自己到底要的是什么自由！

这就是我想跟罗杰斯对话和商榷的主要问题。按理，这些话应该放到正文中去比较系统地讲，但考虑到这些想法有太强的个人色彩，并且如果展开来写作的话，它需要做一个比较系统的文献梳理研究的工作，而这是跟这本书的写作目的不一致的，所以只在这里借机提一提。

写到这里，我冲动地想要插入一段话。今天是2020年2月14日，我困在“疫城”武汉家中，窗外是铅灰的天空。1100万人口的江城，处在“封城”的死寂之中，每个人以悲壮的居家隔离，来跟一种细微得要用电子显微镜才能看见的小东西“斗法”。不错，回顾到目前为止的历史，人类征服自然的战斗每一次都胜利了，眼前虽然又经历一次至暗时刻，终究也会走出黑暗。但是，人类这种跟自己所属的宇宙对立地存在着的心态，以征服者自居的心态，一直在让我们付出沉重的代价。人类在更宏大的存在面前，要学着存一份谦卑。

无论如何，这段再访罗杰斯的旅行对我自己挺有意义。近些年来，我发现自己经常不由自主地在思考一些形而上学的问题，其中包括一些心理治疗方面的问题。例如，到底什么是健康的人的生活？心理治疗的本质是什么？一个人（治疗师）凭什么可以对另一个人（当事人）进行心理治疗？在心理治疗中当事人改变的机制是一还是多？这些机制有没有“命中”人类心理的根本条件？我是在这些个人化思考的惯性影响下做文稿修订工作的，这使得我在跟罗杰斯，跟以人为中心治疗的理论和实践的复习和对话过程中，不时会被一些灵感照亮，从而看到新的思想，产生新的领悟。

就像开头提到的，本书的修订再版得到许多人的鼓励和帮助。感谢人本心理学组的多位同道。人本学组的骨干大都是林孟平教授的学生（参见本书第十章）。因为师出同门的关系，大家都亲切地叫我师兄。我们这些人近几年“搭帮”做了不少事，其中一件分量重的是举办人本心理咨询的系统培训项目。因为一起筹办和参与教学的缘故，其中多位鼓励我修订再版本书。要完全列出这些“兄弟姐妹”名单就太长了，其中直接提供帮助的有樊富珉教授、贾晓明教授、桑志芹教授、陶勑恒教授、伍新春教授、陆晓娅教授、陈秋燕教授、孟莉教授、王立冬教授、张澜教授、安芹教授。感谢这些年里我教过的学生们，尤其是华中师范大学临床与咨询心理学专业的研究生，在跟他们一起的教学过程中，许多课堂讨论和作业都是洞察和灵感的来源。要特别感谢我的博士生闫玉朋。玉朋为本书的最后一章做出了最重要的贡献，因为要跟进本书初版以来以人为中心治疗体系的发展，他主动承担了搜集整理最新文献的全部工作，而且为我拟出了一个初稿！虽然最后一章还是我按照整体考虑重新写出，但玉朋的工作为我节省了太多时间和精力。最后，还要感谢生活书店的李娟女士，她的富有说服力的鼓励，以及非常宽松的约稿时限，促成我做出决定。

江光荣

2020 年 2 月 14 日

目录

一

卡尔·罗杰斯：学术人生

本章初稿时，曾拟标题为“卡尔·罗杰斯：‘性本’主义者”。为什么要生造一个“性本主义”而不用公认的“人本主义”以况罗杰斯？实有下述考虑。通常的“人本主义”，是相对于“‘神本’主义”和“‘物本’主义”说的，其内蕴有强调人的尊严、人的价值，天地之间人为贵的意思。据此而言，罗杰斯的确应该称为人本主义者。但笔者总觉得，以“人本主义”况罗杰斯，有未中肯綮处。依笔者所见，罗杰斯的全部学问文章，以及罗氏为人的基本风骨，统可用一句话来概括，那就是“按自己的本性去生存”。这是本书的一个基本主张，此处不遽作论说，仅举一例为证。罗杰斯的名著《论成为一个人》第八章用了这样一个标题：“‘是其真我’：一位治疗师对人生目标的看法”（Rogers, 1961）。“是其真我”是丹麦哲学家基尔凯郭尔[1]的话，英文为“to be that self which one truly is”，含义是一个人应该按自己真面目、本来面目去为人。何为“真自我”“真面目”？按罗杰斯在该章序言自解，这个说法与中国古圣老子的“率性自然”[2]意思一样，即自己的本性。罗杰斯既以“是其真我”“率性自然”作为理想人生的目标，亦躬行其道，所以我以为，说他是“人本主义”不如说他是“性本主义”。

不少做人文科学和哲学功夫的学者，尤其是做到一定境界者，其为人与为学，往往密不可分，其人生往往是其学问的最好诠释。罗杰斯的情况正好如此。本着这样一个认识，本章先呈现罗杰斯的学问人生，其用意一是对我们的主人公先有所了解，二是借此做一个进入罗杰斯思想世界的阶梯。

1　Søren Kierkegaard（1813—1855），又有“齐克果”“克尔凯郭尔”等译法。19世纪丹麦哲学家。其思想后来被认为是存在主义哲学的先驱。

2　原文为“The way to do is to be”，未注出处，意译为“率性自然”。然查老子虽有“率性自然”的思想，却无此说法。

85年人生之旅

清教徒家庭里的孩子

1902年1月8日，芝加哥郊区一个名叫橡园的地方，姓罗杰斯的这一家又添了一个男孩。这个孩子的出生显得平平常常。这个家庭不缺孩子，更不缺男孩。这个取名卡尔·兰萨姆·罗杰斯（Carl Ransom Rogers）的孩子是六个孩子中的老四，而这六个孩子中有五个男孩。卡尔的父亲名叫沃尔特（Walter Alexander Rogers）。沃尔特毕业于威斯康星大学。卡尔出生时，沃尔特作为一位土木工程师和承包商，生意正红火兴旺。卡尔的母亲朱丽娅（Julia Margaret Cushing）也在威斯康星大学受过两年高等教育。在19世纪末的美国，接受大学教育还是一件很稀罕的事。罗杰斯父母都从大学毕业（实际上，沃尔特还上了一年研究生院），这是很了不得的。当然，罗杰斯家和朱丽娅娘家（姓卡森，Cushing）都是17世纪从欧洲迁往新大陆的早期移民，在美国这个年轻国家都算得上是世家的。两家的祖上都出过一些名人，包括律师、法官、商人，且都对当地社区乃至年轻的美国做出过贡献，如卡森一家就有三个男人在南北战争中牺牲。

罗杰斯家和卡森家的背景非常相近，都是早期从英国来的移民，最先都在东北部安家繁衍，几代以后其中一支沿伊利运河西迁，落根于威斯康星。在威斯康星这两家还是邻居，有趣的是罗杰斯家养了四个儿子，而卡森家有三位千金。两家往来甚密，每到新年，罗杰斯家四兄弟便盛装打扮，齐齐到卡森家“拜访”卡森家的小姐。不过后来只有沃尔特成功迎娶了朱丽娅，或许因为他俩同在威斯康星大学读书。

基督教信仰在罗杰斯家是一个重要元素。沃尔特属于公理会派，朱丽娅则是相当保守的浸信会员。夫妻俩不仅虔诚信教，而且热心于地方的宗教事务。沃尔特曾担任地方公理会筹款委员会的第一任主席，为公理会兴建当地礼拜堂贡献良多，以至公理会将该礼拜堂命名为“罗杰斯礼拜堂”（Kirschenbaum, 1979, p. 5）。卡尔很小的时候，就养成了爱读圣经故事的习惯（李绍昆，1991）。正统的清教徒加上良好的教育，这样的家庭中，强调传统，刻板保守，是自然而然的事。多少年后，卡尔·罗杰斯回忆起自己的少年生活，对此颇有几分无奈。

罗杰斯形容这个家庭的特点是：成员之间联系密切，同时又笼罩着极其严格，几乎是不宽容的宗教和伦理气氛；对勤勉劳作的美德强调到近乎崇拜的地步（Rogers, 1961）。罗杰斯夫妇对孩子们给予了无微不至的关怀，但这种关怀是有分寸的、节制的。随意表达感情，过分亲昵，都被视为不妥。相反，家里的管束非常严厉，规矩和限制非常多：不许喝酒（甚至汽水），不许跳舞，不许去戏院，还不许玩牌。许多年后，卡尔还能记起自己头一回喝汽水时，心里那种隐隐的堕落感！

在诸多限制中，最突出的恐怕还是社交生活。卡尔的父母坚信，自己一家与周围的人不同，周围人的行为举止不合他们的口味。对此，罗杰斯写道："我想我家对外人的态度大体可以这样概括：我们不能保证那些人不会在我们家里做出出格的事来，他们许多人打牌、看电影、抽烟、喝酒，还有其他一些说不出口的事儿。所以最好的办法是对他们忍耐，因为他们不明事理。因此，要禁止任何同他们亲近的交往，关起门来过自己的日子。"（Rogers, 1973, p. 3）总之，在这个家庭里，不合基督教精神的行为是不能被宽宥的。清教徒的偏见和美德（如诚实、勤奋）都在少年罗杰斯身上留下了烙印。

孩提时代的卡尔·罗杰斯体质弱，瘦瘦的，常常闹病，而且情感脆弱，动不动就流泪。受管束太严，不能和别的孩子玩耍，更使小卡尔有些敏感内向。家人时不时取笑他不够强健和别的一些弱点，这愈加使得他倾向于独处。他与其他兄弟姊妹在一起，虽有欢乐，却总不能忘情投入。更多时候他是孑然独处，生活在自己的幻想世界里。罗杰斯后来常说自己是个孤独的孩子，鲜有在家庭之外交朋友的机会，于是只好逃到书本中寻求慰藉。罗杰斯四岁时就在妈妈和哥哥姐姐的辅导下学习阅读，任何他能搜罗到的书都读，包括百科全书和字典。读得最多的是一本《圣经》故事，翻来覆去读了好多遍。到正式上学时，他读过的东西已超过了同龄孩子一大截。上学第一天，老师就发现他的阅读能力远在别的同学之上，以至校长在认真测验一番后——罗杰斯甚至能流利地阅读四年级的课文——直接就把他放在了二年级莉拉（Littler）老师的班上。

卡尔12岁时，罗杰斯一家搬到芝加哥西边30英里处的一个大农庄。至于为什么要搬家，罗杰斯后来回想有两个原因。第一个原因他认为是表面的，罗杰斯父亲的生意非常成功，当时已相当富有，他想要一个农场享受一下乡村生活的乐趣；第二个原因罗杰斯认为更真实，是他父母希望家里这群正值青春年少的子女远离城市生活中种种使人堕落的“诱惑”。这样一来，卡尔就更难有与别的少年交往的机会了。这种社交隔离情形一直持续到中学毕业。多年以后，罗杰斯还记得，整个高中阶段他一共才有过两次与女孩子的约会。这在同学中挺没面子的。

有失必有得。农场生活使罗杰斯有机会发展对科学的兴趣。这种兴趣似乎预示了这孩子未来会走上学术道路。这位孤独、有点内向的少年对农场的大飞蛾产生了极大兴趣，这些或冰清玉洁或华丽烂漫的生灵栖息于农场四处的林木中，晚间便到处飞行。慢慢地，卡尔成了家中关于这些奇妙造物的知识权威。他阅读关于飞蛾的书籍，还捕来一些亲自进行繁育，在漫长的冬日里，耐心地喂饲幼虫，然后又一待半天观察茧的动静。

从这少年人的痴迷中不难看出一位未来科学家的苗头：耐心地等待，不为挫折灰心，大自然总会向你展示它的秘密的。这种科学兴趣又因沃尔特的一个决定进一步受到激励——他的农场要尽可能用科学方法来种植和管理。他鼓励男孩子们每人来经营一个小小的项目，看看各人能耐有多大。于是，孩子们有的得到一群鸡，有的得到几只羊羔和猪仔，结果每个人都学到一套本事。至于卡尔，他的收获可远不只一些专门技术，他简直成了一个像模像样的农学学生。14岁的少年把莫里森的一套多卷本巨著《饲养学》细细啃了下来。从这套书中，他明白了什么是科学实验，设计实验的种种细节，控制组、实验组以及随机过程，等等。总之，他不仅获得了科学方法的初步知识，而且深深被科学方法的价值所打动，他从亲身经验中体会到验证一项科学假设的困难和挑战。此外，还有一个附带的但并非不足道的好处，那就是飞蛾和养殖活动带给卡尔的巨大愉快和满足。这至少使他在一定程度上忘却了内心深处对人间友谊的渴望。

从神学到心理学

1919年，罗杰斯17岁，考入了威斯康星大学。在人生的一个试飞时节，家庭樊笼中的鸟儿终于放飞了。这对罗杰斯的成长有着非同寻常的意义。随后几年大学生活，罗杰斯的精神世界发生了巨大变化，对人生、对宗教、对科学的价值都有新的参悟和改变。

罗杰斯一家似乎与威斯康星大学有缘，他父母都从这所大学毕业，两个兄长和大姐也是威大校友。卡尔·罗杰斯上学后，与二哥罗斯（Ross Rogers）共用一间寝室。卡尔·罗杰斯一开始选读的是农学，这是农场生活所培养的兴趣的自然延续。卡尔的志向是要用一套最现代最科学的模式来经营一家农场。这肯定也很合沃尔特·罗杰斯的意。可惜，这一志向不久就被一些更能吸引卡尔兴趣的活动冲淡了。

入学头一年，罗杰斯就参加了由乔治·汉弗雷（George Humphrey）教授领导的农学学生星期日午间活动小组。这个小组带给罗杰斯一系列新的经验，不过其中重要者并非专业知识。首先是汉弗雷教授的领导风格使罗杰斯耳目一新。这个小个子教授完全不理睬传统的领导方法，决不用耳提面命式的指导，而是凡事鼓励小组成员自己商讨决定。小组自己设定课程、组织社交和教学活动，像议会一样议事，成员之间进行深入的交流，而整个小组也越来越团结。这可能是罗杰斯最初获得的小组生活经验，而这种经验肯定对罗杰斯后来对治疗式小组活动的创造有重要影响。罗杰斯已习惯了父母那种关怀加控制的教养方式，在这个小组中获得的自由思考、自主体验，对罗杰斯无疑是一种全新的感受。另外，在这里他生平头一次可以与家庭圈子以外的同龄人发展密切的个人关系，这种交往是那样新鲜和令人激动，就像豁然廓开了一道新的人生风景线。新的生活极大地激发起青年罗杰斯的潜能，一直被用于科学思考的智力开始被生活激情所吸引，越来越多地被用于对生命价值、人生底蕴的思索。这种思索又迅速发展为对宗教的兴趣。他开始感到基督的召唤。他积极参与校内校外的各种宗教活动，出席一些宗教性质的会议。到第二学年将终之时，他已决心献身于宗教事业，做一名牧师。于是他毅然放弃了本已学得相当出色的农学，开始主修历史，因为他认为这方面的学识是从事宗教事务的必要准备。

这里似乎有点令人费解的东西，一颗自幼就受严格的宗教律条束缚的心灵，刚刚呼吸到一些自由空气，如何又退回到上帝的世界里去了呢？殊不知，在罗杰斯心中，至少是模模糊糊地，已经在发生一场静悄悄的、缓慢的“宗教革命”。从罗杰斯当时的日记和书信可以看出，由家庭熏陶而形成的基督教观念——威严、高高在上、充满严厉的禁律和道德训诫的基督教，在罗杰斯心目中已渐渐演变为富于人情和人性的一种形象；《旧约全书》中威严地审判人世的一切、令人敬畏的上帝，渐渐已为一个充满人类情感，允许个人自由的耶稣所取代。这一发生于罗杰斯内心的“宗教改革”，由于他的中国之行而变得明晰和激烈，到这一旅行结束时，罗杰斯的宗教信念已经是一种非常自由主义的宗教了。

1922年，也就是罗杰斯上大学三年级的时候，世界学生基督徒联合会在中国北京召开大会，罗杰斯作为全美十来名代表之一，被挑选出席北京的会议。[1]这一为期六个多月的旅行是罗杰斯精神世界的一次洗礼，是他个人发展上的一个分水岭。罗杰斯自己认为，这次东方之行是他头一次真正达到思想上和性格上的自主自立。罗杰斯在这期间写了日记（他称为“北京日记”）和许多封长

1　据当时负责遴选的雷·索尔教授50年后回忆，当时他脑子里一下子就冒出来两个人，就是罗杰斯兄弟俩。罗斯·罗杰斯也非常优秀，后来考虑他当年就要毕业，而卡尔·罗杰斯还要留在学校好几年，索尔教授遂决定选择卡尔（Kirschenbaum, 1979）。

信，这些日记和书信透露了一位20岁青年心灵洗礼的消息。信是写给两处对象的，一是他父母，一是刚刚建立恋爱关系的恋人海伦（Helen Elliot）。读者如果想象罗杰斯写这些的心情，肯定是件有趣的事：给父母的信充满了抗辩和反叛，给海伦的信嘛，你注意一下称呼的变化就好了——开始是“亲爱的海伦”，后来是“我的心肝儿”！

北京之行一共有六个多月。除掉在北京的会议和参观以外，往返途中还经过了夏威夷、中国香港、日本和菲律宾。中间有三个月在中国境内访问旅行，他到过汉口、山东、广东、南京、上海、福州。会议为期一周，在清华大学举行。会议期间和会议之后的访问中罗杰斯都很活跃，他睁大了眼睛，放开胸怀，去接受来自世界各地不同文化、不同种族人们的所思所想。在这次旅行中，不独异域的风情文化使罗杰斯大开眼界，让他知道在世界的不同地方存在着多么不同的文化和生活方式，更重要的是他所结识的人，那些来自世界各地，有不同文化和宗教背景的年轻人，使他重新认识了许多跟他原来的观念相抵触的东西。他看到，虽然大战（第一次世界大战）结束已经四年，法国人和德国人还是那样彼此仇视。而撇开民族意识，单单作为个人来看，这些人都是那么热情且富有同情心。在宗教问题上，他也有全新的发现，同是基督徒，来自不同国家和文化背景的人却有很不相同的宗教观念。“我认识到，同为真诚正直的人，却可以有多么不同的宗教信仰。在许多重要的方面，我头一次得以摆脱我父母教给我的宗教思想，并且确信，我不可能再跟他们保持一致了。”（Rogers, 1961, p. 9）罗杰斯诚实地在给父母的长信中报告了自己的思想，而这种“思想报告”不可避免地引起了双方的痛苦。在父母这方面，他们为儿子竟然去拥抱那种在他们看来危险至极的宗教理念惊恐万状。可糟糕的是，由于邮路太长（当时一封信从美国到中国要两个月），他们的回信无法及时到达儿子手上；而在罗杰斯这一方面，新的宗教感受加上年轻人那立意要摆脱束缚、宣示自主的一股倔犟劲儿，使他在独立思考的路上越走越远。更何况，与海伦通信中的柔情蜜意，又给了罗杰斯一份情感上的支持。所以，等到罗杰斯父母的反对和规劝到达罗杰斯这里时，事态已经无可挽回了。当罗杰斯启程回国之时，他已彻底“清算”了家庭的影响，在精神、理智和情感上走向了真正的独立（Thorne, 1992）。

中国之行使罗杰斯的健康受了点损害，回国后不久，他就被诊断出患了十二指肠溃疡。经过几星期住院治疗后，他回到父母家中继续疗养。这段在农场的日子并不平静。罗杰斯与父母之间的信仰之争仍在继续，并且有激化的迹象。不过罗杰斯在精神上确实已经长大了，已没有回头的可能。有迹象表明，从这时起，罗杰斯与家庭之间的情感联系开始变淡了，而且以后一直没有好转过。罗杰斯在病情刚刚有所好转后，就在一个贮木场找了一份临时工作，以便在经济上自立。同时他还选修了一门心理学导论性质的函授课程，教材就是詹姆斯（William James）的《心理学原理》。这也许是他日后转向心理学的最初契机。

这段日子也有开心的事，那就是与海伦的恋爱。罗杰斯和海伦自孩提时就在同一间小学读书，后来因罗杰斯家搬去农场而分开了。两人在大学相遇，才发觉碰上了故人。不过罗杰斯坠入爱河则是他要去北京时的事。罗杰斯在北京之行前曾向海伦提出求婚，但海伦还下不了决心是否准备做一位牧师的妻子，于是她回答罗杰斯“等等再说”。东方之行期间的通信也许帮了罗杰斯一个大忙，使他可以用文字而不是他感拘束的口头倾诉来表情。回国后养病期间，罗杰斯加快了向海伦的进攻，而且把平生挣的第一笔钱作了爱情投资：当时海伦还在威斯康星大学念艺术，从农场到大学有25英里崎岖的乡间土路，为了和心爱的姑娘相会，罗杰斯花了450美元[1]买了一辆二手福特车。罗杰斯复学以后，海伦已毕业，在纽约市内工作，罗杰斯又常常搭乘城郊列车在学校和海伦之间穿梭。某一天，罗杰斯的殷勤终于有了回报，在那个月明星稀的夜晚，面对罗杰斯的求爱，海伦终于轻轻地回答：“Yes!”

“世界上最美妙的奇迹发生了，”罗杰斯回忆说，在当晚由市区返回学校的火车上，尽管又脏又吵，“我对周围的一切充耳不闻，整个人就像在云端里飘。”

两人于1922年10月9日订婚，双方父母看来也赞同这桩婚事。订婚仪式上，罗杰斯再一次体验到那种“令人迷醉的幸福”。两年之后两人举行了婚礼，此时罗杰斯刚刚从威斯康星大学历史系毕业。双方父母对此时结婚都不太赞成，他们希望年轻人能等一等，等到

1 一说85美元（Kirschenbaum, 1979, p. 31）。

事业有点基础再成家。这些反对在年轻人一意要品尝爱情甘露的欲望面前，是太无力了。婚礼于1924年8月28日在海伦姐姐和姐夫的家里举行。此前罗杰斯已获纽约联合神学院录取，婚礼之后，这对新人立刻把他们的全部家当塞进那辆福特车，启程前往纽约。

至此似乎一切顺利，罗杰斯在按自己计划的人生目标前进：在纽约某处一套“天下最小的公寓”里——罗杰斯自己这么形容，他们筑下了爱巢；他进了一所在当时以自由开明著称的神学院，正是他梦想的那种；他将成为一名牧师，一名关心个人自由和幸福的牧师；他才华出众，顺利毕业并谋到职位估计也没有问题。但这条看似确定无疑的路，没有多久就显得不适合罗杰斯。

联合神学院的教育和管理的确当得上开明自由的称许。这里有不少杰出的学者和教师，他们崇尚自由地求知，坚信人要服从真理的指引，不盲从教条。从与他们的接触中，罗杰斯获益匪浅。但神学院毕竟是神学院，厅堂里可以自由地任思想撒欢，整座大厦却并非自由乐土——神职工作的一些基本框框是不能变更的。所以，感到学院的自由空气不敷呼吸后，罗杰斯选择了离去。

这一转变部分要归功于联合神学院自由开明的教学管理。随着对学院种种运作方式和教学规则的了解，罗杰斯越来越不喜欢听由别人把一些现成的观念灌输给自己的这种学习方式。他和一群同学希望遵从自己的疑问，自己来提出问题，探索答案，完全听任自主探索来引导自己。为此他们向校方提出了一个很特别的请求，要求组成一个研讨会，不要指派导师，讨论什么问题由成员自己确定。研究院主管虽然对这一请求感到有点棘手，但还是答应了这项安排，只不过坚持指派一名年轻导师参与。作为妥协，导师的作用类似一名观察员，一般不发言，除非学员要求他有所行动。

这个小小的研讨会起了巨大作用。它澄清了年轻人内心深处的许多迷惑，“驱使我踏上了探索我自己的生活哲学的漫漫长途”（Rogers, 1961, p. 8）。自由探索的结果可想而知，到后来，小组成员惊奇地发现，他们的探索已远远越出了宗教探讨的范畴。宗教理念不再能吸引罗杰斯和小组中的大多数成员了！对于罗杰斯而言，还有一个较为现实的问题也使他烦恼。那是在头一学年的夏天，按研究院的训练计划，他到佛蒙特的一所小教堂去做牧师实习。他发现自己很难做超过20分钟的布道。而在当时，长达40分钟甚至一小时的布道乃是家常便饭。他很不情愿做这种把自己的观点加诸他人的事，更觉得告诉别人可做什么不可做什么的说教乏味至极。这种烦恼是容易理解的，一个厌烦老师的说教，喜欢并崇尚自主探索的人，怎么会容忍自己以说教为业呢？罗杰斯说：“我感到，像思考人生意蕴，探求个人生活建设性改善的途径之类的问题，可能永远都使我感兴趣。但我无法在一个要求你信仰一些规定的宗教信条的领域生活。我的信念业已发生重大改变，且可能会继续改变。我觉得，为了保住个人的一个专门职业而被迫皈依一套信条，是件可怕的事情。我渴望找到这样一个领域，在那里能够保障我的思想自由不受限制。”（Rogers, 1961, p. 8）

马路对面就有这样一块自由乐土！从联合神学院穿过大街，

是哥伦比亚大学的师范学院。罗杰斯先是被自己学院里开设的一些心理学和精神病学课程和讲座所吸引，接着便到师范学院选课。他选了基尔帕特里克（William Kilpatrick）的教育哲学，基尔帕特里克是杜威的门生，他对杜威进步教育思想的阐发使罗杰斯耳目一新。他还在莉达·霍林沃丝（Leta Hollingworth）教授的指导下学习临床心理学。罗杰斯评价这位女先生兼有温和的人情味和杰出的科学工作者的品质。他在霍林沃丝教授指导下从事对心理问题儿童的指导和矫治工作。随着过马路的时候越来越多，终于有一天他送去了申请，要求做马路这边的“长住居民”，亏得美国高等教育体制的灵活性，这申请没费事就被批准了。就这样，一条马路的跨越把一位前途未卜的牧师变成了日后的一代心理治疗大师。这是1926年的事。

现在罗杰斯正式开始攻读临床和教育心理学学位。有趣的是，这门专业知识似乎先在自己家里派上了用场——罗杰斯和海伦的头一个孩子戴维出生了。夫妇俩开初还真打算拿自己的儿子做华生理论[1]的实验品，完全照行为主义的原理来养。罗杰斯后来写道，幸亏海伦有做一个好母亲的直觉，才避免了一场祸事。师范学院里心理学专业的主导倾向是所谓“实验心理学”的传统，强调严密的科学研究程序、冷峻的客观方法和统计学的运用。罗杰斯的学位论文是关于儿童心理适应性的，其中一项主要工作是

1 华生（John Watson），美国早期行为主义心理学的代表人物之一，主张一切行为皆借条件作用而学习得来，并提出及尝试用条件作用方法来塑造或矫正人的行为。其时另一位行为主义大师桑代克（E.L.Thorndike）在哥伦比亚大学任教，罗杰斯修过桑代克的课（Kirschenbaum, 1979）。

搞出了一种用于测量9岁至13岁儿童人格适应性的测验（罗杰斯的这个测验后来颇受欢迎，据说直到20世纪70年代还销售得相当不错）。与此同时，罗杰斯又在一家新成立的儿童指导研究所谋到一个实习性质的职位，这所机构是由一个社会福利基金会主办的。这个研究所里的心理学家主要依据弗洛伊德的心理分析理论和方法对儿童进行心理辅导和治疗。显然，罗杰斯在师范学院和在儿童指导研究所得不断地换脑子，因为两个地方的学术趣味完全不同，几乎没有共同语言。罗杰斯显然适应得不错，而且从这种冲突中受益匪浅。更有趣的是，罗杰斯的人格测验既满足了师范学院导师们要求的科学性和客观性，在研究所又成了一个有用的临床诊断工具。

在儿童指导研究所一年实习期满后，罗杰斯于1928年春又谋到一份正式工作。这份工作在纽约西北的罗切斯特，属于"防止虐待儿童协会"的"儿童研究部"。年薪2900美元。这对罗杰斯很重要，因为两个孩子相继出生，他迫切需要有足够的收入养家糊口。当时工作很不好找，以至于罗杰斯在好多年后还记得得到这份工作时那份如释重负和心情振奋的感觉。"如释重负"可以理解，"心情振奋"从何说起呢？这份工作按当时流行的标准是不理想的：专业上没有前途，因为那儿的工作将切断他与大学专业活动的接触；薪水也不高。但这些罗杰斯都没怎么放在心上，他之所以心情振奋，照他自己说，是因为能"做自己想做的事"。这是典型的罗杰斯式的反应：听从自己内在的感觉，相信自己的直觉判断。像他自己说的："我总有这样一种体会，如果我有机会去做自己最感兴趣的事，其他一切自然会弄妥当的。"（Rogers, 1961, p. 10）因此，尽管博士学位研究工作还没有完成（直到1931年他才取得哥伦比亚大学的哲学博士学位），罗杰斯还是立即启程去了罗切斯特。至此，罗杰斯的求学生涯结束，开始了长达60年的学术长征。

罗切斯特岁月

罗杰斯在罗切斯特整整待了12年（1928—1939）。这真是一段艰苦奋斗的日子。如果要形容这12年中罗杰斯在学术思想方面的大致情形的话，那么用"从苦修到初悟"比较恰当。

苦修之苦，主要由于这里学术环境不好。作为一位治疗医生，罗杰斯在这里做的工作是实践而不是研究，在今日看来，儿童研究部实际上是一个属于咨询和治疗的部门，罗杰斯的工作是对违规少年（delinquents）和贫困阶层家庭的不良少年及其家长提供心理辅导（如诊断和治疗性会谈）。罗杰斯成天打交道的是一个个当事人，面对的是他们的心理问题，很少有专门进行理论研究的机会。再加上与大学心理系的隔离，罗杰斯实际处于一种脱离心理学主流、孤处一隅，而从事没完没了的事务性工作的状态。罗杰斯自己把这段时期称为"专业上相对隔离的时期"。不过从另一方面看，即使罗杰斯不与心理学的主流队伍脱离，他也无法与之沟通。因为当时美国主流心理学正是行为主义如日中天的时期，学者们的兴趣都在实验室的老鼠身上，对于心理治疗，一般都将它视为医学领域的事（李绍昆，1991）。罗杰斯有时都不知道自己还算不算一名心理学家。他曾试探能否在罗切斯特大学教课，该大学心理系认为他的工作不是心理学！他出席美国心理学会的会议，结果发现会上的论文都是白鼠的学习过程和实验室实验之类，而这些与罗杰斯的工作风马牛不相及。这种情况直到30年代后期才开始改变。

儿童研究部工作压力相当大。整天面对问题儿童的心理问题，使罗杰斯不得不把全部注意力放在帮助的实际效果上。脑子里成天想的是“这个方法起作用吗？”，“这么做效果如何？”。在这里，罗杰斯得以把在哥伦比亚大学所学的理论和方法付诸实践，并检验其正确性。而每一案例的成功或失败，又刺激他进一步去思考和摸索。说到探索，罗杰斯很少能从阅读文献中获得启发。这可能是因为当时心理治疗的研究少，而这少量研究又被精神分析理论所垄断。更多时候，罗杰斯不得不从自己的实践经验中学习，从一点一滴日常心得体会中去归纳。对于一个平庸且缺乏探索精神的人，罗切斯特本可以成为一个消磨锐气、完成其平庸的地方；但对罗杰斯，这里却是他的面壁苦修之所。罗杰斯后来说罗切斯特的岁月是他一生中有特殊价值的一段时期。在这段胼手胝足的日子里，他开始形成自己对于心理治疗乃至心理学的一些基本理念。

在当时的心理治疗领域，占支配地位的是弗洛伊德体系。这个体系的一些显著特点是：以治疗师为中心，治疗师是全知全能的，当事人是脆弱无知的，由治疗师告诉当事人一切。总之，由治疗师对当事人进行“治疗”！罗杰斯在长期的实践中，逐渐对这一套体系产生了怀疑。罗杰斯记述了三件给他留下深刻印象的事例（Rogers, 1961），从中可以看出罗杰斯思想变化的情形。

第一件事发生在他到罗切斯特的头一两年间。他接诊了一名有纵火癖的男孩，这孩子有一种无法理喻的纵火冲动。罗杰斯在学校学习时曾读过威廉·黑利（William Healy）博士的著作，非常热衷于黑利对少年违规行为的心理分析理论的解释。黑利认为，少年的违规行为根源在于性方面的冲突，一旦这种冲突被揭示出来，违规行为就会消失。罗杰斯在少年管教所与这男孩进行了旷日持久的会谈，终于慢慢追溯到他与手淫有关的性冲动欲望。还真灵，孩子的问题解决了！然而当他从管教所出来后，老毛病又犯了。

第二件事是这样的，罗杰斯刚到罗切斯特不久，读到过一份治疗会谈记录，这篇发表出来的会谈是逐句照录的，且有作者就会谈技巧作的评论。罗杰斯当时极为折服，觉得治疗师相当睿智，能够引导谈话迅速切入问题要害。数年后，罗杰斯遇到一个类似病例，他立刻记起了这份可作样本的会谈记录，便赶紧找了出来。这回罗杰斯看到的却是完全不同的东西：那曾叫他佩服不已的会谈者，现在看来完全像一个不近人情的法官，像审判犯人一样逼当事人承认其无意识动机、见不得人的罪孽。罗杰斯判断，这种会谈除了伤害当事人之外，不会有任何帮助作用。

从这两件事以及其他许多类似经历里，罗杰斯慢慢认识到，权威的说法可能有错，在心理治疗这个领域中，还有大量东西是未知的。这使他那已经隐隐凸现出来的想法趋于明确：心理分析式的会谈，作用是肤浅的，或许决定治疗效果的最重要的东西还没有被认识到！或许应该重视当事人在解决自己问题中的作用。罗杰斯谈到的第三件事（也是心理治疗历史上一个著名事例）更清楚地说明了这一点。

这件事发生在几年之后，这时罗杰斯对心理分析的解释技巧已经掌握得相当老到。他已经能够以比较机巧微妙的方式向当事人解释其行为，谈话中显得亲切友好又富有耐心，这样使得当事人较能够接受这些解释。此时罗杰斯在为一位颇具领悟力的母亲进行咨询。她的儿子表现出种种捣乱行为，按心理分析的理解，这孩子的行为明显是由于母亲先前对孩子抱有的拒绝态度。为了向这位母亲表明这一点，罗杰斯使出浑身解数，把种种证据做了详尽分析和归纳，但就是不能使她领悟。

> 最后我服输了。我告诉她，看来我们都尽了力，但我们失败了，所以我们最好还是放弃我们的合作。她同意了。于是我们结束会谈、握手。她向办公室门口走去。这当口她又转过身来问：“你们这里也为成年人咨询吗？”当我作了肯定答复后，她说：“那好，我希望得到一些帮助。”她回到刚才坐的那张椅子上，开始倾吐她对婚姻的绝望、与丈夫关系上的麻烦、失败和心乱如麻的感受。所有这些与她先前所讲的

那干巴巴的“病历”是如此不同。于是，真正的治疗开始了，而且最后非常成功。（Rogers, 1961, p. 11）

类似这样的事例使罗杰斯开始产生一种强烈但当时还不够明确肯定的感觉：当事人也许比治疗师对自己知道得更多，他们也许应该在治疗中发挥更大的作用。这一出自实际经验的初步想法受到了儿童研究部同事从学术角度给出的支持。罗杰斯在晚年谈到了当时的情况。大致是这样的：儿童研究部除了少数几位像罗杰斯这样的心理学家外，还有一些“社会工作者”[1]。罗杰斯在与当时的正统心理学疏隔之时，和这些人很谈得来（在他们的影响下，罗杰斯一度在社会工作专业上很有兴趣，甚至参加了一些社会工作的专业活动）。他们中有两位曾是弗洛伊德的门徒奥托·兰克（Otto Rank）的学生。通过他们，罗杰斯了解到兰克的心理治疗观点。罗杰斯说，兰克使他认识到“个人有自我指导的能力”。兰克的观点又使罗杰斯回忆起在哥伦比亚大学时从基尔帕特里克了解的杜威的观点（杜威教育思想的基本信条之一，就是要以儿童为教学的中心，围绕儿童的活动组织教学）。在受到这些学术观点的支持和鼓励之下，罗杰斯对自己在实践中得出的那些初步认识更有信心。这些初步认识包括：当事人比治疗师在治疗中更有发言权，他们知道是什么伤害了自己，关键之处何在，治疗应该向何处去，什么经验被深深地隐埋

1 在美国，社会工作者是在社会福利等部门供职的专业人员，其主要任务是帮助个人更好地在社会系统中发挥适当的作用。心理康复机构内都有社会工作者，他们也受过部分心理学训练，在机构内承担除诊断和治疗外的一些辅助性工作。参见萨库索和卡普兰《临床心理学》，黄蘅玉等译，科学技术文献出版社，1991，第10页。

着等等。“要是我不刻意炫耀自己的才智学识，我就可以依靠当事人来指引治疗进程，从而干得更好。”（Rogers, 1961, p. 12）

不过在当时，罗杰斯的这些认识还没有达到上述引文中所讲的这么明确、这么激进的程度，而且也并不系统。准确一些说，新的思想还只是萌芽，其中信念和预感多于事实和论证，思想的火花还是星星点点，尚未连缀成能看出大致轮廓的理论构型。这么说的依据来自罗杰斯的处女作《问题儿童的临床治疗》（*The Clinical Treatment of Problem Children*, Rogers, 1939）。这本书出版于1939年，即罗杰斯在罗切斯特的最后一年。罗杰斯写这本书的初衷是想出一本儿童指导方面的概论性著作，不过写着写着却放进了大量属于他个人的专业实践体会。在这本书里，还没见到“以当事人为中心”或“非指导性治疗”这些代表罗杰斯基本观点的概念。不过，某种端倪还是明显的，尤其是其中关于治疗师的作用这一部分。在分析了他尝试过的几种不同疗法之后，罗杰斯总结出，这些疗法在不同程度上都依赖一个共同的东西，那就是治疗师的态度。他把治疗师对待咨询的态度（有帮助作用的）归纳为四条，它们是：

客观性 · 包括不过分的同情，真诚的接纳与关心，超越道德判断的理解，等等。

对个人的尊重 · 对正趋向独立自主的少年人，表达一种让其自己对自己负起责任的态度。

对自己的理解 · 治疗师要有自知之明，并接纳自己。

心理学的知识 · 治疗师要“对人类行为及其生理的、社会的

和心理的决定因素有扎实的基础”。（Rogers, 1939）

注意到下面这一点很重要：罗杰斯在当时就显得更看重前面三条。他认为知识对于治疗效果而言，并不像前三条那样重要，对心理学知识知之甚深的人并不能保证一定能提供好的疗效。而从前三条，我们立刻就能看出它们和日后罗杰斯对治疗条件的看法（真诚、同感等）之间的联系。

关于这本书还有一点值得一提，那就是罗杰斯提出应该对心理治疗进行实证性质的科学研究。考虑到下述背景，就不能不对罗杰斯的勇气表示钦佩：当时心理治疗还是一个相当幼稚的领域，用正统心理学的方法（不是弗洛伊德式的案例法）来研究心理治疗还无人尝试，甚至有不少人（包括给罗杰斯很多启发的同事塔芙特）怀疑心理治疗是否可以运用科学方法进行研究。还有，罗杰斯当时的工作环境注重疗效压倒一切。一般人很少有兴趣关心实践后面的科学问题。事实上，罗杰斯身上一直存在着两种看似互不相容的倾向：一是在幼年及早期教育中熏陶出来的科学主义倾向；一是对沉思、对感性体验的喜好。这两种倾向难免有时互相冲突，但总的说来，它们在罗杰斯身上始终维持着一种微妙的平衡，而且在这种交互作用中生发出了罗杰斯对于人学研究的科学方法论方面的一些独特思想。这一线索我们后面会多次提到，此处不赘。

《问题儿童的临床治疗》的写作是在繁忙的临床工作间隙中完成的。辛苦没有白费，这本书的出版改变了罗杰斯的生活。没过多久，罗杰斯意外地接到俄亥俄州立大学的聘书，该校礼聘他为正教授！这一非同寻常的礼遇使罗杰斯又惊又喜。虽然这时罗杰斯已被任命为“指导中心”（由原儿童研究部改名）主任，但与俄大的正教授职位比较，简直不可同日而语。于是，在1939年12月的一个风雪弥漫的日子里，罗杰斯一家启程向他们的新家进发。

从俄亥俄到芝加哥——成熟时节

罗杰斯后来承认，俄亥俄州立大学一开始就授予他教授职位是一件非常幸运的事，这使他免去了像一般大学教员一样，为了从低级职位一步一步得到提升，不得不小心翼翼，不惹麻烦（Rogers，1961）。罗杰斯在俄大的工作表现的确是相当惹眼的，不仅业绩不俗，其“不怕惹麻烦”的程度也很叫人吃惊。在俄大五年，他发表了约20篇论文；担任研究生教学及其咨询和治疗的实践指导，自己也从事实际治疗工作；经常在校内外做学术讲演；还出版了那本引起轰动的著作《咨询和心理治疗：实践中的若干新概念》（1942）。这本奠定罗杰斯学术地位的著作，它的出版就与罗杰斯的“不怕惹麻烦”有关，值得说一说。

到俄大后不久，随着他工作成绩的日渐突出，尤其是他杰出的教学风格，罗杰斯很快就在学生中受到拥戴。罗杰斯的一些新思想立刻受到学生的欢迎和支持，但系里同事则反应冷淡。这种反差或许构成了一种刺激，使罗杰斯意识到自己正在提出某种“新的”、属于他自己的东西。他需要把这些东西更清楚地表达出来。这一想法因明尼苏达大学的一个讲学邀请而被付诸实施。

多年以后，研究者还对罗杰斯敢于在明尼苏达大学做那样一个讲演感到吃惊，并且猜度罗杰斯这么做的原因何在。我们知道，在心理咨询和治疗领域，明尼苏达大学可非等闲之地，这里是威廉森（E.G.Williamson）的大本营，是所谓“明尼苏达学派”的老家。在许多人眼里，这里是美国“指导运动”[1]以来心理咨询学科一脉相传的“正宗”。明尼苏达大学从帕特森（Donald Patterson）开始，经达利（John Darley）到威廉森，开创了一个今天称为“特质－因素咨询”的学派。这个学派的传统领域是职业和教育咨询。信奉科学主义，大量使用心理测验[2]，以问题解决和个人决策作为咨询过程的重点，以提供信息和直接指导为常用方法，是这个学派的一些特色。而在1930年至1940年，正是该校的咨询理论初步形成并引起广泛重视的时期。考虑到罗杰斯要宣布的思想是如何地与“明尼苏达学派”格格不入，他的话将会如何刺耳，你会以为罗杰斯应该有所顾忌，可事实上罗杰斯所做的要远远超出我们的想象力。

1940年12月11日[3]，在明尼苏达大学学术报告厅里，罗杰斯当着满满一堂受邀听众宣讲了他的论文《心理治疗中的若干新观点》。文章的大部分篇幅被用于详尽批判传统心理治疗的做法，尤

1 “指导运动”出现于20纪初的美国，为现代心理咨询的源头之一。该运动是因应当时美国出现的大量社会问题，由一些社会改良人士发起的一个旨在帮助学生和年轻人适应学校、合理选择职业的运动。

2 该校在心理测量的研究和心理测验的编制上名闻遐迩，许多著名测验如《明尼苏达多相人格测验》（MMPI）就出自该校。

3 后来，罗杰斯把这一演讲的日子视为“当事人中心疗法”的诞生之日（Kirschenbaum, 1979, p. 112）。

其集中攻击在治疗中直接给予指导、劝告的做法。为了更好地阐释他的批判，他特意选择了一位“劝告式”咨询师的会谈记录作为分析的靶子。不知出于什么考虑，罗杰斯“忘了”告诉听众这位咨询师的名字。而这个人不是别人，就是此时正以主席身份在主持讲座的威廉森本人（Thorne, 1992, p. 12）！

在尽情批判了传统方法之后，罗杰斯开始阐述他的“一些新的尝试”。首先他提到一些名字，声明这些“新尝试”受到这些人思想的影响。这些名字包括奥托·兰克、杰茜·塔芙特和弗里德里克·艾兰，此外还含蓄地涉及凯伦·霍妮（Karen Horney）的工作，以及刚刚问世的游戏治疗和小组治疗。然后他开始谈这些新尝试的特色。他申明，新的疗法对解决问题不感兴趣，感兴趣的是如何帮助个人成长和发展，从而使得他们在整体水平上更有能力去面对生活，而不是某个机能上的改善。其他在这次宣言式演讲中强调的思想还包括：更重视人的情绪和感受方面而不是认知方面，更关注现在而不是过去，咨询关系本身是当事人成长的重要因素（这一点当时的表达还不那么肯定，是作为个人感受来谈的），等等。

这篇演讲后来发表出来了。它引起了两种极端的反响：一极是热烈赞扬，一极是严厉的批评。这种反应反而使罗杰斯坚信他原先的感觉：他阐述了某种新东西，某种打着“卡尔·罗杰斯”印记的东西。他需要抓住它，把它更好地组织、整理出来。于是他投入了第二本书的写作。1942年，这部名为《咨询和心理治疗：实践中的若干新概念》的著作面世。这本书的出版还有个小波折。

罗杰斯把书稿交给出版商后，出版商相当犹豫。他告诉罗杰斯，书稿很有意思，内容很新颖，可作者犯了一个致命的错误：书应该写成一部通用的教材，应该讲述这门学科中多数人同意的那些内容。“照现在这样，”出版商表示，“我担心我能否卖出去两千册（保本不赔的数字），我不知道有哪所学校愿意用它做教材。”罗杰斯回答说：“真遗憾，我知道的只有两所学校，一是我自己的学校，一是另外一所。”就这样僵了好一阵子，当罗杰斯表示打算另寻他处后，出版商才妥协。事实上，这书到1961年为止共卖出去七万册！这是后话。

在这本书中包括了一份完整的会谈过程实录，称为赫伯特·布兰个案（The case of Herbert Bryan）。关于这份实录的出现值得提一提。首先，它是心理治疗研究历史上第一份完整的会谈过程实录，与早期弗洛伊德所做的那种在会谈后回忆的记录很不相同，在研究资料的客观性上有很大价值。其次，罗杰斯首次采用了录音记录手段。在当时录音设备还很原始的条件下，这在技术上是相当麻烦的。为了做这份录音，罗杰斯在学生卡夫纳（Bernard Covner）的帮助下，用了两台钢丝唱片式录音机。当时录音机的转速是每分钟78圈，每台机器一次只能录三分钟，操作者不得不守在旁边频繁地换机器，还要不停地清除唱针刮出的碎屑。据说罗杰斯用这个办法一共录了一百多个完整的会谈记录（Kirschenbaum, 2007）！

这本书的反响与在明尼苏达大学讲演的反响非常相似，不少人（尤其是罗杰斯的学生们）欢呼它的出版，学生们甚至把它称为他们的“圣经”，而心理学家圈子里依然是波澜不惊，事实上甚至没有一家专业刊物提一提它。罗杰斯对同行的冷淡显然不满。他后来谈到专家们之所以沉默抵制，乃是因为他们难以接受罗杰斯的主要观点：当事人比治疗师更了解他们内在的自我。这意味着贬低专家的专业知识和经验。他们感到自己的专业身份和地位受到了威胁！我们现在很难评估罗杰斯的看法是否符合实际。不过有一个事实值得记住，那就是在罗杰斯的全部学术生涯中，对其理论和实践的批评、抵制甚至敌视从未停止过。

罗杰斯在学生中受欢迎不仅仅是因为他的新思想，在很大程度上还与他对学生的态度有关。罗杰斯关于师生关系的看法后来成了他的以人为中心教育思想的一部分，他的教学风格也成了有口皆碑的奇闻。这种独特风格看来在俄大已露端倪。他尊重学生，且总是鼓励他们开动自己的脑子。他对学生一视同仁，信任学生的自我负责精神，常常让学生自己给自己评分。这种学习氛围使得学生感到自信，愿意自我负责。作为后效，罗杰斯得到学生极大的支持和拥戴。在1945年罗杰斯辞去俄亥俄州立大学的职务，转赴芝加哥大学任职之际，竟有俄大的老学生追随老师也迁到了芝加哥大学工作。其中如维吉莉亚·阿克丝兰（Virginia Axline），她是游戏治疗专家，到芝大咨询中心后，竟成了罗杰斯以次的第二把手（李绍昆，1991）。

罗杰斯于1945年受聘于芝加哥大学，受命组建一个心理咨询中心。自此开始了他在芝大长达12年（1945—1957）的教学、研究和咨询实践生涯。

罗杰斯在芝加哥可说是一帆风顺。在他的大学教职生涯中，在芝加哥的这段是最风光的一段时光，也是成果最丰硕的时节。咨询中心很快就建立起来，面向大学生和当地社区开放。中心的价值很快就由它的服务对象得到承认。罗杰斯在身边集合了一群生气勃勃、富有创新精神的同事和研究生，而且把咨询中心发展成了一个让每个人都能充分发展的场所。罗杰斯的自由主义的管理风格一度令学校当局感到为难，因为这完全不是传统形式的“领导”。罗杰斯坚信他的团体有能力自我领导，他拒绝把个人意志加诸团体。在这里，民主空气导致了真正的权力分享，从而使团体更有效率。团体里面也并非一团和气，不时也有矛盾甚至尖锐的争吵。当出现这种情况时，罗杰斯的做法是，不当和事佬，而是鼓励每个人充分表达他的意见和感受。这样做的结果是大家都意识到他们是一项共同事业的参与者，谁都有权也有义务对事业负责，而且每个人的声音都不会被忽视。咨询中心在研究工作和临床工作方面都做得生气勃勃，成绩斐然。学校当局开始还对罗杰斯的管理风格持保留态度，不久之后，咨询中心的杰出成绩就把一切怀疑都消除了。

1951年，罗杰斯的第三部著作，也是他最重要的著作之一——《当事人中心疗法》——出版[1]。在序言中，罗杰斯把它说成

1 书名原文为*Client-Centered Therapy*，以前有些学者曾译为“患者中心治疗”。按client一词，本来是治疗师们为避免“患者”“病人”一类叫法的消极暗示而特意使用的一个中性词，故译“当事人”或“来访者”为妥。

是芝加哥大学咨询中心全体同人共同劳动的结晶。这本书包括咨询中心所做的研究，也包含咨询中心同人的思想贡献，但主要思想是罗杰斯的，而且它还包括当时该领域内其他许多人的工作和思想贡献。毋宁说，本书是前一本书（《咨询和心理治疗：实践中的若干新概念》）出版以来，对以当事人为中心这一观点为核心所做的全部工作的一次系统化整理。这本书既没有否定前一本书的观点，也不是前一本书的重复，而是把前一本书的观点深化和扩展了，涉及的领域也扩大了，不仅包含个别治疗，还包括了游戏疗法、团体治疗，甚至组织管理和领导，以及“以学生为中心”的教育。这本书赢得很大成功，成功的程度虽不能和十年后的《论成为一个人》相比，但读者反响很热烈。心理治疗界刚开始反应仍较冷淡，但显然不久之后就开始有所改变。临床心理学家们开始认真考虑罗杰斯的思想，开始对罗杰斯的一些创新假设做实验检验。1954年，罗杰斯与戴蒙德（Rosalind Dymond）合作编辑出版了《心理治疗和人格改变》（*Psychotherapy and Personality Change*），这是一本研究报告的集子，其中的多项研究从总体上看，都是支持“以当事人为中心”的一些假设的。在此期间，专业心理学刊物开始对“以当事人中心”的治疗有积极反应。罗杰斯体系中的一个基本主题——治疗关系——从不被注意逐渐成为研究者关注的中心。罗杰斯这个名字先是在咨询和心理治疗领域，然后是在整个心理学界逐渐被人们熟悉。再然后，在1956年，罗杰斯一下子冲到了辉煌的顶点：美国心理学会（APA）授予他杰出科学贡献奖[1]。APA的颁奖宣言称，这项奖励意在表彰罗杰斯“首创一种方法，使心理治疗过程的描述和分析客观化，构造出一套可检验的关于心理治疗及其对人格和行为的影响的理论”云云。这次获奖对罗杰斯是一个重要事件，罗杰斯晚年回顾时承认，在他一生所获得的各种荣誉中，APA的这个奖励有最重要的个人意义（Kirschenbaum, 1979, p. 222）。它意味着美国心理学界从忽视他的工作，对其许多新观点感到困窘，到开始承认并赞赏它们。

颁奖并不代表心理学治疗师一致地承认罗杰斯的贡献。可以理解，那些希望维持心理治疗神秘形象的治疗师，那些认为治疗关系极其复杂微妙，完全不适合进行科学研究的治疗师，不会欣赏罗杰斯。但受到鼓励的罗杰斯乘胜前进，不理会那些窃窃私语，于1957年发表了那篇或许是他最重要、最广为人知的论文——《治疗性人格改变的充分必要条件》（Rogers, 1957）。在心理治疗的理论发展历史上，这篇文章之所以重要，是因为它明确地把治疗关系放在了至高无上的地位，提出了治疗关系的一些要件，并且引起了众多的后续研究。我们在这里更感兴趣的不是文章的内容，而是作者在文章中表露的那种毫不瞻前顾后的自信和直率。正如文章标题明示的，罗杰斯宣称，他提出的六个要件[2]，是有效治疗的

1　这是APA设立该奖项后首次颁奖，可推知获奖人的遴选颇严。同时获奖的共有三位心理学家，另两位是K.W.斯彭斯和W.苛勒。

2　后来演变为真诚一致、同感理解和积极关注等三条。

必要条件，也是充分条件。除此之外，别的东西都无关宏旨。许是考虑到持传统观点的治疗师会用这样那样的理由抵制新观点，以捍卫传统立场，罗杰斯索性把话挑明：这些条件并非只适用于部分当事人，任何类型的当事人都不能例外；并非只有当事人中心疗法才要这六条，任何疗法实际上都要靠它们，经典精神分析也好，心理动力也好，阿德勒疗法也好，以及别的种种，概莫能外；这些要件与传统上的专业知识——心理学的、精神病学的、医学的或者宗教的知识——是如此不相干，以至可以认为那些知识并非特别必要，合格的治疗师不是单靠学习这些东西就培养得出来的；最后，心理诊断除了令某些治疗师感到安心一些而外，对实际治疗（不是对研究）没有一点用处！

就在发表这篇文章的同年（1957），罗杰斯辞去了芝大的职务，转赴他的母校威斯康星大学。这个决定事后证明失算了。索恩曾非常惋惜地评论，假如罗杰斯在芝大一直待到退休，事情会好得多，当事人中心疗法的发展也会获益匪浅（Thorne, 1992）。这件事也许是罗杰斯我行我素性格的又一例证。许是顾及芝大咨询中心是这样一个富有激励力量和献身事业热情的团体，罗杰斯对自己的离去也感到烦恼。于是他给同事写了一封长信，以解释他为何要这样做。根据索恩的分析，罗杰斯要去威斯康星的理由虽然列了不少，例如说到那里是一个美丽的处所云云，但核心原因是罗杰斯此时正在顺风头上，他对自己理论的信心促发了要更上一层楼的渴望。罗杰斯坦承他渴望“更有影响力”，渴望去征服新的疆士，渴望向更大范围、更多的听众传播他的“福音”。不客气一点说，此时罗杰斯有点“庙小和尚大”的自负。芝大咨询中心已不足以让他施展身手，而威大似乎是一个更理想的用武之地。因为在那里他将同时在心理学系和精神医学系任职，可以把两种专业背景的研究生集合起来从事研究，从而实现扩大影响的抱负。尽管罗杰斯在信的结尾强调，自己去意虽定，但对大家的感情、友情一点也没有改变等等，但他这个决定却实实在在伤了他那些忠实部下的心。不少人或许头一次感到，罗杰斯竟是个追名逐利之人，在野心面前，可以不顾朋友，可以抛弃那些仰仗于他的人（Thorne, 1992）。

伤心威斯康星

事实证明，迁职威斯康星是一场不折不扣的灾难。罗杰斯想让心理学系和精神医学系联手研究的愿望无法实现，因为研究生们被没完没了的考试捆死了，无法顾及其他。心理学系尤其如此。而罗杰斯自己也很快卷入了人事纠纷，跟同事尤其是心理学系的同事相处不睦。矛盾越来越大，最后他不得不辞去心理学系的职务，勉强保持在精神医学系的职务。

在威斯康星期间，罗杰斯领导了一项较大规模的研究。自从他提出人格改变的充分必要条件假设以来，他一直有一个强烈愿望，想检验该假设在治疗严重心理障碍患者时是否依然成立。精神医学系的职位使得这个愿望有可能付诸实施。于是他领导一个人数众多的研究小组开始了这项设计复杂的研究。但这一次罗杰斯的自由主义领导风格看来失灵了：研究过程中大家吵吵嚷嚷，冲突重重，芝加哥大学那种亲密无间、开诚布公的气氛一点也找不到了。当危机严重时，罗杰斯又犯了一个使情况更糟的错误，即设法收回已交给小组的权力。结果可想而知，人们纷纷抗议，思想更加混乱。罗杰斯后来把这项研究的实施过程形容为“无疑是我全部专业生涯中最头疼的一段”。研究结果也不如预期：虽然高治疗条件（即真诚一致和同感理解）显示与积极的改变结果相关，但相关不高；治疗组（提供上述治疗条件）与控制组各自与改善的相关在差异检验时没有达到显著水平（Rogers, 1961, p. 268）。

精神分裂症项目虽未能取得预想的结果，但这个项目有许多创新。它开启了心理治疗过程–效果研究的范式，还开发出不少过程和效果测量工具。所以这项目的失败不失为一个崇高的失败。

不过事情总有另外一面。罗杰斯在威斯康星的努力似乎应了中国这句俗语“有意栽花花不发，无心插柳柳成荫”：虽然实验研究失败，但罗杰斯希望更有影响的初衷却在一夜之间意外地实现了！其影响程度甚至远远超出了他的期望。这一切都来自他于1961年出版的《论成为一个人》（*On Becoming a Person*）。这是罗杰斯的第五本著作，是他所有著作中最有轰动效应的一本。

这本书不是那种结构绵密、一气呵成的专门著作。事实上它是由多篇独立论文连缀而成的，有点像一个文集。文章是罗杰斯自1951年到1961年十年间陆续写成的。这些文章要么未发表过，要么是仅仅在一些影响小或者过于专业化的刊物上发表过。罗杰斯感到，有一群人，说不上他们在哪儿，但的确有这么一群，是他想要发表自己思想的对象。这群人组成了一个刚刚露头的潮流，他提到奥尔波特（Gordon Allport）、马斯洛（Abraham Maslow）和罗洛·梅（Rollo May）。实际上，罗杰斯指的是后来被称为“人本主义心理学”的那股势力。除了这些思想上的同道，这本书主要的目标对象是普通读者，尤其是那些有知识有思想的非专业人士。罗杰斯渴望更有影响的念头仍在这本书的出版上起着作用，他感到在心理学和精神治疗领域内，他没有多少有共同语言的人，但他相信在专业圈子之外，那些关心人的生存价值，追求更充实的人生品质的哲学界、社会科学界人士，乃至因当代生活中人与人疏离，进而迷失了自我而焦虑的普通人，都可以从他的思想中获得某些启迪。

自然，书中的内容并未局限于心理治疗，而是就人类生活的许多哲理的、实际的方面做了铺张扬厉的谈论。诸如对人的生存目标，健全的个人生活，人与人的关系，心理治疗，人的科学，教育，家庭生活，在在都有探讨。罗杰斯从50年代中期开始，写文章用第一人称，而这本书使这一风格真正成为了风格。这种表达风格与一般科学论文的要求格格不入，但它的表达力更强，更富个人色彩，加上罗杰斯的文字表达能力很高明，所以这本书非常富有感染力。书发行之后，成千上万的教育工作者、治疗师、哲学家、艺术家、科学家，以及无数的普通男女，都被吸引住了。

褒扬的信件从全国各地雪片般飞来，使罗杰斯应接不暇。罗杰斯这个名字一夜爆红，家喻户晓。公众舆论投射来的光环之大，使得罗杰斯原来的野心反而显得太小。

迈向更广阔的天地

1963年，罗杰斯辞去了威斯康星大学的职务，应从前的学生法森（Richard Farson）之邀，共同去西部创办一个独立的研究机构。做出这个决定罗杰斯颇费踌躇。威斯康星的确太叫人伤心，离开这个是非之地是一种解脱。但是，这一次与以前的迁职不同，他将离开生活安定、待遇优厚的大学，去一个刚刚草创的小机构；而且，此举意味着罗杰斯将与主流学术圈子告别，未来会是怎样一种状况，无法预料。对于已经年过六十的人来说，这的确是一次冒险。罗杰斯血液中毕竟有早期移民的基因，更何况，祖先们漂洋过海的时候，怀揣的仅一本《圣经》；而伴随罗杰斯西行的，是他的《论成为一个人》。它的成功，足以鼓起他的信心。他将去西部再创一番事业，并从中超越自我。

西部行为科学研究所（简称BSI）位于加利福尼亚南端一个名叫拉霍亚（La Jolla）的滨海小镇。罗杰斯和海伦于1964年1月间到达。他们选了一所面朝大海的房子，房子非常漂亮。老两口立刻安顿下来，罗杰斯感到心情振奋，迅速投入了工作。自此开始直到罗杰斯1987年去世，整整23年，他们一直没有离开这个美丽的地方。

行为科学研究所是一个非营利性质的机构，其研究和学术活动主要是以人本主义路向来研究人类关系。学术活动的组织管理也很自由，研究人员可以放开手脚做自己感兴趣的事，这正是罗杰斯梦寐以求的条件。另外，在这里，罗杰斯得以离开在威斯康星大学打交道的精神障碍患者，而与较为“正常”的被服务人群打交道，这也是使罗杰斯长舒一口气的好事。在行为科学研究所的日子里，罗杰斯的活动兴趣有一个重要变化——他对团体活动的兴趣越来越浓。积极投入那几年刚兴起的“会心团体”潮流中，在不到两年的时间里，罗杰斯已在全国范围内被视为“会心文化”的发言人（Thorne, 1992, p. 18）。罗杰斯很自然地把自己在个别治疗中发展出来的一些信念贯彻到团体活动中：既然能够信任个别的当事人，为什么不能信任一个小团体？既然可以以个别当事人为中心，就更可以以团体成员为中心，而且看来似乎团体比个人更有“智慧”，更有创造力。罗杰斯学会了在团体中扮演普通一员的角色，更重要的是，他觉得各式各样的小组提供了一个使他自己获得发展的机会，他变得更随性自然，更能抒发自己的感受，更能无所顾忌地与别人发展个人关系。有时候，他对这类活动的投入和忘情，连同事和家人都感到吃惊。

在1968年，所里发生了一些变化。法森另有高就离开了，新的主管在管理政策上做了一些重要调整。罗杰斯对这些调整很不以为然。他没有费时费力去争论，而是干脆与研究所另一些志同道合的人一起分离出来，另行组建了一个“人学研究中心”（Center for Studies of the Person, 简称 CSP)。

新的研究中心看来很合罗杰斯的口味：参加者志趣相投，彼此之间互相信任和理解，有不同意见立刻就能坦诚相见，互相批评，每个人都自主确定自己研究的主题，自己筹措经费（大家都不太喜欢政府的有条件的资助项目，而宁愿接受不附任何条件的小笔私人捐助），同僚之间可合可分（视研究兴趣而定），但在心理认同上，又是一个非常密切的集体。中心有一位主任，只负责一些日常事务，没有在研究上指挥别人的权力。中心研究人员的活动范围很大，从国内到国外，甚至远及非洲的肯尼亚；研究范围也极广，从心理疗法到写作问题到神秘现象，从组织机构间的谈判到小组领导，从集体学习的教学效果到教学改革，都有人涉猎。但成员之间存在一些共同信念，如承认和强调人的价值和尊严，相信人的潜能，相信在人类各种关系和冲突中，至关重要的是不断深入地、真诚地进行交流，等等。这种共同信念和兴趣是保证既团结又民主的集体氛围的基础。

罗杰斯对中心很有感情，他称中心的建立和运作是一次“非同寻常、激动人心的实验”，在罗杰斯看来，中心本身的成功，就是对上述信念之正确性的支持证据。“它为人们是否能够全凭人与人之间的思想交流而建立起有效的集体，提供了经验。”（Rogers, 1980, Chap. 2）

罗杰斯在中心受到爱戴和尊重，他既享受到完全的个人自由和专业自由，又有一个情感上亲密无间的集体所提供的归属感，海滨小镇美丽宁静，老夫妻恩爱不减，还能要求什么呢？这位“驻所专家”（这是罗杰斯自己选择的头衔）从此再也没有离开（除了旅行）。

进入老年之后，罗杰斯仍然雄心勃勃，精力旺盛，文字产量不减。1969年，《自由学习》一书出版，这本书共销了30万册。紧接着于1970年又出版了《卡尔·罗杰斯论会心团体》，也卖了25万册。到60年代末，“罗杰斯”这个名字在美国已是家喻户晓。

名气越大，听众越多，信心就越足；信心越足，野心就越大。像许多大人物一样，晚年罗杰斯的兴趣已从心理治疗扩大到社会和个人生活的各个方面。“当事人中心”这样的提法已不能涵盖罗杰斯的全部思想，于是在70年代中期，他把自己的疗法改称为“以人为中心疗法”。更准确地说，在罗杰斯看来，以人为中心已经不仅仅是一种心理治疗的方法，而且是一种人生哲学、社会哲学，一种指引个人、机构和社会乃至国家活动的哲学。越是到晚年，罗杰斯思想中这种意识越是明显。罗杰斯人生后20年的写作主题除了心理治疗外，还包括教育、会心团体、婚姻、家庭、商业、组织管理、生存哲学、人学的方法论，甚至国际冲突的解决。在个别治疗方面，自从到西部以后，罗杰斯已基本不做临床的实验研究，因为没有了大学的研究条件。他更感兴趣的是拍摄展示以人为中心治疗的电影，或在一些会议和工作坊（workshops）[1]上做治疗示范。这种工作随着世界各地的邀请，也常常在其他国家举

1 系一种讲授和练习以人为中心方法的形式，类似于短期强化训练班。强调参加者的积极参与，取得实际经验。

行，且每每产生轰动效应。

罗杰斯生命的最后几年有两个新的动向值得提及。其一是逐渐发展出的神秘主义倾向，虽然关于这方面的主题他没有写什么东西，但这个变化对了解罗杰斯的精神世界是有价值的。这个发展与他妻子海伦去世前两年的一些事情有关。海伦于1979年3月去世。在此之前的六七年间，海伦一直生病，而且病得很厉害，以至她的生活需要罗杰斯来照顾。由于海伦的重病和海伦生病时出现的一些异常精神现象，罗杰斯对死亡、对灵魂，以及其他一些神秘事物发生了许多由切实感受而生的想法。1977年9月的一天，有人邀请罗杰斯夫妇去拜访一位灵媒，由于是免费，加上罗杰斯深信这位灵媒是诚实的，所以他对亲眼所见的事情深感震动。进入状态的灵媒借助一张结实的桌子轻轻地敲击，击出一串串字母，而同时海伦在“会见”她已去世的姐姐，击出的信息是死者提到的种种事情。最叫人惊讶的是，这些事都是事实，并且是那个灵媒绝对不可能知晓的。之后不几天，灵媒来罗杰斯家造访，又在罗杰斯家的桌上演出了同样的一幕。另外，在海伦临死前一段时间，她常常在梦中或在迷幻状态下见到她的家人，她说他们在“那边”等着她。她还不止一次看见一道白光慢慢降下，从床上把她托起，又慢慢放下。海伦是在早上去世的，当天晚上，罗杰斯的几位友人会见了先前说到的那位灵媒，通过她，他们很快与海伦联系上了。海伦告诉他们：她听见了人们在她弥留之际说的所有事情；她说那道白光来接走她，还有许多精灵；她已见着了她的家人；她又获得了一个年轻的形体；她死去的时候很平静，没有痛苦；等等。

所有这些，使罗杰斯开始对原来的一些信念产生怀疑，他开始猜想人的灵魂或许真的存在，或许灵魂真是不死的，死亡的过程或许需要重新认识。他说："我在考虑，可能我们每个人都是一个在时间上持续不灭的精神实体，只是偶尔肉身化为一个人的形体。"（Rogers, 1980）有学者指出，罗杰斯早年受过强度很大的宗教熏陶和教育，虽然后来他反抗基督教的一些信条，但他从来也不曾系统深入地清理过宗教对自己的影响。学者认为罗杰斯的宗教背景对他的工作实际上有深远影响。晚年的神秘主义倾向，不过是本已存在的某种信念的复活而已（Berrineau, 1990）。

罗杰斯晚年的另一兴趣中心是对世界和平的关注。在他看来，解决国家与国家的冲突、文化之间的歧见、种族间的纠纷，以人为中心的方法同样是一个可行的途径。罗杰斯在生命最后几年几乎是狂热地投入这一新的事业中去。海伦去世之后，罗杰斯虽年近八旬，但身体仍很硬朗（除了眼睛不太好），他更频繁地外出旅行，与人学研究中心的同事们在美国国内和世界各地举办一个又一个工作坊。他们的足迹遍及巴西、委内瑞拉、罗马、南非、荷兰、巴黎、华沙、俄罗斯[1]。在这些工作坊中，相当一部分的主题是

1　附带提一下，据罗杰斯传记作者克欣鲍姆讲，罗杰斯20世纪80年代（约莫是1983年）还曾到过中国。时隔63年之后旧地重游，不知他对这个在他个人成长经历中有特殊意义的地方有何感受。笔者未见罗杰斯就此事写任何文字。在国内心理学界好像也完全未听说过此事。不过，是次旅行是一次非工作旅行，罗杰斯跟儿子戴维·罗杰斯医生结伴而行（Kirschenbaum & Henderson, 1989, p. 434）。

致力于解决民族和地区冲突的。其中在20世纪80年代中期的三大“热点”地区的工作值得一提。这三个地区是中美洲、北爱尔兰和南非。1983年左右（准确日期不详），罗杰斯等曾在北爱尔兰首府贝尔法斯特举办过一次团体活动，参加者中有英国人，也有爱尔兰清教徒和天主教徒两方的狂热分子。通过以人为中心方法所倡导的交流，这些人中长久存在的仇恨竟明显地软化了。这使罗杰斯对以人为中心方法在这个领域的应用产生了信心。1985年，罗杰斯在各方面的帮助下，竟然把中美洲各国的一批政治要人组织到一起，在奥地利举行了一次团体活动。参加的人来自中美洲七国、美国以及其他九个国家。他们中有政府领导人、外交官、议员和作家。这些人对心理学介入国家和民族冲突并不真的很在意，也不特别感兴趣。可以想象领导这样一个团体该是多么具有挑战性。活动当然不可能有什么戏剧性的效果，但能让这些人坐在一起，不说假话、套话和狠话，而说真话、心里话，就足以令人吃惊。最后一次是在南非，这是1986年，团体参加者中黑人和白人各占一半。罗杰斯说自己一辈子也没经验过如此深刻的仇恨、苦难（在黑人方面）和恐惧、歉疚及偏见（在白人方面）。这一次努力显然非常成功，以至后来南非方面又恳切地邀请罗杰斯一行第二年再去一趟。由于这一系列的努力，罗杰斯在1987年获得诺贝尔和平奖提名。可惜他还未及得悉这个消息，就因为一个事故去世了。

1987年1月31日，罗杰斯早上沐浴时摔倒造成髋骨骨折，在手术后并发心脏病，于2月4日去世，享年85岁。

罗杰斯的个人风格

我在本章开头提到一个看法，认为罗杰斯的以人为中心理论与罗杰斯的个人经历和个人风格密切相关。这里且就罗杰斯的性格和处世行事风格做一些谈论。

勤奋

罗杰斯幼年在家中所受的两种最重要的影响是宗教信仰和勤奋工作。有人认为罗杰斯拒绝了前者，接受了后者（Dolliver, 1995）。罗杰斯与宗教的关系实际上相当复杂，我们后面再说；罗杰斯的勤奋与多产则是一个不争的事实。

罗杰斯一生精力充沛，勤思勤做勤写，加上才思敏捷，因此成就惊人。即使在罗切斯特那样艰苦的环境中，他仍然不放弃学术上的自学和钻研；而在俄亥俄州立大学和芝加哥大学那种比较顺利的环境中，就更多创造性并且高产。例如在芝加哥大学咨询中心，他平均每周要做15小时以上的心理治疗，还身兼咨询中心主任、教师督导，在心理学系带研究生，并且亲自做大量研究

（Kirschenbaum, 1979, p. 156）。直至晚年，他也一直没有停止过工作和写作。罗杰斯在检查自己在65岁到75岁这十年间写出的东西时吃惊地发现，他一共出版了四本书，发表了约40篇文章，拍摄了数部电影（关于以人为中心的教学和科普影片），此外还在各地举办了数不清的工作坊（Rogers, 1980）。

抱负和竞争心

罗杰斯从小就显得争强好胜。他自己也承认是五兄弟中竞争心最强的一个（Kirschenbaum, 1979, p. 15）。做任何事他都要成为最好的一个，不然就不甘不快。考试时，除非每一科都拿到A（最优成绩），否则就会消沉好几天。上小学时，他父亲常拿大哥和二哥的好成绩，作为三个小孩子的学习榜样。对此罗杰斯很不服气，于是就一个人暗中使劲。不久，他也进入榜样的行列了。

上面说到罗杰斯勤奋，如实地讲，罗杰斯的勤奋既有父母价值观的影响，恐怕在更大程度上还是出于他那一意要有所作为，不甘庸庸碌碌的抱负或者说成就动机。正是这种强烈的成就欲望，使得他在罗切斯特那样沉闷单调而又紧张的环境中，没有变成一个普通的咨询服务人员，而是在黑暗里努力摸索、积累，希冀有朝一日出人头地；也正是这种个人抱负，使得他每每在学术上有所发现时——比如在1940年明尼苏达大学讲演之后——有不同于常人的敏感，能够牢牢抓住那些稍纵即逝的灵感。

正如罗杰斯自己形容的，他是个“总是向前看”的人。他不顾会伤害同事的感情，情愿舍弃已经建立得相当不错的业绩，一意孤行地从芝加哥大学辞职，是为了到威斯康星大学有更大的发展空间，“让更多的人听见自己的声音”（Rogers, 1985）；60岁之后还两次辞职就职，要么是因为觉得不能施展身手，要么是希图有更大的影响；进入70岁以后，罗杰斯的抱负反而更大了，开始觉得心理学本身也是一个小池塘，已经放不下“以人为中心”这条大鱼。因而就有跨国界去“传播福音”，致力于用“以人为中心理论”解决国际冲突、社会矛盾的宏大志愿和尝试。

“跟着感觉走”

罗杰斯的理论和他的个人作风，都很贴近一句歌词，“跟着感觉走”。这里且只说他的个人风格。

罗杰斯经常提起的一条个人经验是“我可以信任我的感受”。他曾直截了当地说：

> 很长时间以来及至现在，我领悟到一个基本的东西：你觉得某件事值得做，它就是值得做的。换句话说，我悟出来，在某个情境中，我的整个身心的感受比我的智慧更值得信赖。（Rogers, 1989, p. 23）

罗杰斯对他所说的这种“身心感受”（他称为“机体智慧”）的实质和价值做过理论上的探讨。这里且按下不表。单说他的行事，还真就有那么股率性而为、“跟着感觉走”的劲儿，而且这种倾向愈老愈强。在其一生中，罗杰斯做出过多次事业上、生活上的选择和改变。越到后来，越少见到他做这些决定时有所踌躇。接受罗切斯特儿童研究部的工作是一个早期的例子；而到了60年代，他在已经功成名就之后毅然放弃大学安逸的环境到西部去重打锣鼓另开张；1968年，所里几个志同道合的人从西部行为科学研究所分离出来另创人学研究中心，以及70年代以后所进行的写作、工作坊、出访等活动，都显得像是“从心所欲”“率性而为”。

与这种听从自己内在声音指导的倾向相伴随的，是对外在影响的抵制。这些外在影响包括书本、教条（如宗教）、社会成规、父母和师长以及学术上的权威等等。其中最突出的是对权威的抵抗。

罗杰斯回忆自己在13岁左右的时候开始有对父母意志的抗拒。他回忆起一件事，起因是父亲要将下派给孩子们的实验田收回以重作他用，罗杰斯觉得父亲这么做没道理，但又争不过父亲，因此感到非常气愤。他说：“在行为上我不太有反叛表现，直到很久以后都是这样，但我的确觉得谁也不可以支使我，控制我。”（Kirschenbaum, 1979, p. 15）罗杰斯的大学毕业论文是研究马丁・路德[1]的，在文中他指出，路德“开始时臣服于教会的权威，但到最后他终于明白：权威自在个人心中，自在他自己的良知里”（Rogers & Haigh, 1983, p. 13）。这些都表现出罗杰斯很早就不迷信、不畏惧权威。到了晚年，他更将“经验高于权威”的态度强调到极致。他自述说：“没有任何人的观点——即使是我自己的观点——

1　马丁・路德（Martin Luther, 1483—1546），16世纪德国著名的宗教改革领袖。

比我的经验更有权威。……不管是《圣经》还是先知，不管是弗洛伊德还是研究结论，不管是神的启示还是人的发现，都不可以先于、优于我的直接经验。”（Rogers, 1989g, p. 25）正是这种相信自己的直觉和亲身经验的执着，使他敢于在1940年在明尼苏达大学做那样一个演讲；也正是这种执着，使他能够在自己的观点不被学术界认可甚至遭到批评的时候坚持不动摇。凯恩指出，尽管罗杰斯是美国心理学会所颁发的杰出科学贡献奖（1956）和杰出专业贡献奖（1972）的双料得主，他却一直对学院心理学片面重视逻辑实证主义，对传统的临床心理学家的培养方式，持强烈的批评态度（Cain, 1987a）。

有学者把罗杰斯这种对权威简直有点过敏的反应归因为小时候受到过于严格的控制（Dolliver, 1995）。这看法是有道理的。从上一节的介绍里我们已经知道，罗杰斯幼年时受到父母极其严格而又颇特殊的管教，这样在他稍长后从情感上和认识上与父母的分离就是一件非常困难的发展任务。显然，罗杰斯的分离采取了比较激烈的反抗的方式。尤其是从中国回国以后那一段日子。罗杰斯与父母的关系在他长大以后一直不是很亲密，就是一个侧面证明。过分严格的管制导致过分敏感的反叛，以至后来对任何带有权威印记的事物都取一种敏感的、戒备的态度。多利维尔认为，罗杰斯这种对待权威的个人态度反映到他的咨询理论和实践中去了，那就是反对咨询师在咨询过程中的权威态度，而让当事人感到他是自己的主宰（Dolliver, 1995）。

与听从自己内在声音的指引、摒拒外在的影响这种为人态度相一致，罗杰斯还表现出某种“个人主义”的特点。不过这不是那种有“自私”“利己”含义的个人主义，而是一种以独立不羁为主要特征的个人主义。比如，罗杰斯很早就习惯于自我依赖，不惯于求人。他曾对其传记作者克欣鲍姆回忆幼年经历时说：“我靠阅读学会做每件事。现在回想起来，我发觉自己只要可能，就肯定不会去求人指教。”（Kirschenbaum, 1979, p. 15）这种性格罗杰斯保持了一生。又比如，罗杰斯在专业和学术活动中，始终不参加某个学术派别，也不跟某几个学者联络在一起，组成一个学术圈子，即使是学术见解接近的学者也是如此。一个典型的事例是罗杰斯和人本主义心理学会（Association of Humanistic Psychology, AHP）的关系。尽管人们都认罗杰斯为人本主义心理学的旗手之一，但事实却是罗杰斯始终不曾正式加入这个组织，甚至不情愿参加这一组织的一些活动（Decarvalho, 1991, p. 10）。罗杰斯在某处曾说明他为什么要这样，那是因为他觉得这样他才更自由，用不着感到对什么人负有义务、必须忠诚于某个团体，从而可以想自己真愿意想的，做自己真愿意做的。

有交往障碍的人际关系大师

在20世纪的学者中，对人与人之间的关系了解之深、对人际关系在个人生活中的重要性强调之甚者，恐怕没有几人可与罗杰斯匹敌；然而罗杰斯在75岁的时候坦率地承认，他之所以喜爱以写作方式来表达自己，一个重要原因，就是他觉得这种方式更自如而少拘束：

> 我似乎仍然是那个腼腆害羞的男孩：对面对面地与人交流感到怵头；写情书比直接表达爱慕要有魅力得多；在中学里写作文时潇洒自如，但在课堂上讲同样的事却觉得自己傻头傻脑（Rogers, 1989g, p. 44）。

以上这两点恐怕都是事实。克欣鲍姆在访问罗杰斯的兄弟姊妹和海伦（海伦与罗杰斯是儿时的伙伴和小学时的同学）时，他们的回忆都证实罗杰斯在童年和少年时期的确是个敏感、内向、羞怯，而又感情丰富、常常耽于幻想的孩子（Kirschenbaum, 1979, p. 5）。由于他的这些弱点，他在兄弟中常遭到无恶意的嘲弄。对此罗杰斯总是不自在，有时会感到很愤怒。这又愈加使他倾向于独处。另外，罗杰斯曾自嘲地回忆，在整个中学期间，他一共只和女孩子有过两次约会，而且是由于要参加高年级学生组织的聚会，规定须带女伴。罗杰斯自己也认识到了这一点。他曾很明确地分析自己，认为幼年时的家庭教育使自己养成了一种无意识地不屑与人为伍的态度。他回顾说，在整个少年时期，他没有亲密的朋友，与其他人只是泛泛之交（Rogers, 1973）。这种情形直到大学才开始改变。

从罗杰斯与家人、亲戚以及朋友的关系来看，罗杰斯同妻子、儿女建立了非常密切的关系，但其他一些重要的人际关系就不是那么密切。尤其是他同母亲的关系一直比较紧张。从罗杰斯自己的回忆来看，他对父母的评价多强调他们的古板、僵化的价值观和教子态度。而且成年以后罗杰斯也不像其他兄弟姊妹一样跟家里保持着密切的联系。罗杰斯从离开家以后，就很少回去。他最少受到家里的照顾，而他也不像其他兄弟一样愿意接受家里的照顾，包括在他的第一个孩子出生后那一段艰苦的日子。而罗杰斯与家庭的关系以及罗杰斯对这种关系的评价在他的兄弟姊妹中很不被认同，甚至令他们生气。罗杰斯的大哥沃尔特回忆说，其实卡尔跟母亲的性格有点相像，都有点固执，而卡尔在兄弟们中反叛性最强。例如，他是第一个学跳舞的，也是敢公开跟父母顶嘴的。沃尔特还认为，实际上卡尔跟父亲疏远一些而跟母亲亲近一些，因此他需要妈妈的赞许，但由于他同妈妈之间在沟通上没有弄好，所以反而对母亲责怪得多（Kirschenbaum, 1979, p. 32）。

多利维尔指出，虽然罗杰斯后来的确发展出了与人建立温暖的人际关系的能力，但在他与哪怕是密切合作的同事的关系中也总还是有着某种距离感（Dolliver, 1995）。克欣鲍姆与许多曾为罗杰斯的学生、同事、朋友的人交谈，这些人不约而同地谈到，罗杰斯关心人、体谅人，是杰出的倾听者，让人感到信赖，给人温暖的感觉。但其中许多人同时还有着相反的感觉，就是罗杰斯有时，甚至是经常让人感到不容易亲近，使你感到与他之间有一道间离层。例如一位曾与罗杰斯长期相处的同事托林森（Tomlinson）说："卡尔·罗杰斯是怎样一个人？就我来说，他是一个我会说'我几乎不认识他'，同时又会说'他是我生活中最重要的人物之一'的人。”（Kirschenbaum, 1979，pp. 186–190）又如在社交场合，罗杰斯通常是沉默的，不出风头的，不招人注意的，而不是人们对一般大人物所期待的那样容易成为众人注目的中心。由于这些，甚至有人说，与他的著作和信念相反，罗杰斯为人实际上是比较冷漠的。

克欣鲍姆倾向于这样的解释：一方面，罗杰斯那“害羞的男孩”的倾向一直没有克服掉，换句话说，罗杰斯在应付社交场合上面始终是比较拘束的。当他专注地聆听另一个人的内心时，他很容易进入另一个人的内部世界，很容易体验对方的体验。在这种场合他是伟大的倾听者。而当他面对一般交往时，他往往就不知所措。罗杰斯自己也承认这点，他说：“大多数有点地位的人喜欢左右身边的环境。他们健谈，在随便什么场合都能成为注意中心，不会被人忽视；而我却相反，只要在自己被人们看作为‘领导人’或者引导气氛的人的时候，那就是我表现最差劲的时候。”（Kirschenbaum, 1979, p. 187）另一方面，罗杰斯在开放自己、向人倾诉上显然不很习惯。另一位前同事朱丽斯·西曼（Julius Seeman）说：“我同卡尔在一起工作了6年，觉得相对来说在专业方面对他了解得好一些，但觉得在比较个人化的自我揭示上（他）

总是有所保留，过了6年，我对他的个人生活也没有什么了解。”（Kirschenbaum, 1979, p. 189）西曼并指以人为中心咨询方法之一的“反映”部分与罗杰斯这种个人倾向有关，因为“反映”类似镜子，映出的是对方，同时也挡住了自己。

其实，如果联系罗杰斯个人发展情况来做点弗洛伊德式的分析，罗杰斯在治疗理论上对关系的强调和他个人在生活中表现出的某种“关系障碍”可能恰恰是一件事情的两面。一面是对密切的个人关系的需要，罗杰斯屡次用“我喜欢听人倾诉”“理解人对我来说有无比的价值”之类的话来表达他的意思，似乎不是故作姿态；另一面是他自小养成的羞怯和避人的习惯，使他没有好好地练习过向人倾诉的能力，因而也就不习惯于向人敞开自己的内心世界。

从某个角度来看，罗杰斯很像是一个研究“人类沟通”的学生。他毕生的著作均在深入了解人们如何互动及如何相互了解。他以无比的真诚去倾听并了解当事人的心声，从而进入其生命历程，并对这种坦诚相见与互相理解给予礼赞。他视沟通为造成个人与社会发生积极改变的钥匙。然而，这位“关系”大师自己却始终未能彻底摆脱与人交往时的不自在。

二

罗杰斯眼里的人

心理学家的人性观与其心理学理论和实践有非常密切的联系，对于临床与心理咨询领域的心理学家更是如此。因此，了解一位心理学家的人性观往往能够从最基本的方面对这位心理学家的思想有所把握。对于罗杰斯这样一位对人的价值、尊严，以及人存在的究竟意义深具兴趣的心理治疗师而言，了解他的人性观就更具价值。

在具体谈论罗杰斯的人性观之前，我们稍微对什么是我们所说的人性观做一点限定，以防止陷入无谓的玄学议论。基本上，心理学者所谈的人性，就是对于人的几个基本方面的假定。以下一些问题往往是人性观议论会涉及的主要问题：

人有无某些天生的心理行为倾向，即不假于后天学习或环境熏陶，天生就有的行为方式或其倾向？这个问题也常被表述为：人性有无某种生物学的基础？

如果对上一问题回答曰“有”，则有进一步的问题：这种天生倾向是什么样的，善抑或恶？理性抑或非理性？积极抑或消极？

如果对前一个问题回答曰“无”，亦有进一步的问题：人类有一些跨时代、跨地域或文化的普遍性的心理倾向，同样，这些心理倾向是什么样的，善或恶？理性或非理性？积极或消极？

人有无自由？或者说，人从根本上讲，是被个人之外的力量所决定还是有自由意志？

理想的或者说健全的人应该是怎样一个面貌？他有哪样一些特征？

讨论人性观思想不一定会涉及上述论题的全部，我们将仅以罗杰斯思想之所及为限。

思想渊源与逻辑

罗杰斯对于人性本质的看法往往遭人简单化地对待。一般人多简单地认为罗杰斯相信人性善，如此而已。由于这一点，罗杰斯常遭到心理分析派学者、精神病医生、神学家以及其他一些人的诟病，指他对人性过分理想主义。但克欣鲍姆等认为，罗杰斯的人性观思想实际上是相当复杂同时也是有说服力的（Kirschenbaum & Henderson, 1989）。这里先就罗杰斯人性思想的来源谈起。

卢梭还是临床经验？

欧洲传统中关于人性善恶的思想大致有两个渊源。其一来自《圣经》（尤其是《旧约》），相信人生而堕落，肉身的存在决定着堕落的必然。这是由亚当和夏娃所犯原罪决定的。另一渊源与古希腊传统有关。苏格拉底和柏拉图强调灵魂的本质是理性，而理性指向善。这个传统在文艺复兴时期及其后的启蒙运动中由卢梭等人道主义者发扬光大，相信人性本是趋向善的；人会堕落，但那不是本性使然，而是环境造成的。

1956年，沃尔克（D. Walker）在《咨询心理学杂志》上发表了一篇题为《卡尔·罗杰斯与人的本性》的文章，同期杂志还一并发表了斯奈德（W. Snyder）、吉曼（W. Gehman）、沃尔克和拿索（W. Nosal）等人就这一主题所做的进一步讨论。沃尔克在文章中将弗洛伊德与罗杰斯关于人的本性的看法进行对比，指出“弗洛伊德继承了奥古斯丁[1]的思想传统，相信人在最基底上乃是不友善、反社会和趋向堕落的”。而在罗杰斯这方面，则“继承了卢梭的衣钵，相信既然人皆出于造物主之手，便应当完美无缺。人性如璞玉，如其遭腐蚀而坏，则如卢梭所言，乃是社会缺陷所致”（Walker, 1956）。在同一杂志1957年的第3期上，罗杰斯以沃尔克的文章为引子，自己写了一篇文章来集中阐述他对人的本性的看法，题为《对人性的一种诠释》（Rogers, 1957）。

在这篇文章中，罗杰斯先对沃尔克把弗洛伊德和自己分别与奥古斯丁和卢梭联系起来的做法表示不以为然，认为与其硬把谁同谁划为一类，不如分别如实地对待每个人更有价值。而且他说，在他看来，在哲学思想上，弗洛伊德更像加尔文[2]，而不是奥古斯丁。至于罗杰斯他自己，虽然的确更类似于卢梭而不是加尔文，但要说自己是卢梭思想的继承者，那是很牵强的。至少，罗杰斯看不出卢梭对自己有什么直接影响。罗杰斯回忆，他个人涉猎卢梭，仅是在读博士学位期间，作为法语课的学习内容，按要求读

1 奥古斯丁（St. Augustine, 354—430），古罗马神学家、哲学家。

2 加尔文（John Calvin, 1509—1564），法国神学家及宗教改革家。

了《爱弥儿》的一部分，而且那门课他差点儿不及格！

那么，罗杰斯的人性观点是如何形成的？有一个来源吗？有的。罗杰斯回答说，来自他的治疗经验，来自他对大量当事人在心理治疗过程中所表露出来的，在他看来代表着真正人性的那些表现的观察。换句话说，心理治疗的当事人在治疗过程中的表现向罗杰斯揭示了真正的人性。

但是，这里有个问题。心理治疗的当事人在治疗过程中的表现难道不也被弗洛伊德所观察到吗？何以弗氏见其恶，罗氏见其善？进而言之，有那么多治疗师都在做心理治疗，何以对人性的看法在治疗师中间言人人殊？是因为治疗师观察到了不同的东西，还是有什么因素——譬如，治疗师个人的经历，治疗师的价值取向等等——影响了他们的观察？在笔者看来，恐怕不能简单同意罗杰斯的说法。我们可以同意罗杰斯的治疗经验在形成他的人性思想中起了重要作用，但不能简单认为罗杰斯的人性思想全部来自他的治疗经验。我们可以看到，罗杰斯幼年时曾受到很强且又非常保守的基督教教条的灌输，但在青年时期来了一个大转变，可以说从那时起，他就有比较强烈的人道主义倾向，倾向于以比较积极、比较肯定的态度去看待人，而不是以原罪的眼光去看待人。

至于说到来自心理治疗过程中对当事人表现的观察，也还有需要进一步讨论的地方。依笔者所见，罗杰斯式的治疗与弗洛伊德式的治疗的确会导致对人性不同的观察和发现。在弗洛伊德式的治疗中，治疗师的兴趣焦点在当事人的无意识上，他对当事人表现出来的东西是不会从现象学层面认真对待的。他倾向于在无意识中寻找创伤性的经验、性的冲突等等，这样他就很可能找到一些与敌意、攻击、淫欲相关的东西。而在罗杰斯式的治疗中，治疗师不是以一种怀疑主义的态度对待当事人的所言与所为，而是以同感理解的态度去倾听，这样当事人在治疗过程中那代表积极、向善、指向成长的方面就有可能更容易表露出来，从而导致治疗师得到如罗杰斯般的观察。简言之，笔者倾向于认为，弗洛伊德和罗杰斯两人得出结论的程序都有可能出现“自我实现的预言”效应。在此效应支配下，观察者出发点上的倾向具有决定作用，欲白者见白，欲黑者见黑，信其善者得见其善，信其恶者得见其恶。因此，虽然罗杰斯可以声称他的人性观点来自临床观察，但不见得这种观察就能保证结论的正确性。

从“狮性”说起

在谈论人性的久远传统中，经常会发现学者们犯一个错误，那就是把事实判断与价值判断相混淆。在讲人性是什么、是怎么样的、有什么特点这样一些属于事实判断范畴的东西时，不自觉地滑到去谈人性是善还是恶，人的行为倾向是反社会还是亲社会，是好还是坏，等等。例如中国哲学从孟子、荀子以来绵延不绝的性善性恶的争论（冯友兰，2013），往往就陷入这个误区。

罗杰斯在这点上比较明智。罗杰斯给人的感觉是，在他的思想里，他一直是在谈人性到底如何，而不是属意于人性是善抑或恶，虽然未见他明确地对人性的事实判断与价值判断做出区分。支持这个看法的事例是，在《对人性的一种诠释》这篇专门谈论人性的文章中，罗杰斯别出心裁地从一个非常新鲜的角度来开始讨论：先不谈人性，而是谈“狮性”“羊性”或者“鼠性”！

> 让我们来看动物世界，并且发问：狮子、绵羊、狗或者老鼠的本性如何？显然，如果你指其中任何一种或者所有这些动物的本性为“不友善、反社会或充满肉欲”，那都是很可笑的。而如果你指它们的本性是中性的，你这么说的意思或者是，从某些不涉及确定的价值标准的方面来看它们是中性的；或者是，它们全都一样，没有什么本性，全如胶泥一般由后天塑造成形，那这种“中性论”在我看来也是可笑的。（Rogers, 1957）

罗杰斯在这里很明确地把事实讨论与价值判断区分开来，同时也表明了他在生物的本性问题上与环境论者的区别。他坚持认为，凡生物皆有本性，但对生物本性的探讨不一定非得在价值层面上进行。性善、性恶或者中性的说法，对动物而言毫无意义，对人来说虽有意义，但也不必一谈本性就只知善恶之辩。笔者以为，在思想方法上，罗杰斯所持的这个观点很有道理，它有助于把问题说清楚。人性作为一种客观现象，既可为科学的研究对象，也可为哲学伦理学的研究对象，既可做事实判断，也可做价值判断。心理学如研究人性，常倾向于将其作为科学对象加以研究，当然对于做实践工作的临床心理学家来说，往往无法纯粹地只涉及人性的事实层面。但不管怎么说，从认识的角度来讲，人性研究是可以而且也应该把事实判断和价值判断分开的。

那么罗杰斯怎样界定生物的本性呢？他把它定义为“该物种的一些共同属性，体现着该物种的一般特点”（Rogers, 1957）。每种动物都有些基本的特性：绵羊是最合群的动物，老鼠最胆小，如此等等。这些特性，大多数动物天生就那样，不论后天进行怎么样的训练，都不可能改变属于该物种的基本特性，正如不管怎样也不能把狮子训练得像老鼠一样。对于这些属于动物本性的东西，我们能够做的事很少，也很简单：像接受任何一件客观事物一样接受它们。赞叹狮子的勇猛或者谴责它们的嗜血，都是毫无意义的。同理，人性也一样是人这个物种的共同属性，是本物种的一般的特点。虽然人有是非善恶之心，有伦理倾向，且以此独特之处区别于其他物种，但纯粹从事实的、描述的角度来说，我们完全可以只把此一特点作为一种客观的属性来看待，而将对人的种种属性的善恶的判断交给伦理学去处理。

弗洛伊德的作用

前面提到，罗杰斯不情愿别人将他的思想形成与弗洛伊德思想的形成扯到一起。这只是罗杰斯自己的意愿。事实上，我认为不仅可以把他们二人摆在一起做比较，而且还认为在罗杰斯人性观思想的形成中，弗洛伊德起了相当的作用。这作用一方面表现为罗杰斯对弗洛伊德有直接的继承或借鉴，另一方面表现为弗洛伊德从反面刺激了罗杰斯提出与之针锋相对的看法。

我们知道，罗杰斯在早期的临床实践中，基本上是按精神分析的路向做的，所以他对精神分析思想不仅在理论上很熟悉，而且由临床实践得到了相当深刻的体会。虽然现在无法得知罗杰斯在罗切斯特期间于何时放弃精神分析的路向，但可肯定他对精神分析的理论和实务有相当心得。正是在做了大量对当事人无意识欲望的分析之后，正是在他按照弗洛伊德的理论去实践而遭遇许多失败之后，他才逐渐领悟到弗洛伊德对人类无意识动机的看法可能有误；也正是在这样的情形下，他才有可能从根本上怀疑弗洛伊德所持的人性观，并想到或看到人性中与弗洛伊德思想根本不同的一面。所以，说弗洛伊德对罗杰斯的人性观形成起了作用，并非耸人听闻。

为了把这一点说清楚，让我们具体比较一下弗洛伊德和罗杰斯的人性思想。

弗洛伊德承认并强调人有天生的或者说由生物学基础决定的心理倾向。在这一点上，弗洛伊德与“白板说”“胶泥说”之类不承认人生而有本性的学说形成两个针锋相对的阵营。同样，罗杰斯也认为人生而有一些特定心理倾向。例如他说：“我没有发觉人在其基本属性上全然没有本性，人不是白板，可以在上面任意涂写。”（Rogers, 1957）因此在这一重要问题上，罗杰斯与弗洛伊德是同一阵营中的人。而且，罗杰斯跟弗洛伊德一样，也极其强调这种先天的动力倾向对人的作用，指其为推动和决定人类行为的原始的、基本的动机。罗杰斯在下面一个思想上也与弗洛伊德相同：这种基本的心理欲求是否在一定程度上得到满足，决定着个体是否幸福，以及是否心理健康。以上几点都是涉及心理学家基本立场的重要观点，在这些重要方面两人如此一致，很难说罗杰斯没从弗洛伊德那儿得到些许启发或借鉴。

再看弗洛伊德从反面对罗杰斯的刺激作用。罗杰斯与弗洛伊德人性思想的最大分别，在于对上述先天倾向的性质的回答。弗氏认为，人生而具有两种基本的生物倾向（弗洛伊德称为“本能”），即所谓“生的本能”和“死的本能”。生的本能导致个体所有求生存的努力，包括保存和延长个体生命，也包括延续人类这个物种的存在。生的本能是人类大多数行动的能量之源，不光饮食男女的欲求出自生的本能，人的劳动、创造活动等等，也是从生的本能获得能量来源的。至于死的本能，依弗洛伊德所说，乃植根于人类原始的演化过程，在现代人身上仍有保存。虽然在多数情况下，死亡本能并不以其直接形式——自杀——表现出来，但人往往会热衷于一些冒险活动，如登山、跳伞、攀岩等等，就是死亡本能的折射。死亡本能的另一表现形式则不是指向自身而是指向身外之人或物，如杀戮、施虐、破坏等等。顺便提一下，在弗洛伊德体系中，本能与心理倾向是两个范畴的东西，后者属于心理学范畴，表现为心理冲动和欲望，是支配人行动的直接原因；而本能属于生物学范畴，一方面规定着心理倾向的性质，一方面给心理倾向提供能量。通常在心理欲望上，生的本能表现为爱欲，死的本能表现为攻击和破坏冲动，此即后来人们所说的性驱力和攻击驱力。

罗杰斯版本的先天倾向叫“实现倾向”（a tendency of actualization），其具体内容见下节。大体来说，“实现倾向”是一种指向成长，使个体所具的种种能力得以施用，潜能得以发挥，天然具有的特性得以现实化的内在欲求。这个说法与弗洛伊德真是相差很大。说罗杰斯在人性思想上与弗洛伊德针锋相对，如果是指他们两人对人的基本倾向的看法，那是一点也不夸张的。事实上，罗杰斯自己还常常明确表示对弗洛伊德的“本能”（尤其是“死的本能”）的批判。例如在上面提到的那篇文章中，他说：

> 我发现，用诸如“深具敌意、反社会、耽于破坏、邪恶”这样的词来指称人在其基本属性上的特点，显然是不恰当的。（Rogers, 1957）

使用如此有针对性的措辞，罗杰斯显然是在拿弗洛伊德当靶子。我甚至相信，从开始时使用弗洛伊德的架构做心理治疗，到后来形成一套完全不同于弗洛伊德的人性见解，这个过程在罗杰斯身上留下了深刻的烙印。在这个过程中，弗洛伊德理论从反面给了罗杰斯很多有益的刺激。在上一章曾提到罗杰斯治疗一个有纵火癖的男孩的事例，罗杰斯之所以多年之后还对这个事例记忆犹新，照他自己来看，主要是由于他从中得了一个教训：权威不可迷信。但笔者更注意到，罗杰斯视为权威的黑利博士（Dr.

William Healy)，恰恰是一位精神分析学家，黑利所代表的权威，其实是心理分析理论。

如何窥见人性真貌

罗杰斯也想到，他的人性思想与弗洛伊德的人性思想差不多来自同样的途径——在心理治疗过程中对当事人的观察。既然如此，为什么两人会有如此不同的结论呢？这个疑问实际涉及怎样才能获得对人性的正确观察，如何看到人性真实面貌的方法学问题。自然，罗杰斯先肯定自己看到的是真正的人性，而弗洛伊德所得出的人性结论不正确。然后，他提出两个假设来解释弗洛伊德何以得出错误的见解。

第一，弗洛伊德过分陶醉于自己的发现，以致错过了发现人性中积极的一面的机会。弗洛伊德发现在人“一本正经”的外表下面，潜藏着攻击、侵犯以及性这些无意识冲动。这个发现在弗洛伊德的时代称得上是惊世骇俗，同时这也使弗洛伊德受到广泛的批评，而这种批评在某种程度上是对弗洛伊德的鼓励！因为他因此成了众人瞩目的中心。在这种情形之下，弗洛伊德的批评者和弗洛伊德自己都自然地把注意力集中在“邪恶”的无意识方面，无心顾及其余。本来，照罗杰斯的看法，弗洛伊德的当事人应该也会表现出以下的情况：当他的“邪恶”的冲动被识别出来，并且他能够接受、理解它们的时候，他又成了值得信任的，有正常的自我控制和正常社交关系的个体（Rogers, 1957）。可惜弗洛伊德由于只关注去寻找人心中的“邪恶”力量，对同是人性的这一面就视而不见了。

第二，对于那些被歪曲、被压抑的经验，虽然有些人能够靠自我分析发现它们，但要能够从情感上接受它们，却非常不易，非要有一位治疗师提供一种理解、关怀和接纳的关系气氛才可以。弗洛伊德在自我分析过程中发现了他自己内心的无意识冲突。“但是，”罗杰斯说，“由于弗洛伊德在其自我分析过程中不存在这种温暖、被接纳的关系，我怀疑他有否完全接受它们，将它们当作属于自己的有意义、可接纳、具有建设性的一部分。”（Rogers, 1957）这样，弗洛伊德就不可能认识到，这些冲动，这些内部的力量，并非洪水猛兽般的东西，倘若让它们自由表现，反而是一种极富创造性的力量。

因此，罗杰斯认为，弗洛伊德在人性的探索途中，始终只看到道路一侧的风景，另一侧要么没有被弗洛伊德看到，要么不被他认真地对待，从而导致了他的人性观的片面性。

那么，怎样才能得到人性的全息图景呢？罗杰斯回答说，靠“关系”，靠在治疗师和当事人之间建立起一种充满信任、理解、安全以及接纳的个人关系。在这种关系气氛下，当事人得以放下平时已经习以为常的自我保护手段，不再担心有些感情“不道德”“不高尚”或者“自私”等等，而能够让本真的自己以坦率、自然的样貌表现出来。而人性的真实样貌也在这种自我的坦诚表达中表露出来。

人性素描

> 多少年来，我尽自己所能在治疗中提供一种带有安全感，没有威胁，使当事人完全自由地做他自己的关系。在这种最深入的关系中，我认识了人。……当他们生活在这种关系之中，本真地做自己、表现自己的时候，我发现，人像狮子一样，也有一个本性。（Rogers, 1957）

现在来看罗杰斯见到怎样一种人的本性，来看看罗杰斯的人性观思想。

人不是什么和人是什么

第一，人不是白板，不是胶泥，人天生就有某些心理趋向，人是有本性的。罗杰斯相信，人有由其物种所决定，一代代传承下来的一些独有的特性。虽然在这个观点的阐述上罗杰斯不像另一位人本主义心理学家马斯洛那样做了大量系统的研究，分别从人类学、动物心理学、临床心理学等不同领域搜求证据来支持己说（Maslow, 1954），但他对这个观点也非常强调。在笔者看来，罗杰斯持此观点是必然的，因为就“以人为中心理论”来说，其核心思想之一，是强调人要顺从自己的本性去生存，设若根本上就不存在人的本性一说，顺从自己的本性就成了无“基”之谈。

在这个观点上，罗杰斯与斯金纳为代表的行为主义心理学派形成鲜明的对立。众所周知，行为主义主张，有机体的行为完全是由它的环境决定的，各种环境力量透过条件作用过程塑造出有机体的行为倾向。罗杰斯坚信这不是事情的真相。早在20世纪40年代中，罗杰斯就曾这样表达过他的观点：“从临床得到的经验可以概括如下：人类有机体的行为可以由作用于有机体的那些影响力量所决定，但同样也可以由有机体自身之创造性的、一体化的悟见所决定。”（Kirschenbaum, 1979, p. 261）

第二，人的基本特性不是敌意、耽于破坏、反社会，或者邪恶的；相反，人的本性是倾向于创造，具有建设性，以及需要与其他人建立密切的个人关系的。

> 我的经验告诉我：人都具有一个基本上是积极的方向。从我的治疗中，从和我有最深刻接触的受助者，包括那些带来最多困扰的人，那些行为最反社会的人，那些具有最不正常感觉的人在内，我发现上述的信念都很真确。当我能很敏感地了解他们所表达的感觉，当我能以他们的立场去接纳他们，承认他们有权利和别人不同，然后，我会发现他们都会愿意朝某些方向去改变。那么，究竟是朝哪些方向呢？我相信最能描述这些方向的字眼就是像积极性，建设性，向自我

实现而迈进，向成熟、向社会化而成长，等等。我觉得一个人愈是能被完全了解和接纳，那么他便愈是能向前迈进。

我不希望别人因此而误解我的意思。我对于人的本性所持的并非波丽安娜（Pollyanna）[1]式的盲目乐天观点。我很能看出：人在重重防卫及潜隐的恐惧之下，会表现而且已经表现过很多令人难以置信的残暴、恐怖的破坏、不成熟、退化、反社会、伤害等等行为。不过，我的经验中最能令人振奋的部分也就是和这些人一起做治疗，然后发现：在他们之中（就如同在我们每一个人之中一样）的一些最深层次里，也潜伏着极其积极的方向。（Rogers, 1961, pp. 26–27）

这一相信人性本来具积极性、建设性，或简单地说相信人性本善的思想，是罗杰斯非常强烈的一个信念。虽然罗杰斯也承认人可以为恶，而且常常为恶，但他强烈地认为，那不是人的本性的反映，而是别有原因。关于人类社会中何以能见到诸如希特勒那样的恶人恶行，罗杰斯在晚年与罗洛·梅有过一场有名的讨论，我们在本章稍后些再做介绍。

实现趋向——从动植物到人类

集中体现罗杰斯人性观点的概念是所谓“实现趋向”。罗杰斯在无数地方谈到过实现趋向，但如果不结合罗杰斯对于一般生物

1　美国儿童文学作家埃莉诺·波特（Eleanor Hodgman Porter, 1868—1920）创造的一个乐观的女主人公的名字。

特性的看法，对实现趋向的把握就会不够深入。罗杰斯相信，实现趋向不仅是人类所具有的本性，在更具普遍性的意义上，实现趋向是一切生物都具备的基本倾向，是最能体现生命本质的生物特性。任何一个生物，不管是一株草、一棵树、一头狮子，还是一个人，只要他/它被赋予了生命，他/它就会表现出一个明显的生长、发展、活动的趋势，这个趋势不易用简单肯定的词句予以概括，大略而言，是一种求生存、求强大、求茂盛、求完满的趋势。如果不那么强调学究式的表达，那么罗杰斯1977年写的一长段极富诗意的话对我们理解体会他的意思很有帮助：

> 我记得我小时候，家里把冬天吃的土豆贮存在地下室的一个箱子里，上离地下室那个小小的窗户有好几英尺。生长条件相当差，可是那些土豆竟然发芽了——很苍白的芽，比起春天播种在土壤里时长出的健壮的绿芽是那么不同。这些病弱的芽，居然长到二三英尺长，尽可能地伸向窗户透进光线的方向。它们这种古怪、徒劳的生长活动，正是我所描述的趋向的一种拼死的表现。它们也许永远也无法长成成株，无法成熟，永无可能实现它们实有的潜能，但是即使在如此恶劣的生长条件下，它们也要拼死地去成长。生命不知道屈服和放弃，即令它们得不到滋养。在与那些生命被严重扭曲的当事人，与州立医院住院部病房里的男男女女打交道的经历中，我常常想起那些土豆芽。供这些人成长发展的条件是那样恶劣，以致他们的生命看起来常常是异常的、扭曲的、

少人性的。但他们身上那种有方向的趋向仍然值得信赖。理解他们的行为的线索是，他们在以其唯一可行的方式奋斗[1]，趋向成长，趋向成人。对我们来说，他们的努力古怪而又徒劳，但在他们，那是生命要实现自己的拼死挣扎。（Rogers, 1977）

这段话是罗杰斯讲实现趋向最富诗意和情感色彩的一段。罗杰斯在另一个谈论人类基本动机的场合，曾对访问者伊万斯（R. Evans）用较为明确的方式谈到他对实现趋向的界定："……每个有机体都有一种保存自己，如有可能的话增强自己，最终要再生自己的趋向。对我来说，这一趋向成长、趋向保存和增强有机体的基本趋向，是所有动机的核心。"（Evans, 1981, p. 5）

在罗杰斯眼里，这种实现趋向最集中地体现了生命的本质特性，是所有生物的本性。但是，人类的实现趋向是否和其他生物的实现趋向有所区别呢？罗杰斯很少直接谈到这一点，但一位曾与他共事的学者玛莉（Tony Merry）在介绍实现趋向时提到，她认为罗杰斯是认可人类的实现趋向与动物应有所区别这一想法的。玛莉很简洁地把实现趋向与罗杰斯的另一说法联系起来：实现趋向最典型的表现就是"朝'充分发挥机能'的方向前进"（Merry, 1997, p. 29）。

所谓"充分发挥机能"（full functioning），在植物如橡树，就是要完满地生长，长成枝叶茂盛的大树；在动物如狮子，就是要长

1　罗杰斯在这里指的是精神病人那些在常人看来古怪难解的行为。在这里包含了罗氏的一个想法：精神病人的古怪行为，如果从精神病人自己的主观世界来看，一样是可以理解的，而且是必然的行为。

成，要捕猎，要交配，要哺育后代；在人类，充分发挥机能也是机体的要求。人从一出生开始，便不断力求充分发挥生命的机能，只是这种要求常常并不被个体意识到。但是在人类身上，有时实现趋向也诉诸人的感受，诉诸直觉，诉诸某些冲动。充分发挥机能的含义就是有机体要求让本身所具备的潜在的机能发挥作用。使之由潜在形态向现实形态转变。像另一位人本心理学家马斯洛所说，是画家便会要求画画，诗人就想作诗，音乐家就需要演奏音乐……（Maslow, 1954）[1]

总之，实现趋向的含义大体上是，生物要求将其由遗传赋予的潜在的性状充分表达出来，要求将自身所赋有的机能（在人，包括人的各种身体的、心理的机能）充分发挥出来，而所有这些表达，这些发挥，从某个观察角度来看，是有方向性的。这个方向如罗杰斯所说，是向上、向前，积极的，建设性的，创造性的。

实现趋向是整个有机体的机能，或者倒过来说，是每个有机体的整体机能，不是有机体某一部分、某个特别的器官的机能。

1　事实上，罗杰斯的实现趋向概念受到马斯洛的自我实现概念的影响。罗杰斯在晚年的一篇文章中明确地承认，实现趋向不是他的专利，在马斯洛的著作中这个概念无处不在；而另一些生物学家如阿尔伯特·圣乔其（Szent-Gyorgyi；发现维生素C并因此获诺贝尔奖的生物学家）也有这个思想（Rogers & Sanford, 1989）。

只有在有机体作为一个整体而存在，只有在有机体是一个正常的完整的个体的时候，它的实现趋向才会最强烈地展现出来。因此你很难把实现趋向与有机体的某个部分的特性或功能联系起来，你在人身体的任何部分都发现不了直接反映实现趋向的东西。换句话说，实现趋向只有在综观整个生命的表现，跨时间地看有机体的时候，才能让你感觉到它，体会到它的存在和它的力量。罗杰斯在《存在之道》（*A Way of Being*）一书中这样说：

> 要言之，有机体总是在追求、在发动、在完成某事。人的内在自有一核心能源，这种能源并非只有一部分可信，而是整体均可信赖的！最简单地说，就是一种朝向充分展现、自我实现，不仅是维持现状而已，还要提升个人境界的方向去实现的概念。（Rogers, 1980, p. 123）

总之，实现趋向是罗杰斯体系的一个基石，以人为中心心理学的许多概念和原理，如机体评价过程、动机理论，以及信任当事人、非指导路向、对直觉和感受的重视等等，都与这个基础概念有密切关联。欲了解罗杰斯，把握他这个核心思想是很要紧的。

充分发挥机能的人

动植物如果处在阳光充足、水草茂盛、食物丰富的自然环境中，便会个个顺其实现趋向规定的方向，长得高大挺拔、丰硕健壮；同理，人如果处在非常理想的环境中，其个人发展也会既顺利又健康，其潜能，其天赋，简单地说其全部身心机能也会充分表达，充分发挥。那么，这个机能充分发挥的人是什么样子呢？罗杰斯在《论成为一个人》中收进了一篇文章专门来谈论这个问题，题目是《一位治疗师对美好人生的看法：机能充分发挥的人》（Rogers, 1961）。

美好人生是一个过程

上面那个问题——“机能充分发挥的人是什么样子”——照罗杰斯看来，是个错误的问题。因为它假定美好的人生或“机能充分发挥”是某种生活的状态，某种境界。罗杰斯说，根据他长期以来与当事人相处的经验，美好的人生绝不是一种不变的状态。“在我看来，它既不是一种有德之境、满足之状，也不是入仙乡、临福国的幸福境界。美好人生不是一种已经适应、充分满足，或业已实现的状况。用心理学的话说，它不是一种驱力降低、紧张消除或者体内平衡的状态。”（Rogers, 1961, p. 186）虽然长期以来，许多心理学家和社会科学家都倾向于拿适应、内驱力降低之类的概念来描述人的良好生活状态，而一般大众则以“幸福”“满足”“目标达到”等等作为美好人生的指标，但罗杰斯从其心理治疗的经验发现，他的那些真正在成长、在进步的当事人都不是这么回事。如果用上述说法去质对他的当事人，他们一定会反对的。

那么美好的人生是什么呢？罗杰斯回答说，美好人生根本就不是一种状态，而是一个过程。“人的生命，在最好的状况下，乃是个流动、变化的过程，其中没有什么是固定不变的。不论是在我的当事人或在我自己，我发现：生命在最丰富而又最有价值的时刻，一定是个流动的过程。”（Rogers, 1961, p. 31）

说起来罗杰斯这个“生命过程观”也不算新颖，因为过往不知有多少对人生有所悟的人，包括哲人、思想家、宗教人士和普通人，都曾从不同角度对此有所阐述。罗杰斯的独特之处，在于他具体地描述了美好人生、理想的生活应该是怎样一个过程。罗杰斯所描述的这个过程有些与众不同。

> 美好人生是一过程，而非一种存在状态；
>
> 它是一个方向，而非一个目的地。
>
> 构成美好人生的方向，乃当人有心理上的自由可以迈向任何方向之时，他的整个身心所选择者。（Rogers, 1961, p. 187）

这段话需要做些注解。罗杰斯认为，一般人很难达到精神、心灵上的完全自由，因为我们受到太多内在的禁锢，我们不再信任自己的感受、机体的信息、直觉的体验。但如果有人经由自我修养或心理治疗而重新恢复了这种对机体、对体验的信任和开放（一如婴儿般），他就享有了心灵上的自由[1]。这意味着这个人可以选择任何他愿意的事物、方向或道路。而一个人在这种完全自由、从心所欲的状态下，听任自己的整个身心（注意，不是单纯用理智的精心计较）选择一个方向，一条道路，并且他得以自由地循此方向前进，走在他所选择的道路上，当人处在这样的行进过程之中，这就是美好的人生了。

机能充分发挥的人的特点

罗杰斯进一步讨论了美好人生的一些特点，在一些论述罗杰斯的文献中，常径直称这些为“机能充分发挥的人”的特点，我们也用这个做标题。

对经验益加开放· 开放性乃是与防卫性相反的情况，因此我们从人对经验（experiences）[2]的防卫性说起。在罗杰斯，防卫性指的是这样的情况：一个人由于自我概念的关系，不能允许自己的某些体验被自己明确地意识到。因为这些体验会威胁到这个人

1　此处涉及罗杰斯的人格理论，详见第三章。

2　experiences，此词在罗杰斯那里既有“体验”之意，又有“经验”之意；不管是哪一种，都排除了“有意识的理性加工”的成分，实际上罗杰斯常常是在与“有意识的理性认识”相对立的意义上使用这个词。故在本书中，对experiences这个词，“体验”“经验”两种译法通用。

的自我概念，或在他看来与他在环境中所处的处境不一致[1]。这样，这个人意识到的东西和他的机体经验就往往背道而驰。换句话说，这个人有可能会过着一种与其实现趋向不一致的生活。

如果一个人能够完全对自己的经验保持开放，则每一个刺激——不论是源于自身机体的还是起于环境的——都将能畅通无阻地透过神经系统传递，使当事人准确、如实地意识到它们，而不受防御机制的歪曲。因此，对经验开放的意思是，一个人能够真实地、全面地接受任何来自内部或外部的信息。不管刺激以什么样式构成（形、色、声、味等等），不论它们是从环境借助感觉神经系统传来，还是从过去经验循回忆轨迹而来，抑或是从内脏器官的感觉而得，这些恐惧、厌恶或者快乐等等感受，当事人都能知觉到，能够“活在它们之中”（Rogers, 1961, p. 188）。

> “美好人生”过程的特点之一，就是它是一个对体验从充满防卫到完全开放的运动。在这个转变过程中，当事人变得更加能够倾听自己的心声，体会他身内所发生的一切；他对自己的恐惧、畏缩、痛苦之类感觉更加开放，同样他对自己的勇气、温情和敬畏之类体验也更加开放；当有什么感受发生于己身，他可以自由而主观地体验到它们，并且自由地意识到它们；他能更充分地活在机体的体验之中，而不是摒体验于意识的大门之外。（Rogers, 1961, p. 188）

1　参见第三章。

更富存在感的生活· 机能充分发挥的人生过程的第二个特点，是它包含着一个日益增强的倾向，要求在每一时刻都生活得充实完满。罗杰斯自己意识到，他这个看法容易遭到误解，而且他承认，即使在他自己思想中也是有点模糊的。那么更富存在感的生活（increasingly existential living）到底是什么意思呢？

先说“存在”（existence）这个词在这里的含义。心理学中有所谓“存在心理学”，存在心理学在很大程度上受欧洲存在主义哲学的影响。其中罗杰斯对丹麦哲学家基尔凯郭尔（S. Kierkegaard）的思想比较熟悉。存在主义哲学认为，人为一特殊的存在体，其存在的特点是：永远处于一种过程之中，有无数的可能性，有各种可能的选择，有绝对意义的选择自由，你选择什么，你便是什么，同时人又不得不对自己以及自己的选择负责。没有什么是确定不变的（Sahakian, 1969, p. 251）。

罗杰斯这里所说的“存在”，并不具有存在主义者所具的悲观色彩，而只是取其指人的存在是一不断选择、无有定式的过程的观点。而这里所说的“存在感”，是指一种“活在当下”的经验，是充分地、忘我地、自在地投入当下的心理活动之中，不评价，不监控，主体和主体的活动同一。至于“在下一刻我将会是什么，会做什么，只有到了那个时候才知道”（Rogers, 1961）。

罗杰斯认为一个机能充分发挥的人的生命过程符合存在主义的观点。但在笔者看来，恐怕与上述之存在观只有小同而存大异。前者为一哲学思辨结论，后者乃是一种实在的生活方式；前者刻画的是全部人类存在的根本规定性，后者指的是部分人生存的特性；前者的倾向是人生的宿命与无奈，后者却被罗杰斯指为“美好人生”。

实际上，罗杰斯在这里是想要指出“机能充分发挥的人”的一个与上一特点——对体验的开放性——有联系的生命特点：这种人没有僵硬难变的思想框子，他们把经验摆在第一，对任何经验都开放，不是让经验去适合他已经挖好的“萝卜坑”（思想框子），而是信任经验，让自己整个人与经验合为一体。“它意味着人成为自己体验过程的参与者和观赏者，而不是体验的控制者。”（Rogers, 1961, p. 189）他们欢迎时刻翻新的、不断涌入的新经验，他们愿意生命如流水，他们不赞赏稳定，不追求某个涅槃状态。结果，这种人会给人一种充满活力和生之乐趣的印象，他自己也会感到生活充实。

越来越信任自己的机体 · 人的一生不断在做选择、决策。这种选择、决策活动每时每刻都在发生。大至一项投资，一个婚约，小到打一个招呼，发一个抱怨，在在都是选择和决策，或者涉及选择和决策。我们依靠什么来指引自己做出好的决策？用更概括一些的眼光来看，我们依靠什么来指引自己的行为，来确定做什么不做什么？

从大多数人的情形来看，指引他们行为的有：法律和伦理，习俗，机构的章程和规定，过去的经验，其他人的期望，妻子或丈夫的要求，或者专家意见、建议和忠告，等等。罗杰斯发现，他的机能充分发挥的当事人表现出一种很特别的倾向，这种倾向与他们越来越信任自己的机体有关。

> 我发现，这些个体越来越能够信赖他们自己的整个机体对于某个新情境的反应。因为他们越来越发觉，如果他们对自己的经验开放，去做“觉得对”的事情，结果总是证明这就是有效又可靠的行动指引，而且也是真正令人满意的行为选择。（Rogers, 1961, p. 189）

为什么会出现这种在理性主义者看来匪夷所思的情况呢？罗杰斯的解释是，充分向经验开放的人能够掌握当时情境中所有合用的资料，从而能够使行为建立在对这些资料的综合加工、权衡的基础上。在某一决策情境中，往往会涉及众多的资料：社会规范、自己内心复杂又互相矛盾的需求、对过去相似情境的回忆、对当前处境独特的感受等等。整个情境常常是复杂至极。但如果一个人不单单只是用意识，而是投入整个有机体（意识亦在其中），来斟酌、权衡、体会每个刺激、需求、规范，以及它们相互间的强度和重要性，这个人就能够做出最接近于完美、最能够满足自己需要的决定。相反，不能完全信任机体的人，他们在一特定情境中做决定时，由于防御机制的作用，往往要么回避、舍弃了某些要紧的资料，要么歪曲了某些资料，要么把不当用的资料拿来做了决策依据。结果就会出现错误的决定。

也许上述说法只是罗杰斯的主观推测。不管怎样，罗杰斯发现，当这些人对自己的经验持更多的开放态度时，他们日益感到可以信任其直觉反应。例如，当他“感到要”表达怒意时，他就发火，结果发觉这样做挺好。天长日久，他们就悟出来：原来自己内部的这些反应，自己的直觉，是能够引导出令人满意的行为的。它们是值得信赖的！

更充分发挥机能的过程

在讲完机能充分发挥的人的上述三个特征后，罗杰斯似乎还意犹未尽。而这没表达完全的又似乎不是全新的东西。于是，他就尝试把上述三个方面综合起来，对机能充分发挥的人的整体面貌做一个描述。他似乎找不到一个更妥当的名称来概括，姑且名之以“更充分发挥机能的过程”。

> 显然，我们所说的那个心理上自由的人，是处在向机能充分发挥的人转变的过程之中。他较能够同他的每个（以及所有的）感觉和反应相处，活在它们之中；他较能更充分地利用自己的全部机体装备，去尽可能准确地感觉其存在处境的里里外外；他会在意识水平上利用他的神经系统所能提供的所有信息，但他也知道，他的整个机体可能，而且常常，比他的意识更聪明；他更能够允许他的整个有机体去自由自在地发挥全部复杂的功能，以在错综复杂的可能性中，选择出当下情况里最恰当、最令人满意的行为。他能够更多地信任他的机体的这种机能，不是因为它“一贯正确”，而是因为他能够开放地面对自己的行动会导致的任何结果，并视结果

是否如人意而对行动进行修正。

他更能体验他所有的感受，较少害怕它们；他自己筛拣证据，同时又能自由地接纳来自各方面的证据；他完完全全地投身于做自己、成为自己的过程之中，且因此发现自己相当富有现实的社会性；他更为完全地生活于现在，而发现在所有时间里这就是最充实的生活；他在变成一个更充分发挥机能的有机体，并且由于在自由流动的体验中又能意识到自己，他又在变成一个更充分发挥机能的人。（Rogers, 1961, pp. 192–193）

对两个经典人性问题的回答

在人性观的议论中，自由意志对决定论，性恶对性善，这是两对经典论题。罗杰斯对第一个论题有简短的议论，对第二个论题则与罗洛·梅联手，着实做了一番探讨。

自由意志对决定论

在心理治疗领域讨论自由意志与决定论问题真是很有趣。弗洛伊德是决定论者，而且是旷世难觅的决定论者。他相信当事人的任何举动、幻觉、口误或笔误乃至梦境都必有原因，因此才有他那心灵侦探式的心理分析治疗。可以说，没有决定论这一哲学方法论原则，就没有精神分析理论。弗洛伊德在这一点上很单纯也很坚定。但罗杰斯很奇特，在自由意志与决定论这一对矛盾中，罗杰斯自己同时做了矛盾的两方。有时他是严格的决定论者。当他人格中那科学家的一半出现时，他是冷静、客观、决定论的。相信因果律也存在于行为领域，相信人的行为有规律可寻。在这时候，罗杰斯接受科学心理学的所有客观性法则。承认人的行为，乃至精神障碍患者的行为，都有确定的原因——不论这原因存在于内部还是存在于外部——因而可以用客观方法予以研究。接受客观法则等于承认决定论，因为科学的客观性原则建立在决定论的基础之上。当罗杰斯进行他那些心理治疗的实验研究时，他很严格地遵守了决定论和客观性原则。“当我们以客观的研究方法进入心理治疗这一领域时，我们像任何其他科学家一样，就成了彻底的决定论者。从决定论的观点来看，当事人的每个想法、每个感受和行为，都是先前发生的事情所决定的。”（Rogers, 1961, p. 193）

但是当他不是以一个科学心理学家身份出现，而是以一个非常个人化的治疗师的身份参与到与当事人的治疗关系中的时候，那些时时在发生的事情又使他深深感到当事人——进而可泛及一般人——的确有自由意志。他发觉他的当事人在治疗取得进展之后，在他们开始向机能充分发挥的方向转变的时候，他们似乎确然感到自己具有“选择在我”的自由。他可选择变成他自己，也可以选择仍旧躲在防卫的面具后面；他可以前进，也可以倒回去；他可以损人损己，亦可以利人利己；他可选择生，也可选择死！

罗杰斯很为这个两难问题伤脑筋。然而，在认真观察了机能充分发挥的人之后，罗杰斯认为他可以为“自由意志对决定论”这个古老的两难问题提供一个新的视角。他以为，在理想的心理治疗中，当事人确实会体验到完全、绝对的自由。当当事人完全开放地面对各种内外刺激，面对他过去的经验、环境信息，以及面对他自己的全部体验时，他会选择一条最经济合理又最令自己满意的行动路向。他做这个选择时，的确是“全凭自己做主”；但是，他做的这个决策，换个角度来看，比如从一个决定论者的角度来看，或者从决策论的角度来看，则又纯然是被各种内外条件决定的。让我们这样来做个对比，一个对体验完全开放的人和一个受防卫倾向支配的人，前者在做一个决策时，他充分利用了所有决策资料和信息，因为他对这些信息是坦诚、不加歪曲的。因此这个人做出的是所有可能中最好的决策，在此过程中他也体验到完全、绝对的选择自由；而后者由于受防卫倾向的支配，他在做决策时不能充分和如实地运用资料，他就会感到受条件所限，虽然他也会自主选择一条行动路向，但他会同时感到他不能不这么选择，所有的情景和条件似乎都在说“你别无选择”，或者说“这是最好的选择”。所以在主观上这个人不会有自由感。

显然，这只是对自由意志对决定论问题的一种心理学解答，不是一个哲学解答。罗杰斯也明白这点。因此他总结说：“我并没天真到以为我把这个主观与客观、自由与必然之间的难题完全解决了。然而我的确从中得了一些领悟——一个人越是生活在美好人生过程中，他就越能够体验到选择自由，……机能完全发挥的人即使在绝对受决定的条件下，也仍能体验并运用绝对的自由，而从其中做出自发、自由和自愿的选择。”（Rogers, 1961, p. 193）

善还是恶——与罗洛·梅论人性

虽然看来罗杰斯并不热衷于谈论人性善恶问题，但因为以人为中心体系的性质，他注定无法回避这个问题。在整个人本主义运动中，基本人性的善恶之辩屡屡被置于聚光灯下。作为人本心理学的领袖人物之一，他必然会被要求就此问题表态，发表自己的看法。所以，罗杰斯仍然有不少关于人性善恶问题的意见被发表出来。其中最集中的，是1981年至1982年罗杰斯同罗洛·梅[1]的讨论。

事情起于罗杰斯在《展望》（*Perspectives*）杂志（人本心理学研究所的刊物）的一期论罗洛·梅的专号上发表了一篇对罗洛·梅的简论。梅对罗杰斯的评论以《致卡尔·罗杰斯的公开信》作为答复，发表在《人本心理学杂志》1982年第三期上。然后，罗杰斯又在下一期杂志上再复罗洛·梅。

罗杰斯与罗洛·梅是老相识，1960年，罗杰斯在威斯康星大学的时候，曾邀请数位不同治疗路向的代表人物到该系做过系列讲座，其中就有罗洛·梅，而且梅是住在罗杰斯家里。罗杰斯同罗洛·梅在思想观点上也有很多共同见解，因此彼此都很敬重对方。两人的分歧主要在于对人性基础的善恶判断。罗洛·梅认为，人是“多种潜能的聚合体”。所有这些潜能皆由一种他称之为“魔力”（daimonic urge）的基本欲望所驱动，它是每个人用来肯定自身、

1　罗洛·梅（Rollo May, 1909—1994），罗杰斯同时期著名的心理治疗师，人本－存在心理治疗的代表人物之一。

扩展自身、丰富自身，乃至令自身“不朽”的那股力量。被“魔力”所驱动的潜能既有积极的，也有消极的，这些潜能乃是人所具有的建设性和破坏性的来源。罗洛·梅深信：

> 这种魔力（daimonic urge）若能整合于人格中（这也是我所主张的心理治疗的目的），将产生创造力，这是一种正向的作用。若魔力无法与人格相整合，就会掌握控制整个人格，导致暴力狂乱，甚至造成整个时代的战乱、邪淫、集体的偏执状态等等，破坏性活动就是这么来的。（May, 1982）

罗杰斯对人类破坏性冲动并非毫无所知，作为一位长年累月与各种各样精神障碍患者打交道的治疗师，他对当事人常常表达出来的暴力、伤害甚至谋杀的念头与感受有相当深入的认识。但正是这些个人治疗经验反而使他坚信：这些冲动并非来自人类最基本的生物倾向：

> 虽然我对现今世界中数量惊人的破坏、残酷与令人惊惧的行为知之甚详——大至战争威胁，小至街头暴力——但我仍找不出邪恶是人类遗传的本性的证据。特别是在有助于个人成长与自由抉择的气氛中，我从来没看到过有人会选择罪恶与破坏的方向去做。在此种气氛中，每个人所选的都是更社会化、更能与人建立良好关系。这样的经验让我确信人之所以会做出恶行，是受其社会文化影响的结果……所以我看到的每一个人，就像其他物种一样，其天赋本性基本上均是建设性的，只是在成长过程中被经验给毁了。（Rogers, 1982b）

从这里可以看到，罗杰斯的人性观点在晚年基本上没有发生太大的变化，只有一个地方除外：在较早时他曾说他不同意卢梭的观点——人性本善，而让社会腐蚀坏了（Rogers, 1961）。但现在看来他愿意同意卢梭的看法。他认为社会文化透过父母、教师的教养活动，让儿童产生一些被歪曲的经验，致使儿童成长之后远离自己的本性而为恶。

不过罗洛·梅正是在这一点上与罗杰斯有根本分歧，他问："社会文化不就是你和我这样的人塑造出来的吗？……难道你我都不必为不良影响与不公不义负责吗？文化并非由冥冥中的命运之手造就，亦非某个人强塞给我们的东西。"（May, 1982, p. 241）罗洛·梅深信人类文化中之所以有恶出现，是因为创建文化的人本来就同时拥有善、恶两面。在我们的文化中一向有破坏部分存在，因为生活于此一文化中的人类本身就有部分破坏性。因此，文化中的恶乃是人性中的恶的反映。反过来说亦成立：人性中的恶亦是文化中的恶的反映。

实事求是地说，罗杰斯在社会历史和文化这些领域里的造诣说不上很深，故他很少从社会发展的角度去思考"恶"这类社会现象的来源。但罗杰斯有罗杰斯的证据，他搬出他晚年在南美、北爱尔兰等地的工作经验来说明他的观点。例如在北爱尔兰组织的一个团体，成员来自北爱尔兰首都贝尔法斯特，有天主教徒也有基督教徒，有极端分子也有温和派人士。在团体活动开始初期，有位年轻的女基督徒说："假如在街上有受伤的爱尔兰共和军躺着，我会从他身上踩过去。”这是团体中极端情绪的典型表现。经过短短六个小时的聚会之后，团体出现了互相接纳与充分了解的气氛，每个成员的态度都有显著的改变。当成员们回到贝尔法斯特后，已能充满宽谅地向自己阵营的人说明对方的立场（Rogers, 1982b）。

罗杰斯用社会性条件作用（social conditioning）和志愿选择（voluntary choice）这两个概念来解释恶行的产生。他认为，人虽然没有遗传的为恶倾向，但人有为恶的能力，正如人有为善的能力一样。为恶还是为善，端赖社会性条件作用与志愿选择两种因素起作用的情况。“社会性条件作用”一词，含义颇广，大意是指在人尤其是儿童的社会化过程中，各种社会力量透过条件作用过程来塑造儿童，使之吸收社会的价值观和行为规范。社会性条件作用的特点之一就是使儿童吸收、内化一些负向、消极的价值观入其自我概念之中（Merry, 1997, p. 53）。而“志愿选择”则指个人自己所做的并且须由其个人负责的行为选择。罗杰斯以希特勒为例，来说明这两者起作用的情形。他认为，希特勒幼年时候的遭遇和处境，的确会令他自然而然地想要做一个大人物，令世人震惊、充满仇恨地对待那些他认为应该对他的不幸负责的人。这在根本上讲是社会性条件作用的结果。但希特勒得逞之后的行为，如灭绝犹太人，则是他个人应该负责的选择。

另一位心理学家爱丽丝·米勒曾对希特勒的成长过程做过深入研究，她的观点与罗杰斯非常近似。她深信，儿童幼年时遭到暴力凌虐的经历，往往使孩子长大以后成为热衷于暴力的人，不过这时他不是受虐者而是施虐者。希特勒小时候常被父亲毒打，这就促使他长大成人之后倾向于施虐（Merry, 1997, p. 54）。这一研究对罗杰斯提供了支持。

不过，综观罗杰斯与罗洛·梅的这次讨论，罗洛·梅显得更有说服力一些。他举出米尔格拉姆（Milgram, 1969）所做的对权威的服从实验和津巴多等（Zimbardo, Banks , Haney, and Jaffee, 1973）做的模拟监狱实验[1]，来支持自己关于人性有恶的一面的观点。又举

1 社会心理学中两个非常有名的实验。其中米尔格拉姆实验系研究普通美国白人对权威命令的服从程度。在实验中，一位被要求扮演教师角色的被试被权威要求对一个“笨”学生施以电击，电击电压逐渐增加到450伏!结果发现，在号称崇尚民主独立的美国，竟有超过60%的白人男子愿意“服从”权威的命令，以肯定能致死的电击对付那位“学生”（Milgram, 1969）。津巴多则以斯坦福大学他自己所教的心理学学生为被试，随机将学生分为囚犯和看守，以角色扮演方式在一栋大楼地下室进行模拟监狱的实验，结果发现扮演看守的学生很快就对“囚犯”变得非常残暴，整个实验越来越不像“模拟”，以致原定进行两周的实验不得不在进行了一周后就提前结束（Zimbardo, Bands, Haney, and Jaffee, 1973）。

美军在越战期间在梅莱村（My Lai）屠杀包括妇女儿童在内的普通百姓的事例，说明残暴并非全由外力影响所致。罗杰斯在最后的答辩中指出他与罗洛·梅的分歧只在于罗洛·梅认为人性生而有恶的一面，而他自己认为从生物遗传的角度讲，人性是生而积极，具有建设性的；虽然罗洛·梅举出了一些证据，但这些证据都不能支持人性先天有恶之说，而他罗杰斯个人的观察从未发现人性有先天之恶的证据。

三

自我心理学

罗杰斯的心理学经常被称作自我心理学，这主要是由于罗杰斯非常强调自我在个人心理世界的核心地位。实际上，如果用通用的心理学概念体系来定位，罗杰斯的自我理论就是他的人格理论。罗杰斯在自我理论中，系统地阐述了他关于人格结构、人格形成和发展、心理障碍的产生原因等的基础概念。

个体的现象世界

经验和现象场

现象场（phenomenal field）在罗杰斯的理论体系中是一个重要概念。现象场这个概念，按罗杰斯自己所说，与现象学的方法论有关。关于现象学的方法论问题，我们将在第九章做详细讨论。这里仅就现象场概念本身做专门的介绍。

实际上，现象场这个名称并不是罗杰斯发明的，在使用这个名称以前，罗杰斯曾经用“经验”“机体经验”等术语来表述这个概念（Rogers, 1959, p. 197）。现象场这个概念是斯尼格和卡姆斯（Snygg & Combs, 1949）提出来的。罗杰斯在以后的写作中也不是专一地用现象场这个词，而是与前几个词（经验、机体经验）一同使用。罗杰斯在1951年出版的《当事人中心疗法》中对“现象场”这个概念做了较明确的阐述。他提出一条假定：每个个体都生活在一个时刻在变化的主观经验世界里，并且他自己就是这个世界的中心。

> 这个私人的世界可称为“现象场”“经验场”或者用别的某个术语来描述。它包括有机体所经验的一切东西，不论

它们是否被有意识地知觉到。例如，椅面作用于我的臀部的压力，我也许已经“经验”了整整一个小时，但只有当我思考它或谈论它的时候，这经验才符号化并进入当前的意识。（Rogers, 1951, p. 483）

这很短的一段话里涉及好多个有特定含义的概念。它们或者属于现象场概念的一部分，或者对准确理解现象场概念有关系。尽管有些枯燥，我们还是花一些时间对这些概念做一些解释。

首先是“经验”（experience）这个术语，这个术语在罗杰斯的体系里使用极为频繁，但它与我们平时所习惯理解的含义有些不同。experience这个词在英文里既可做名词用也可做动词用。罗杰斯对这两种用法的含义都做了明确的界定（Rogers, 1959, pp. 197–198）。先看做名词用的“经验”。如前所述，这个词与“现象场”等值，指的是在任一给定时刻，个体（或有机体）体内所发生的或进行的过程（心理活动），这些过程是“可以”（不一定“已经”）被意识到的。上段引文中罗杰斯举的椅面作用于臀部的例子，生动地说明了实际进行着的心理过程与当下被意识到的心理过程的关系。在罗杰斯理论体系里，“经验”或者“现象场”就是当事人在每一个当下的主观精神世界。其中既包括反映在意识中的经验内容，也包括那些还没有被意识到的内容[1]。

反映为意识的经验内容较易理解，未被反映为意识的经验是

1 鉴于全部心理事件可以区分为意识到和未意识到的两类，罗杰斯时常又用“经验”专门指代没被意识所反映的那部分内容，尤其在一般性的行文时这么使用。

怎么回事呢？且看罗杰斯对全部经验内容的说明。

> 它包括意识中的全部现象，也包括个体未曾意识到的事件。比如它包括饥饿这件事的心理方面，哪怕当事人当时沉迷在工作或玩乐中，以至完全没有察觉到饥饿；它包括声、色、味对当事人的刺激，即使这些没有受到注意；它包括记忆和过去经验对人的影响，只要它们当时是活动的，在限定着或者扩展着个体赋予各种刺激的意义；当然它也包括当时当刻呈现于意识的所有东西。但它不包括神经元放电或者血糖变化这些事件，因为这些不能被直接意识到。因此它是一个心理学而不是生理学的定义。（Rogers, 1959, p. 197）

正确领会罗杰斯关于“未被意识所反映的经验”这个概念对掌握其后一些与此有关的观点很有帮助。依笔者之见，罗杰斯的这个思想与弗洛伊德的“前意识”概念非常相似，即指那些在当时未进入意识域，但只要注意的焦点稍作转移，就可以被反映为意识的内容。但是，罗杰斯又认为，不同经验反映为意识并不都一样地容易，而是有些经验容易，有些经验难（见下文）。这与“前意识”概念又有些不同，似乎还包括弗洛伊德的“无意识”。

做动词用的“经验”要比做名词用的“经验”好理解一些。经验（动词）就是“在机体内接受当时所发生的感觉或者生理性事件的刺激”（Rogers, 1959, p. 197）。注意这个概念与作为名词用的“经验”是相对应的，有经验内容就必有经验过程。经验过程可以在不同的意识水平上进行，既可为完全清晰的意识过程，也可为不被反映为意识的阈下心理活动。

另一个概念是“符号化”(symbolization)。所谓符号化，用今天的话来表述，就是大脑借助词语、符号、声音、图像、情绪感受或任何可以被它加工的东西(这些东西统称为符号)来表征经验。处在清醒的意识层面的心理内容，基本上都是由这些符号来表征的。所以符号化是区分意识到的经验和未被意识到的经验的标志。以是否符号化作为区分意识和未被意识到的经验的标准不是罗杰斯首创，而是安吉尔(A. Angyal)提出来的(1941)。安吉尔也径直称意识为经验的符号化。

符号化这个概念很容易把握，不过对罗杰斯体系来说，重要的不是符号化这个概念本身，而是符号化的难易程度，以及在符号化过程中个体原始的经验发生的变化。前面说到，不同经验转化为意识有不同的难易程度。有些经验很容易符号化为意识，有些经验则会遇到防御性的抵制或者歪曲，这使得它们难以进入意识。也是由于防御性的抵制和歪曲，又会导致经验不能准确、如实地符号化，因此在意识中这个经验并不是它本来的面目。罗杰斯专门提出两个概念来表述这两种情况。其一是“可觉度”(availability to awareness)，表示经验被符号化的难易程度；另一是“准确的符号化”(accurate symbolization)，表示实际的、原始的经验与其在意识中的表征——符号——的相符程度(Rogers, 1959, p. 198)。

何以有些经验容易并且可以较为准确地符号化，而另一些经验则相反呢？我们将在稍后进行详细讨论，这里先简单地提一下。罗杰斯认为，有些经验与当事人既有的经验或者自我结构不一致，以致对自我结构造成了威胁，这些经验便不易准确地符号化。

稍微琢磨一下便会发现，这里有一个逻辑上的矛盾：如果经验还未被符号化，还没有进入意识，当事人又何以能够知道它是否与已有经验或自我一致呢？许是为了解决这个两难问题，罗杰斯又从麦克莱利和拉扎勒斯（R. A. McCleary & R. S. Lazarus）那里引入了一个概念——“潜知觉”（subceive，subception；*前为动词，后为名词*）。所谓潜知觉就是在意识水平之下的对刺激或者经验的加工。罗杰斯说：“显然有机体能够在不利用较高的、涉及意识的神经中枢的情况下，分辨出一个刺激及其对有机体的意义。就我们的理论而言，正是这一能力使得个体能够识别出某个经验具有威胁性，而又不曾在意识里将这一威胁符号化。”（Rogers, 1959, p. 200）借助潜知觉这个概念，上述两难问题就被轻易地解决了。

回到现象场概念本身上来。熟悉心理学思想史的读者很快就能感到，罗杰斯的这个现象场概念似曾相识。不错，罗杰斯的这个概念与格式塔心理学的“场”概念，以及弗洛伊德的“意识－无意识”概念有非常明显的联系，但是毕竟罗杰斯还是有一些独创的东西或者强调的重点。从概念本身来看，“现象场”似乎是“心理场”概念和“意识－前意识－无意识”概念的结合。但罗杰斯在现象场概念下所要强调的东西，却与这两大家有很不相同的趣旨。与现象场概念有关的主要思想有这样几点：

第一，我们头脑里所出现的能够为我们明确地意识到的内容仅是当时我们的全部经验的一小部分，还有很多经验没有被我们意识到。例如许多感觉信息——包括来自感官的和来自内脏器官的——都没有被反映到意识中。有机体有选择地对经验进行意识反映，这是一种自然又正常的心理现象。在特定时刻哪种经验会受到意识的反映，多数时候是由个体当前的活动任务决定的。这些经验要被当事人意识到是很容易的，只要当时个体的活动任务需要，个体就会很自然地对有关经验产生注意，而一旦经验被注意，它就会立刻被符号化而被个体意识到。就像上面一段引文中罗杰斯所举椅面作用于臀部的例子，一旦我们被提醒注意，那身体知觉就会即时反映在我们的意识里。但是，意识对经验的反映并不总是这么简单。有些经验，因其在性质上与一个人的自我概念相抵触，一旦被如实符号化，就会威胁自我的安宁。人心就有一种机制使得这些经验不能符号化，或者不能准确地符号化。在这种情况下，我们的意识或现象场跟客观现实之间就存在不一致。

第二，个人的知觉世界是他的直接现实。虽然从哲学的角度，我们可以先验地断定说，存在一个客观的现实，它不以个人主观意识为转移。但对每一个个人来说，他的世界永远是他知觉到的世界。所谓“知觉到的现实是人的直接现实”的意思，其实是说人的行为总是直接受他的知觉世界支配。人永远是依据自己知觉到的样子来对外部世界做出反应的。罗杰斯引用斯尼格和卡姆斯（Snygg and Combs）举的例子来说明这一点。两个晚间在西部乡间公路上驱车疾驰的人，突然发现前面路中间有个东西，一人所见是一块大石头，立刻就惊慌起来；另一个人自小在西部乡间长大，立刻就知道那是一团风滚草，因而没事人一般（Rogers, 1951）。同理，一对父母会对孩子的同一个行为做不同看待，同一间课堂里的学生可能对同一堂课有各个不同的知觉。这种情况甚至在精神病人身上也一样真实，一位精神病人坚决拒绝吃饭，乃是因为他“千真万确”地知觉到米饭被人下了毒；梵高割下自己的耳朵，把它用报纸包好送给一个妓女，这个看来极其怪异的举动，在梵高的私人世界里一定极其合理。

这样强调个人主观世界的独特性容易造成误解，以为罗杰斯不承认人对客观现实的反映有任何确定性。事实不是这样。罗杰斯见到，在通常情况下，人的知觉和信念，个人的现象场，总是在不断地与客观现实相互作用，这种相互作用过程实际上也是一个对自己的现象世界进行检验和校正的过程。透过这个现实检验过程，个体得以不断修正自己对外部世界的认知反映，使之大体上保持着与客观现实的一致性。例如，我见到桌上碟子里有一些盐，在此刻这就是我的现实：碟子里有盐。倘若我尝一尝，发现它是咸的，我的知觉就被进一步证实了。倘若我尝出它是甜的，我的整个知觉场就会发生改变，就会把这白色颗粒看成是糖。但是，我们的现象场中还有另一些认知或信念，它们不像其他认知一样经常受到经验的检验，因而它们很少发生改变，又因此它们常常是不能正确反映客观实际的。然而，作为我们的直接现实，它们同样支配着我们的行为。这后一种情况在说明心理障碍的起源和机制上有重要意义。

第三，个人的现象场只有当事人自己才能最确切地知道。现象场是一个私人的世界，只有当事人自己才最清楚地了解自己。在学院心理学尤其是行为主义的传统里，为了研究上的客观性，通常不管个体大脑中发生的事，不去直接了解个体的所思所想，而强调对个体所遭遇的刺激、个体的外显行为的观测。借此来推测个体的内在活动。但不管我们怎么精确地去测量刺激或者外显行为，也不管我们如何小心地控制观测变量，我们永远不可能像当事人那样真切、准确地了解发生在他心里的事情。一个人如何知觉客观世界，取决于他有怎样的参考系（frame of reference），即他由过去经验而形成的，在当时已经存在的内部世界。每个人都是根据他已经具有的参考系来对经验进行加工，从而建构出他的主观世界。因为外人不可能完全知道另一个人所具有的内部参考系，因此也就无法真切地了解在这个人眼中世界是个什么样子。

以上就是有关现象场的一些主要概念。在这些概念的基础上我们就比较容易展开关于自我及其发展的讨论。

婴儿的现象世界

婴儿的心理活动有如下一些特点：

第一，婴儿有着天生的实现趋向，这种实现趋向就是要使自己这个有机体朝向成熟、壮大的方向发展。婴儿的心理活动在最深刻的意义上受到这一人类基本驱动力量的支配。在这一点上，行为主义的观点并不能完满地解释婴儿的一些行为表现。例如，在学习行走的时候，孩子一次次摔倒，按照强化和惩罚的原理，孩子应该很快减少尝试行走的努力，但事实是，尽管摔倒，尽管疼，孩子仍然不停地要尝试走路。为什么出现这样的情况？因为实现趋向是一个强大得多的力量，因为在人类的生物规定性上，一岁左右的孩子要尝试行走乃是人类的实现趋向预定的日程。比起成年人来，婴儿的实现趋向更具原生性质，它较少受到已形成的信念、偏见等后来发展起来的东西的影响。因此它往往是袒露的、直接的。

第二，婴儿是以他所知觉的样子来看待他的世界，他的知觉经验就是他的现实。这意味着谁也不可能像孩子自己那样知道他内心中关于这个世界的图景。因为谁也不可能完全、清楚地了解孩子的内部参考系。在这一点上婴儿与成年人是一样的。婴儿与成年人不同的地方，是他的知觉经验较少受到他的自我的歪曲，因而比较接近真实实际。让我们对这一点稍为做一些说明。

在假定神经系统机能正常的前提下，人对客观现实的知觉如果发生了歪曲，通常是由于个人主观上的原因。诸如个人的动机（有意识的和无意识的）、期望、过去的经验等这些属于个人内部参考系的因素，都有可能影响个体对感知觉系统得到的客观信息进行加工的过程，从而导致最终的主观知觉图景发生系统性的曲解或变形。之所以说是系统性的曲解，是因为那些被当事人用来理解知觉信息的内部参照物是有组织并且相对稳定地起作用的。罗杰斯把这些内部参照物都看成是个人自我的组成部分，故而他常常直接说“自我对经验的曲解”云云。婴儿与成年人的一个不同之处，在于婴儿的内部参照系或自我不像成年人那样有太多刚硬难改的偏见、成见或信念，故而婴儿的知觉较少受这些自我成分的干扰。这就是为什么说婴儿的知觉比较接近实际一些的道理。中国成语有所谓“赤子之心”，可谓一语中的地说出了这个道理。不过这只是道理的一面，从另一面看，婴儿由于经验的不足，又常常出现对感知经验无法进行有效加工的窘况。

第三，婴儿在不停地与他的现实进行互动。从总体上看，这种互动不是漫无目的、完全随机的，而是有方向、有目标导向的。罗杰斯说：“基本上，行为是有机体在其知觉到的场[1]里所进行的一种有目标定向的尝试，为的是满足其当时所感到的需要。”（Rogers, 1951, p. 491）从总的情形来说，这个目标或者方向就是实现、增强、维持和发展有机体自身，也就是实现趋向所规定的方向。婴儿在实现趋向这一总驱力的推动下，与环境之间进行着能量和信息的交换，借着这种交换，婴儿的身心获得发展。实际情形是，在婴儿与环境相互作用的过程中，他会不断产生各种需要。这些需要在没有受到歪曲的情况下，乃是实现趋向的反映。因此，需要的满足是符合有机体自我实现的要求的。而婴儿的特点之一，就是他的需要与实现趋向之间有较明显的一致性，较少受到歪曲。

1 即上文所说的现象场。

第四，婴儿使用机体评价过程来处理经验。机体评价过程（organismic valuing process）是罗杰斯体系里一个非常独特的概念。罗杰斯用它来刻画婴儿心理活动的这样一个情形：在婴儿与环境的互动中，婴儿会持续不断地接受经验的刺激，他得对这些发生在他体内或者来自外部的刺激进行处理，也就是要对这些经验进行解释和评价。例如婴儿抓着个什么东西，把它塞进嘴里，随之便有感觉经验产生。罗杰斯认为，在处理这些经验，使之符号化的过程中，婴儿使用的是一种不同于成人，却简单有效的方式：婴儿简单地根据这经验在自身机体上产生的满足感来评价经验，并进而产生对该种经验及相联系的事物是趋近还是回避的态度（Rogers, 1959, p. 222）。设若他尝到的是乳汁而且他当时正饿得慌，这个经验就会引起机体极大的满足感，从而被知觉（符号化）为积极的经验。如果他品尝的是，譬如说，一只辣椒，这个经验会被知觉为巨大的痛苦。这里重要的是，婴儿的快乐和痛苦的反应来自孩子天然的机体装置，而不是父母的训练。婴儿不用既有的教条、人生经验、外在的规范或者“做人的原则”之类的东西来评价他的经验，而是利用自身的机体来评价经验。

机体评价这个现象似乎给了罗杰斯很多启发，他对这种类乎本能的反应显得非常钟情。而且正如我们以后会见到的，他对健全人格的看法、对心理治疗目标的想法，都把机体评价过程包含进去了。罗杰斯觉得机体评价有几个特点。其一，这种评价不是刚硬的、不可改变的，而是随着个体当时的需要状态不同，而发生相应改变的。在饥饿状态下，能充饥的就是美味；在餍足状态下，山珍海味也令人厌恶。其二，机体评价过程中，经验的符号化总是比较准确，较少被歪曲。因为这个过程不依赖理性的作用，已有的经验和自我不能干预其中。其三，也是最重要的一点，机体评价过程实际上是以实现趋向为评价标准。因为“有机体从中体验到满足的刺激或者行为，总是那些在当时和长远维持、增强着有机体的刺激和行为”（Rogers, 1959, p. 222）。相反，那些从本质上与实现趋向背道而驰的行为或刺激，往往使有机体产生消极的、不快的感受。由于有这些特点，机体评价实际上很像实现趋向的一种反馈机制，它保证婴儿总是去追求那些与实现趋向相一致的需要的满足，自动地、不学而能地按照实现趋向的方向去生存、去发展。罗杰斯经常提到一个观点：有机体本身的自发反应往往比理性思考更符合该有机体物种的本性，在反映本性的要求上，有机体的身体比它的大脑往往更可靠。罗杰斯有时用“机体智慧”这个词来形容有机体的此一特性。显然，机体智慧最典型的表现就是机体评价。

自我及其发展

前面我们已经屡次提到罗杰斯的自我概念，这里我们对这一核心概念集中做一番介绍和讨论。

自我概念

据罗杰斯自己讲，他起初也与当时流行的学院心理学传统一样，对“自我”这种含义模糊、缺乏“科学性”的术语敬而远之。但后来在与当事人接触的漫长时间里，他发现每当他们有机会用他们自己的语句表达自己时，总是不由自主地倾向于用“自我”之类词语来谈话。当事人经常说出的句子有：“我觉得我不是真实的自己”，“我真弄不明白我是谁”，“我不希望别人了解我的真面貌”，“我真想属于我自己”，如此等等。从这些谈吐中，罗杰斯悟出：自我在当事人的经验中的确是一个很要紧的方面，而“我想做我自己”这样的话，一点也不像它表面那样古怪（Rogers, 1959, p. 203）。自我概念就这样被当事人塞给了罗杰斯及其同事和学生，在以人为中心理论中占据了一个核心地位，并作为一个咨询过程－

效果变量受到持续研究。

按罗杰斯的观点，自我乃由自我经验转化而来，所以了解自我还须先了解自我经验。

顾名思义，自我经验（self-experience）就是与个体自己有关的经验。它们也是个人现象场的组成部分。在个人的经验或者现象场中，有一些事物或事件被个体指认为“我”（I)、“我”（me)、“自己”，或者与“我”有关系，对这些“涉我之事”的经验就是自我经验。自我经验是一些原始材料，自我概念就是凭借这些材料而组织、而成形的。

自我（self)、自我概念（concept of self）和自我结构（self-structure）这三个术语在罗杰斯的体系里大体上是同义词，表述的是同一个概念。在巨量的自我经验材料中，一些经验被符号化，成为与“我”“自己”有关的知觉。这些知觉在个人的现象场中慢慢分化出来，成为一个独特的，有着内部联系和结构的部分，便是我们所说的“自我”。

关于“自我”这个概念，罗杰斯特别指明要注意这样几个要点。其一，自我是一有组织的结构，一个格式塔[1]，其中一个小小的部分的改变会引致整个结构的改变。罗杰斯特地引格式塔心理学教科书上那幅著名的两可图形“老巫婆与美少妇”为例，来说明这一点。知觉者在一种心向下，那幅图被知觉为一个丑陋的老妇；当知觉场发生某种微妙的改变后，霎时间整个画面变成了一位迷

1 “gestalt”一词的音译，该词也意译为“完形”。意为事物具有某种完整或完满的形式。

人的少妇。人的自我也具有这样的属性。罗杰斯观察到，在心理治疗中，当事人自我观念的转变也往往是一变俱变，通体改变。其二，自我是容易进入意识，被意识所反映的。在罗杰斯提出自我理论的年头，自我是意识的还是也包括无意识的成分，意见并不统一。罗杰斯自己也感到有些犹豫，但他觉得从概念的可操作性着眼，以便能对理论进行检验，还是把自我限定为有意识的内容为好，因为无意识的内容很难进行实证检验。其三，自我是一个在不断改变的结构，而不是一个固定不可更易的东西。这容易理解。儿童的自我从无到有，从单纯到丰富，就体现出自我是可变的。而成人的自我在心理治疗中也常常发生戏剧性的改变。但是，在每一个特定时刻，它是一个特定的整体。总之，自我既有可变性，又有稳定性，它可变但并不常变。最后，补充一点罗杰斯心有其意但未曾说出的想法，也许对把握自我概念有帮助。这想法被人格心理学家普汶在阐述以人为中心的自我理论时指了出来：自我并非我们内部一个实实在在的小人儿，它指称的并非任何实体；自我不会做任何事，也不是用来控制个人行为的；自我只是个人知觉的有系统的组织（Pervin, 1989,.p. 181）。

自我的萌芽和发展

婴儿最初的经验是混沌一片，未曾分化的。他甚至不能把自己和他经验世界中的其他事物区分开来。但随着儿童慢慢成长，他开始有了这种区分[1]。很可能首先是把自己的身体与非自己身体的外物区分开，因为来自身体的触压、刺痛等感觉，或者儿童对肢体的支配控制感觉，能够帮助他做出这些区分（Rogers, 1951）。经验的分化与符号化实际上是同一过程。因为分化必须是在意识层面进行，必须借助符号来标志被分化的经验。罗杰斯认为，有一些被符号标志出来的经验（也可称为意识），从性质来讲，乃是关于个体的存在（being）和机能活动（functioning）的意识。即像"我存在着""我活着""我在……""我体验到我的存在"等这一类体验[2]。这些经验也可以称为"自我经验"（Rogers, 1959, p. 223）。

这一经验的分化过程持续不断地进行着，被分化出来的"自我经验"伴随着儿童与环境的互动，尤其是儿童与他生活中"重要的他人"（例如父母）的互动，变得越来越复杂、精致、有组织，这一逐渐形成的内在结构就是"自我"，或者叫"自我概念""自我结构"。从本质上说，它乃是个人现象场中，以自己为反映对象的一组知觉。

在以上这一极为简略的描述中，尤其是关于婴儿最初的自我经验的出现的描述中，容易给人一个印象，以为自我总是个体直接经验的真实反映，其实情况远不是这么简单，下面我们将看到，由于儿童与环境中重要的他人互动过程的复杂性，个体自我的发

1　罗杰斯把人类经验的不断分化看成一个自然现象，认为它本身就是人的实现趋向所决定的，是实现趋向的表现之一。

2　这是很难用言语表达的一类经验。它是真实的心理经验，但显然还未曾得到科学心理学的关注。婴儿显然不可能以抽象形式反映这种经验，所以它在婴儿身上一定是以感性体验形式存在。

展会出现非常复杂的情形。

个体的自我到底由哪些内容组成呢？我们按罗杰斯的原意做一归纳。自我的内容大致可以从“两面三点”来描述。所谓“两面”，是指自我知觉所反映的对象为两个方面：一是个人各种特点和能力；二是自己与他人以及环境的关系。所谓“三点”，是指对上述两方面的反映性质，包括知觉、评价和理想。例如，“我是男的”，“我是女的”，“我能跳过1.3米”，“从悬崖上往下看我会心悸”，是对个人特点的知觉；“我很有魅力”，“我在学习上笨得很”，是知觉和评价的混合物；“我不喜欢张某”，“这个公司适合我”，是对自己与环境关系的认识与评价；“我不满意我现在这个样子”，“要是我能赢得某人的青睐就好了”，其中则含有个人目标和自我理想（Rogers, 1959, p. 200; 1951, p. 501）[1]。自我概念的核心成分乃是对个人特点以及个人–环境关系的知觉和评价。罗杰斯特别提到自我理想，其实自我理想可能是隐在知觉和评价后面的东西，它跟下面介绍的价值条件关系密切。

积极关注的需要与价值条件的形成

我们回顾一下到此为止我们所描述的儿童发展的情形：儿童在其实现趋向的驱动下，与环境发生不间断的互动。伴随这些互

---

1 “自我理想”（self-ideal）又可作“理想自我”（ideal self），指个体最希望具备，或者说给予最高评价的自我概念。简单地说，就是个体希望自己能够“是”的那个样子，那个“我”。理想自我是属于自我的组成部分还是另一独立概念，罗杰斯没有很明确地说明，在《当事人中心疗法》（1951）中是作为组成部分，在《当事人中心体系关于心理治疗、人格和人际关系的理论》（1959）中被单列出来，似乎罗杰斯越来越重视理想自我的相对独立的作用。

动，儿童获得大量的经验。他借助机体评价过程来处理这些经验，若经验伴随着满足、愉悦，他便将其知觉为积极的；若经验令他烦恼、难受，他就将经验知觉为消极的。愉悦便是愉悦，难受便是难受，他对经验是开放、坦率，不歪曲的。由全部经验中分化出来的自我部分也与此相同。那些关于自己的特点的认识，对自己感受的体认，都是白就是白，黑即是黑，没有文饰和遮掩的。设若天下有一个绝对理想地发展的儿童，这便是他发展的样子。但是，由于存在一个不幸的宿命，这理想的发展情形实际上不可能。这个宿命是，人类婴儿无法独立自足地生长！

人类婴儿也许是这个世界上最脆弱、最无助的动物幼体。人类婴儿要存活和成长，一刻也离不开亲体的哺育和照料。许是因为这个特别的生物学限制，进化之手在人类婴儿身上植入了一个原生性质的心理需要——获得积极关注的需要[1]。

伴随着自我意识的萌芽，这个被称为“积极关注的需要”（the need for positive regard）的东西也开始出现。积极关注的需要简单地说就是需要别人对自己的肯定、看重、认可和喜爱。这个概念是由罗杰斯的学生斯坦多（S. Standal）提出，随后被吸收进以人为中心体系的。以人为中心理论认为积极关注的需要是人类的一种普遍性的需要。

积极关注需要及其满足有这样几个特点。第一，这种需要的

1 罗杰斯只说到婴儿有积极关注的需要，没有说积极关注需要的起源。这个进化来源的说法是本书作者加进来的。

满足有赖于一个（或一些）能够提供这种关注的他人。在儿童，这些“重要他人”首先是父母。第二，积极关注的需要与个体很广泛的经验都有关联。第三，它是互惠的。因为当一个人意识到自己在满足另一个人的积极关注需要时，他自己必然也会体会到自己的积极关注的需要的满足。第四，这种需要的强度非常大，以至个体会感到需要他人的积极关注比想要从机体评价过程中获得满足要迫切得多（Rogers, 1959, pp. 223–224）。最后这一点对个体自我的发展有重要意义，正是因为它，自我发展中的故障才成为可能。

伴随着对他人的积极关注的需要满足与否的经验，个体又发展出一种积极的自我关注的需要。个体需要自己觉得自己是有价值、有能力、值得珍爱的，简单地说，个体需要得到自己的认可。罗杰斯认为，这一自我关注的需要是从对他人的积极关注需要转化而来。在这个情形下，个体可以不必透过与重要的他人的交往，来体验到积极关注需要的满足，他自己似乎就是重要的他人。一旦自我关注的需要发展起来，个体就受到双重要求的支配，不仅要求获得他人的积极关注，而且还需要获得自己内在的认可，获得自我积极关注。如果把积极关注需要的满足条件看成是一个奖赏系统的话，他人的积极关注就是一个外部奖赏系统，自我积极关注则是一个内部奖赏系统。此一情况在下面的讨论中将变得更为明白。

儿童生活中的重要他人在控制儿童行为上有一个极为有利的条件：儿童有从他们那里获得积极关注的需要。他们握有是否给予儿童积极关注的支配权。每个家长都无师自通地领悟到这一点，并毫不迟疑地利用它。于是家长们开始有选择地对待儿童的行为，给一些行为以积极关注，给另一些行为以忽视，再给另一些行为以惩罚。换句话说，家长开始有条件地给予儿童积极关注。给什么行为以关注，什么行为以惩罚，表面上看取决于家长一时的好恶，本质上却反映着家长的价值观。从儿童的角度看，这意味着他的一部分自我经验受到父母的积极关注，另一些被忽视，还有一些与惩罚相关联。慢慢地，儿童会意识到哪些行为（或经验）是妈妈喜欢的，哪些是不喜欢的。由于儿童的自我关注实际上是父母关注的反映，所以到头来儿童自己也会对自己的经验持一种有条件关注、区别对待的态度，而且采用的是跟成年人一般无二的判别标准。

这样，当儿童开始有区别地对待自我经验，认为某些自我经验值得给予积极关注，从而倾向于追求这些经验；认为另一些经验不值得给予积极关注，从而倾向于回避这些经验时，我们就说他习得了一些价值条件（conditions of worth）[1]。在罗杰斯体系中，价值条件是大多数常人自我结构中的必然组成部分。因为大多数人都是循着上述途径发展其自我结构的。例如一个自视为勇敢无畏的人，很可能在早年的发展中其勇敢的表现受到过较多的积极关注，而怯惧的表现则受到过成人以剥夺关注相威胁的惩戒。到后

1 这个概念不太好译成中文。按字面应译“价值条件”，但不太好懂。台湾学者译成“有条件的价值感”，在传达“只有当经验符合……标准，个体才会感到自己有价值”这个意思时是合适的，但这一概念的本义乃是个体自我结构中的一些组成，它们是个体在加工经验时所参考的评价标准。所以本书将灵活采用以上两种译法。

来他便只能接受自己勇敢的一面，而很可能不能正视自己怯惧的感受。在罗杰斯看来，有条件的价值感的形成乃是个体心理发展上一件不幸的事，因为它为当事人日后发展出心理障碍埋下了种子。为了更清楚地表明这一点，我们不妨把罗杰斯在论及上述自我发展过程时写的一长段议论照录如下：

婴儿学会了需要关爱。关爱当然是令人满足的，但请记住，婴儿要了解自己是否正得到关爱，还得观察他妈妈的表情、姿势以及别的一些模模糊糊的信号，才能做出推论。慢慢地婴儿就发展出一个整体性的知觉格局，表明当他受到母亲的关注时是个什么情形。每一新的得到爱或遭拒绝的经验都会改变整个格局。结果，他妈妈的每个举动，例如对他的某个具体行为表示一个具体的批评，会被当作一总体性的批评。这一点对婴儿来说是如此要紧，以致他变得以是不是能够得到妈妈的关爱，而不是依据能在多大程度上维持和增强有机体，来决定自己的行为。

很快他就学会以几乎同样的方式来看待自己，把自己也当作一个整体格局来喜爱或者嫌恶。他像妈妈或者另一些人一样地看待自己和自己的行为，而看起来又像没有受到她们的影响。这意味着有些在机体体验上并不产生满足感的行为却受到积极关注。而另一些在机体体验上有满足感的行为却受到消极对待。当个体根据内摄的价值标准（introjected values）来行动时，我们才可以说他习得了条件性的价值感。除非他

> 按这些价值标准来生活，否则他就不能善待自己，无法认自己为有价值的。如此他趋近或者回避某个行为，只是从这些内摄的自我关注的价值条件着眼，不再考虑这个行为在机体上造成了什么后果。这就是所谓“按照内摄的价值观（或者价值条件）生活”的意思。（Rogers, 1959, p. 225）

有没有可能避免这个使人沮丧的结局？至少在理论上是可能的。显然事情得从握着这个发展链条的头一环的父母开始，因为是他们决定着儿童能不能得到关怀、喜爱、认可，是他们给予婴儿积极关注的方式决定着以后的一切。现在我们假设有这样一位母亲，她的儿子打了小弟弟。她对孩子真诚地表达出大抵如下的态度：“我能理解当你打弟弟时，你感到非常满足和痛快；当然我是爱你的，非常愿意你从自己考虑而得到那种快感。但我也非常尊重我自己的感受，当你弟弟挨打时我非常难受，而且生气，所以我不能让你打弟弟。你的感受和我的感受都值得尊重，我们各人尽可以保有自己的那一份感受。”母亲在这件事上对待孩子的这种态度被罗杰斯称为“无条件的积极关注”（unconditioned positive regard）——当然在不同情境下它的表达方式各异。无条件积极关注的核心要点是：不以孩子的行为表现是否符合父母的口味、父母的价值标准来评判孩子这个“人”。就像“无条件积极关注”字面上的意思一样，无条件地给予孩子关怀、喜爱、看重或者认可。

在无条件关注的教养态度下面，儿童就会始终感觉到自己是为父母所关爱的，他不用担心会失去这种关爱，他有安全感，他不用总是去顾忌会不会引起父母的反感，他不用刻意做或不做什么来取悦父母。

这种教养气氛下儿童人格发展的最大特点也许是真诚。因为他最重要的一种需要——积极关注的需要——总是自动地得到满足，他就有可能不是习惯于看别人的眼色行事，而有更多的精力和机会去体会自己的内在的感受，倾听自己内部的声音。他的某些自我经验和行为即使是犯禁的，也可以进入意识，被自己所承认和接受。他不会形成条件性的价值感，他的行为取决于他自己对各有关条件及自己的需要的权衡取舍。就上面那个男孩的例子来说，他随后的行为取决于他对当时情境中各要素的权衡：他的攻击冲动的强度，他从打小弟弟的活动中得到多大快感，如果取悦于父母他能够得到多大满足，等等。不管是哪一种结果，有一点是一定的：他的决定是立足于自己而做出。罗杰斯看重的也正是这一点。他指出，就心理健康而言，这种心理活动情形的最大优点是：它是现实的，是建立在所有的自我经验——来自意识的、回忆的、机体感觉的、外界知觉的——都准确地得以符号化进入意识，然后再做出决策（Rogers, 1951）。这整个过程中，什么也没有被压制，没有被隐藏，所以我们可以说最大特点是真诚。

自我的异化

让我们转到自我发展的另一种情形上来，来探究当自我发展出有条件的价值感，自我结构中充斥着价值条件的情况下，个体的自我发展的情形。

经验与自我的背离

在这种情况下，头一个变化就是个体加工处理经验的方式改变了。在没有价值条件的作用之前，个体能够允许经验自由地进入意识，不管那是什么性质的经验，即令它们是犯禁的。但有了这些价值条件之后，事情就变成了：一方面，个体处在要求感到自己有价值、值得关爱的自我关注动机支配之下；另一方面，价值条件提供了判别经验的准绳，只有满足价值条件的行为，才能得到自我积极关注。这两者联合起来发生作用，其结果就是当事人不再能开放地面对经验，而是有选择地面对经验，有偏向地加工处理经验。具体情形是：当经验与价值条件一致时，自我就能够准确地使之符号化，能够较准确地知觉它，让其进入意识；而那些与价值条件相冲突的经验在知觉过程中则要受到拣选和歪曲，它们要么不能被当事人意识到，要么被歪曲成与价值条件一致（至少是不抵触）的样子。例如，某人对某个家人感到愤怒（还没有意识到的经验），若他已有“恨自己的亲人是不好的”这一价值条件标准，那么任由内心的愤怒继续滋长，就会愈加与其自我概念不符。结果，他可能（此仅是一种可能，还会有好多别的可能）就会扭曲这种感受，将它改造成能被别人接受，同时也符合其自我概念（价值条件），从而能满足自我关注需要的那种样子。

这样，现在就有一些发生于有机体的经验要么不再被体验为自己的经验，要么不再被准确地符号化，而是以歪曲了的面貌进入自我结构。只要发生了这种事情，我们就说个体在某种程度上处于经验与自我不一致、不协调的状态。在罗杰斯看来，这也是一种整体上心理机能失调的状态。为什么呢？因为个体在婴儿时期的那种统整的内外一致的状态被打破了，个体不再能过一种内外和谐、协调一致的生活。罗杰斯说：“在我们看来，这是发生在人身上的一种基本的异化（estrangement）。他不是真实地面对自己，面对自己自然而然产生的对经验的机体评价，而是为了维持他人对自己的积极关注，曲解自己经验到的价值，仅仅依据对于他人的意义来知觉自己的经验。当然，这不是他们自觉的选择，而是儿童身上一种自然的——然而也是悲剧性的——发展。”（Rogers, 1959, p. 226）

威胁、焦虑和防御

如先前所述，当个体在其日日不息、持续不断的经验之流[1]中，发生了一个经验，而且该经验与当事人的自我结构（以及与该结构结合在一起的价值条件）不相一致，这时候，透过潜知觉过程，个体会在下意识中感到这一经验具有威胁性。

这种威胁的本质是什么？它到底对什么造成了威胁？罗杰斯认为，尽管个体的自我概念或结构中存有大量来自条件性价值过程的成分，但至少在表面上，个体的自我结构维持着协调一致的局面，是一个整体，一个格式塔。而威胁的本质是，假如那个经验被准确地符号化，以本来面目进入意识，它就会使这个协调一致的格式塔以及与之相结合的价值条件遭到冒犯，使得它们的真实性、合理性或者合法性受到挑战，从而引起自我关注发生动摇，因为个体借以获得和维持自我关注、自我价值感的根据现在失去了事实的支持。举例来说，假如有个女子，她的自我结构中有“我是个正经女人”（自我结构成分），“正经女人是不能有性欲的”（价值条件），而现在在好长一段时间里，她模模糊糊地（不是很清醒地在意识水平）发觉自己好像喜欢某种身体的感觉，不自制地对男人有兴趣，不时有莫名其妙的兴奋，以及诸如此类的经验（自我经验），这个女子很可能就会下意识地感到一种威胁。因为假如此时她的那些自我经验可以以其本来面貌进入意识，在意识中反映为“我对性很有兴趣，我很希望享受性”，这就等于同时承认，

1　此处“经验”系指感性经验，未经符号化，未曾进入意识的经验。

“我并不像自认的那样正经”“我是个烂女人”。如此一来，这个女子原有的自我价值感或自我关注就受到威胁了。

感受到威胁的直接表现是焦虑。焦虑从表面现象上讲或者从个人的主观体验来看，正如一些精神障碍诊断标准所列，是一种原因不明的紧张、心神不安状态。而从其实质来说，则是当个体在潜知觉中感到有某种经验和自我概念之间的不一致存在，并且这种不一致有可能被符号化进入意识时的反应。换言之，当个体隐隐感到有某个东西要被揭露，而这个揭露又会对自我造成麻烦时，焦虑就会出现。

在这个关口，防御过程就会被启动。防御过程（process of defense）是阻止经验与自我的不一致被揭露，维护自我结构的完整性，从而维持自我关注的一种手段。这一过程可能有不同的加工形式。其一是选择性地知觉，即允许与自我结构相一致的，或者对自我结构不构成矛盾的经验进入意识。其二是歪曲，即在符号化的过程中做手脚，不让经验准确地符号化，而是对其部分或全部进行涂改，使经验在总体上与自我结构相一致。还有其他防御方式如否认、拒绝、合理化、补偿等等。总的说来，罗杰斯基本上认可心理动力学派关于心理防御机制的主张。罗杰斯的一个新见解是，防御机制并不只包括上述神经症性的行为方式，一些通常会被认作是精神病症状的东西，如妄想，实质上也是防御的表现。罗杰斯这个见解是有道理的。从性质上看，精神病的主要症状如妄想、幻觉，与神经症性反应如投射、幻想，的确有某种相似之处。

解体：精神障碍病因学

到此为止，我们所描述的自我或人格发展过程及其特点，是大多数人或多或少都会表现出来的。就大多数“正常人”来说，其自我发展到达某个状态后，似乎就在自我与经验的相互关系上维持着一种动态的平衡：虽然不断有与自我不一致的经验发生，但透过防御过程，个体的自我基本上保持着它的完整性。可惜罗杰斯对这种“常态”情况所述不多。罗杰斯的人格发展理论本身的逻辑推着他往前走。现在必须回答，当个体防卫失败，与自我不一致的经验闯过重重封杀最终还是进入了意识，这时候是怎样一种局面？

是解体！罗杰斯认为，当个体身上发生了下列一些情况，最终就导致自我的崩溃或者解体：当经验与自我的不一致非常严重或者明显，或者有某个显著地与自我不一致的经验突然一下发生，等等。在这些情况下，个体的防御加工就不能有效地工作，难以成功地掩盖或调和经验与自我之间的矛盾。如上所述，这时候焦虑就产生了。焦虑程度的强弱，取决于自我受威胁的程度。由于防御失败，经验便被符号化而进入意识。这一破坏性的事件，使得大体上维持着统整性、平衡性的自我结构被打垮、被肢解；原来那种通体相关、彼此协调的局面不复存在，此即为解体（Rogers, 1959）。

在解体状态下，个体的行为就会显得紊乱，因为它可能在某个时候受机体评价的支配，比如追求某个机体要求的满足；而另一些时候，自我又暂时控制了局面，行为又受自我的支配。这在旁人看来，当事人就是表现出反复无常、怪诞不可理解的行为模式。但在当事人自身，其心理生活的一个主要特征乃是自我和经验之间存在紧张状态，是这种紧张造成的混乱，不知所以的感觉充斥着他的心理空间。

关于防御失败而致经验以本来面目进入意识，最后导致自我意识的崩溃这一理论假设，罗杰斯自己觉得不是很有把握，他希望有人对这些进行实证检验（Rogers, 1959, p. 230）。但他还是举出了一些可以支持他的看法的临床治疗经验。例如，他发现，在治疗会谈中，如果当事人可以自由地探索和表达自己，往往会出现说着说着，当事人发觉自己好像“就要”讲出一个显然是实际存在，但又在明白的意识层面跟他对自己的看法相矛盾的感受来。这种欲说又无、欲抓住又扑空的状态，在罗杰斯看来，很可能就是焦虑和防御在起作用。请看罗杰斯提到的一个例子。当事人是一位名叫哈尔的小姐，她的自我的主要部分可以说是围绕着对父亲的憎恨组织起来的。下面是哈尔的描述，从中可以看出当她发现自己一直在否认她对父亲的爱的情感时，她经历了怎样的挣扎：

> 第18次会谈给我带来混杂的感受。在这次会谈中我差点说出“有时候我是爱我父亲的”。然后我感到自己好像濒临一个令人胆战心惊的深渊——后来我把它说成是一个我为自己掘的深坑。当我自问，“这对我整个生活的基础有何影响？”，我一下子几乎说不出话来。我意识到自己正在接近某个从来都不认识的东西，我无法形容那种感受是多么深刻。绝

望、害怕和悲痛——我从未经受过如此大的绝望、害怕和悲痛——都聚在这个问题后面。

会谈一结束，我就想再次体会那种感受。我记得我躺下来以便能倾听它，当它渐渐逼近，我害怕地感到自己几乎就要喊出“我爱我爸爸”，这时候我浑身发抖。我想我从来也不曾听到过我的这一部分。我睡着了，直到唱片放完才醒。醒来后我感到受了伤害，不高兴。下一次会谈一开始我就谈这个，在整个会谈过程中我生气、迷乱，害怕自己会说、会做什么。在这两次会谈之间，我感受到了切切实实的恐惧。这是一种一切都被打碎的经验，然后它们又恢复为一个整体——比先前更好。但在当时，在过程之中，它是难以忍受的。接下来的三次会谈中，我极尽所能要逃避，而事实表明，经验一经揭示，想要再否认是不可能的。直到18天之后，在第21次会谈

中，我才能够比较平静地面对它。（Rogers, 1951, p. 79）

关于人格解体这个概念的支持例证，罗杰斯觉得更不充分。就他当时想到的而言，罗杰斯指出，有些不成功的、野蛮的治疗，往往导致当事人出现精神病样的急性发作，这种急性发作其实可以说就是人格解体的表现（Rogers, 1959）。这么讲的道理是这样的：当某个经验快要进入意识时，个体会产生焦虑，在合适的治疗情境中，当事人的焦虑强度较为适中，这时焦虑不会导致严重的后果，有时反而具有建设性。但在有些情况下，例如治疗师给予过分热切的解释，而且这解释本身又是切实有效的，这会使得过多或者过于严重的经验被符号化进入意识，而当事人又还没有足够的资源，没有准备好去应付这些经验造成的强烈冲击，这时就可能会出现整个原先的自我结构被摧垮，而又没有任何东西被建设起来的局面，于是出现精神病样的急性紊乱。

一个孤独者的心路历程——爱伦·韦斯特案例

1961年，《存在心理学与精神病学评论》杂志发表了罗杰斯的一篇文章，题目叫《爱伦·韦斯特——以及孤独》（Rogers, 1989b）。这篇文章是罗杰斯在一个专题讨论会上就公选的案例[1]所做的个人评论。该案例案主是一位德国妇女，发表时被叫作爱伦·韦斯特。这个案例是由德国精神病学家宾斯万格（L. Binswanger）于1944年至1945年间在德国发表，1958年被译成英文（Binswanger, 1958）。在这次专题讨论会上，各受邀学者分别按个人的见解就这个非常详尽的案例发表评论。罗杰斯在这篇文章中结合爱伦·韦斯特的生活史、病史详尽地谈了自己的见解。文章大体上可分成两部分，前一半为罗杰斯就爱伦·韦斯特从一个健康活泼的少女逐渐走向悲剧结局的过程，根据以人为中心观点所做的分析，后一半则侧重讲根据以人为中心理论，会怎样对爱伦·韦斯特进行治疗。笔者觉得文章的前半部分对帮助本书的读者理解罗杰斯的人格或自

1 即会议组织者选择一个案例（case），所有与会专家就该案例发表自己的意见，而不是各人报告自己的案例。

我理论提供了绝好的材料，可以弥补本章前几节过于抽象的介绍的不足。所以在这里把罗杰斯对这个案例所做的剖析做一番转述。

爱伦·韦斯特出生于一个中上阶层的人家。罗杰斯认为，在20岁以前，爱伦·韦斯特的发展可以说是正常的。其人格或自我是统整一致的。按通常情况，事后来回顾一位病人的生活史，很容易发现其中有病理上的原因。但罗杰斯认为，即使用挑剔的眼光来看也看不出什么特别之处。爱伦·韦斯特是一个活泼、精力旺盛、任性、有主见、敏感、好挑战、多疑问、竞争心强、情绪易激发、外露—— 一句话，一个生气勃勃的女孩。她对父亲非常敬爱；她很想做个男孩——直到她喜欢上一个男子为止；她想要了解生命的意义；她经常梦见自己做出了非凡的成就。所有这些，都没有半点将会不幸的迹象，相反，她表现出的敏感、灵活和聪明，倒使人觉得她应该有很好的前途。

在20岁出头的时候，爱伦·韦斯特的生活还充满着快乐和憧憬，她指望觅得一位进取、严谨而又可爱的如意郎君，她对美食佳肴也很有兴趣。但在这当儿发生了一件事，她跟一位极有浪漫情调的外国人发生了恋情。但是她爸爸不赞成这件事，于是她就中断了跟这个男友的来往。尽管案例材料就此所说不多，但罗杰斯认为这件事不是无关紧要的。他从当事人不争不抗很安静地服从了父亲的意志这一情况，以及这女孩一贯对父亲的敬爱，猜想在她心里经过了这样一个内心过程（不管是有意识的还是无意识的），这个过程的实质是：爱伦·韦斯特把父亲的感觉当成了自己的感觉。她心里似乎有过这样一些活动："我想，我的感觉是我在恋爱，我感到同他约会是桩不错的事情。但是我自己的感受是靠不住的。我不是在恋爱，我跟他的约会也不是当真的，我可不能跟着我的感觉走，那样做肯定会犯错，而且会失去父亲的眷爱。"（Rogers, 1989b, p. 159）这是一个迹象，表明爱伦·韦斯特会在要维持父亲对自己的爱的动机作用下，放弃自己的真实体验。

接下来的一段时间里发生了一个变化：爱伦·韦斯特吃得太多而越长越胖——这是爱伦·韦斯特日后一个主要问题的开端。爱伦·韦斯特自己起初并没很在意长胖，但她的朋友们开始取笑她，于是爱伦·韦斯特就节食。在这里，罗杰斯的看法是，爱伦·韦斯特已露出不能信任自己的迹象，她日益感到要按照别人希望于她的那样生活，她觉得自己的感受、冲动和自己的身体告诉自己的东西是不可靠的。

在此之后不久，爱伦·韦斯特更开始鄙视和厌恶自己，再接着又出现了恐惧。从她的日记里能够感觉到的强烈色彩就是怀疑和恐惧，在表现形式上，集中表现为害怕长胖。这一发展跟她原来的情况相比是很大的改变。但这似乎是事情发展的逻辑必然。罗杰斯认为，在爱伦·韦斯特的心中，她不信任自己的经验，不信任自己的身体，连自己这个人也不再信任。她提到"害怕自己里面的魔鬼"，她把自己的感觉、体验、天然的需要都异己化了，她拒绝它们，害怕它们伤害她。

从表面上看，爱伦·韦斯特到此时才出现一些符合一般标准的变态表现。但罗杰斯觉得，她的自我与她的经验之间的分离或对立应该早在这之前就开始了。因为这种自我与经验的分离要伤及她作为一个人的自主感和能力感，需要很长一段时日。罗杰斯怀疑，即使在早先那看来没什么不对头的时候，她就已经在放弃本真的自己，而把父亲的感受和经验内投为自己的感受和经验。

这一段时间是一个变幻起伏的时期，在有些时候，她想做大事，希望搞一场社会革命，她在学业上非常勤奋，她还做了些诸如为儿童建阅览室的好事。有时她又觉得自己是一只“胆小、卑贱的蠕虫”，她想死，她跟她的马术老师发生过一次不快的恋爱，她还有一次精神崩溃的经历。而在所有事情中，最突出的还是她对长胖的过分关心和焦虑。

在她24岁的时候发生了一件事，这件事进一步摧毁了她的自信。她爱上了一个学生。从这段恋情持续的时间和影响大小来看，它是一场真正投入、用情很深的恋爱。他们准备订婚。但不幸的是，她的父母再次坚持认为她的感觉不对头，他们要求她暂时离开那个男生。于是一切又重复以前的程序：听了父母的话以后，她真的觉得他们的关系不像是真的，这样做是不明智的，最好是趁早放弃。她又一次怀疑自己的感受，贬低自己的直觉，以父母的感觉和认识为自己的感觉和认识。于是她中断了这个关系。罗杰斯评论说，这意味着她也同时再次承认自己的感觉、自己的经验是不可信赖的，她这个人是没有自我指引的能力的，只有别人，只有父母的经验才是对的。

在这次事件后她出现严重的抑郁，仇恨自己的身体。于是她不得不去看医生，这也是她头一次看医生。爱伦·韦斯特自己也似乎感觉到身体内有两股力量在争斗，她稍后说："我里面有某个东西在反抗着，不要变胖，不要健壮，不要丰满红润的面颊，不要长成个粗大健壮的女人，而我的天然本性偏就是要长成个粗大健壮的女人。"罗杰斯对此评论说，如果爱伦·韦斯特接受自己的本性，接受和信任自己的欲望、感受、经验，她就会成长为一个强壮健硕的年轻姑娘，跟自己的意中人结婚。但是她身上得胜的一方已不是她的本性。她已经不再相信自己的感受、自己的身体、自己的经验，她不能靠它们来指引自己，就只有靠别人的感受来指引。别人感觉好的她才感觉好。因此她不仅要否认自己对那个年轻人的感情的真实性，而且要饿自己的身体，使它符合另外的人的标准和评价（Rogers, 1989b, p. 161）。

随后她遇上了她的一位表兄，这位表兄看来是一个合适的婚姻对象，她的父母也很赞成。但在这中间足足有两年时间，她一直在表兄和前一位学生之间摇摆不定。很明显这期间她内心里还在进行激烈的斗争，毕竟这是一个太重要的抉择。数年后她曾在给丈夫的信中谈到，她选择他是别人觉得她应该那样，她非常希望自己能够像别人希望于她的那样对他产生爱情，可是她没有做到，所以她做出嫁给他的决定是被迫的。按罗杰斯的理论，这实际上是在爱别人之所爱与爱自己之所爱之间的一个抉择。因为她之认为表兄是合适人选，并非真是出自她的本心，而是她觉得别人会认为这个人适合于她。最终她还是嫁给了表兄。

到32岁时爱伦·韦斯特完全被减肥这个强迫观念所控制。为了减肥她不仅采取饥饿“疗法”，而且大剂量吃泻剂，一天吃60片！这样她自然很快就不仅精神不行，体力也不支。这时她接受了心理分析治疗，但她自己说治疗没有什么作用。但是放弃分析后，情况变得更糟糕。自此以后，爱伦·韦斯特变得越来越孤独，越来越不愿与人交往。她不得不住进一家精神病院。在入院的时候，她希望丈夫能够陪同，她丈夫也要求到医院陪同，但是大夫——她的第二任精神分析医生——把丈夫打发了出去。罗杰斯分析，对她来说，自然大夫懂得多，应该听大夫的。大夫的做法，把爱伦·韦斯特仅存的一点自我依赖感、一点自我指导的勇气也给摧毁了。

自此以后，爱伦·韦斯特的情况每况愈下。她的孤独感越来越厉害，被送去看更多的医生和精神病学家，在不同的医院和不同的医生之间转来转去。这样她也就越发像是一件物体，一个没有主动性，没有个人意志，亦不需要她有主动性和独立意志的“病人”。她最后被送进宾斯万格医生的疗养院，在那里住了数月之久。

在整个上述治疗期间，她接受过好多位医生的诊断，其中包括一些著名的精神病学家如克雷丕林（Emil Kraepelin）[1]、宾斯万格等。有的诊断为忧郁症，有的诊断为“重性强迫性神经症结合双相躁郁症”，宾斯万格博士最后诊断为“进行性精神分裂样精神病（精神分裂症单纯型）”。所有这些诊断都意味着，而且所有的医生都

1　德国著名精神病学家，现代精神病诊断和分类体系的创始人，多被人认作现代精神病学的奠基人。

相信，这个病人没有什么康复的希望，而一旦准其出院，病人几乎肯定会自杀。

在揣测分析此漫长的治疗经历中爱伦·韦斯特的内心过程时，罗杰斯对上一代精神病学家的治疗态度颇不以为然。他认为医生的这种“目无病人”的态度，会引起爱伦·韦斯特把自己看成一种异己的存在，看成一个不正常的机器，出了故障，无法控制地趋向毁灭。爱伦·韦斯特曾说：“我面对自己就像面对一个陌生人，我怕我自己。”在另一次她又说：“在这点上我真是疯了——在与我的天性作战中我一步步垮掉，命运要我胖，要我壮，可是我想要的是瘦，是纤细！”爱伦·韦斯特的这段话把事情的根本点出来了。的确，她是在与她的天性、她的身体、她的生物性的存在以及这存在决定的其他特点作战！她的天性要胖要壮，她的自我（她那经内投而来的别人尤其是父母的价值观）要瘦要纤细。这是一场注定要失败的战斗。爱伦·韦斯特正一步步走向悲剧的结局。

尽管知道有自杀的危险，面对爱伦·韦斯特的要求，医生们还是得出一致结论：“鉴于不可能有肯定可靠的治疗，我们决定让步，接受病人的出院要求。”她离开了医院。三天后，爱伦·韦斯特显得非常好，也很快活，多少年来头一次吃得又香又甜。然后，她吞下了致死剂量的毒剂死去，年仅33岁。

为了对爱伦·韦斯特案例的分析有一系统了解，我们不妨把罗杰斯的一段小结性评论照录如下，也以此结束我们对罗杰斯人格理论的介绍。

爱伦·韦斯特生活中到底在哪里出了致命性的错误？我希望我已经指出了我的意见：发生在爱伦·韦斯特身上的问题在我们每个人身上也都有发生，只是在她的情况里，问题的严重程度被放大了。当我们为婴儿时，我们活在我们的体验之中，我们信任它。婴儿饿了，他既不会怀疑他的饥饿，也不会犹疑他是否应该全力以赴去取得食物。他是一个自我信赖的有机体，他甚至都不必意识到自己的自我信赖。但是，在某些时候，父母或别的人以各个不同的方式对他说："如果你这样来感觉，我就爱你。"于是他就感受到他应该感受到的东西，而不是他实际感受到的东西。至此，他就建构起一个自我，他感受自我所限的感受，只在很少的情况下，对其有机体——自我只是其中一部分——的实际经验有倏然一瞥。在爱伦·韦斯特的例子里，这一过程以一种极端的方式发生。在她生命中一些极其重要的关头，她被弄得不相信自己的感受，觉得自己的经验不对头，不真实，不可靠，而她应该体验到的东西才是对头的。对她来说，不幸的是她对父母，尤其是父亲的爱太过强烈，以致她放弃了信任自己的感受的能力，以父母或父亲的感觉来代替自己的感觉。她放弃了做她自己。她的医生之一的下述看法相当让人信服："虽然在儿时她极有独立性，不为旁人的意见所左右，但现在她却完完全全依赖于别人的想法。"她不再能够知道自己有何感受，不知道自己有何意见。这是最最孤独的状态——与自己那有自主性的机体几乎完全分离。（Rogers, 1989b）

四

以人为中心的心理治疗

罗杰斯的治疗体系在发展历程中曾被冠以不同名称。在1942年出版的《咨询和心理治疗：实践中的若干新概念》里，这疗法被称为“非指导治疗”（Nondirective Therapy）。1951年出版的《当事人中心疗法》一书改称之为“当事人中心治疗”（Client-Centered Therapy），此后很长一段时间都叫这名称。然后约从20世纪70年代起，由于罗杰斯对人和人的改变有了更开阔的视野——心理治疗只是更一般人的成长和改变的一个形式，罗杰斯又将他的理论称为“以人为中心理论”（Person-Centered Theory）。相应地，人们在特称这个疗法时就称为“以人为中心治疗”。当然，这只是一个大约的情形，即使在后期，罗杰斯和他的同事有时也仍用以前的名称。本书在不同地方也将视行文方便使用不同的名称。

罗杰斯本为临床心理学家，可以说，在他一生的学术活动中，临床治疗始终居于中心地位。尽管20世纪60年代他退休以后，尤其到70年代中后期，他的兴趣日渐广泛，不再专一心理治疗，但他据以观察问题的角度、为其所本的理论，仍然是心理治疗；他讲话的身份也往往自限于临床心理学家或心理治疗师。另外，从整个以人为中心体系来说，这个体系可以分为治疗论、自我论、关系论等几个大的组成部分。在这些部分的组织上，罗杰斯总是把心理治疗理论放在中心位置。1959年那篇集中反映以当事人为中心体系理论建构的重要著作——《当事人中心体系关于心理治疗、人格和人际关系的理论》（Rogers, 1959）——就是这样安排的。这些都表明心理治疗理论在以人为中心体系中有核心地位。本章和下章将集中介绍这方面的内容。这一章我们先介绍以人为中心理论对心理治疗的几个基本问题——治疗目标、治疗条件以及治疗过程——的看法。

心理治疗——人格重整过程

在上一章里，我们以儿童的关怀需要为起点，沿着自我异化这条路线，一直走到自我异化的尽头——人格解体。在罗杰斯看来，虽然人格解体只发生于精神病人身上，但走向人格解体并非一朝一夕的事，在达到人格解体这一严重的精神病状态之前，当事人经过了一个漫长的发展过程。这个发展过程，就其发端，就其性质，就其特点而言，并非精神病人所特有，我们大多数“正常人”也或多或少走着同样的路。即由于价值条件的产生和形成，导致对经验的选择性加工、歪曲和拒绝，反映人之本性的许多经验不能被自我所接受、认可，出现经验与自我的不一致。我们这些“正常人”与精神病人的区别，只在于经验与自我相异化的程度，或遭拒绝、压制的经验的重要性，或防卫过程的成功与否，而不在有无自我与经验的异化，或有无对经验的拒绝和歪曲。如此来看，心理治疗并非只适用于精神病人，许许多多的“正常人”也需要心理治疗或者治疗性的帮助。

心理治疗要做什么?

自然地，以人为中心理论会把心理治疗看作一个重整人格、重建自我的过程。在以人为中心体系看来，重整人格、重建自我，既是心理治疗的目标，也是心理治疗的实质所在。现在我们具体一点来讨论，在罗杰斯的思想里，重整人格、重建自我到底有哪些含义。

罗杰斯在1957年发表了一篇著名文章——《治疗性人格改变的充分必要条件》(Rogers, 1989f)。在这篇文章中，他用很简短的一段话概括了一番他认为是多数治疗师同意的关于人格改变的看法。这段话如下：

> “心理治疗的改变”“建设性的人格改变”这些说法是什么意思？……它们的意思是：个人人格结构在表面层次和较深层次上的改变，其改变方向——按临床心理学家一致的看法——是更为整合，较少内部矛盾，有更多的能量可用于有效率的生活；是行为上的改变，从通常认为不太成熟的行为向成熟的行为的转变。(Rogers, 1989f, pp. 219–220)

以上这段话，如罗杰斯所言，会是大多数治疗师都同意的表达。唯其如此，它就不一定能够较为贴切、完整地表达某位特定治疗师的看法。人格更为整合是什么意思？成熟与不成熟又是什么含义？如果再进一步问下去，不同的治疗师可能就会有不同说法。那么，以人为中心体系对于心理治疗的目标，还有与其密切相关的心理治疗的实质，会有哪些独特见解呢？

从前一章内容可以看出，罗杰斯认为，心理障碍的实质或者原因在于当事人疏远了自己的经验，不再按真实经验的指引去知觉和行动。他习惯了按照内化了的那一套价值观（价值条件）来对经验进行裁剪取舍。他的自我不再能够沿着实现趋向的方向来维护、增强和发展他自己，自我本身已经变成了一种异己的力量，处处跟他的本性作对。根据这样一套对心理障碍原因的理解，笔者以为，以人为中心治疗的核心工作就是改造自我。所谓促进人格的“整合”，所谓“减少内在矛盾”，都可以换个说法表达为“改造自我”。因为经验与自我的不一致，或者经验不能准确地符号化，其责任不在经验本身，亦不在人对经验进行感知的心理机构，而在自我身上。是由于自我在自我关注和价值条件这两者协同作用下，透过防御机制，对经验进行了“为‘我’所用”的加工，使经验在知觉上与当事人的自我概念及其价值条件相一致，而同时经验中那些反映实现倾向，反映人的本性需要的成分遭到歪曲或干脆就不能被意识所察觉。“整合”者也，非使经验与自我互相迁就之谓也，而是改造自我，使之能够接纳经验之原貌之谓也。“减少内在矛盾”者也，亦非调和经验与自我之谓也，而是去除、修正某些价值条件，或者使当事人对自己所持价值观有更灵活可变的态度，从而消除那导致自我抵制经验的原因之谓也。

换一个角度来看，也可以认为心理治疗的工作就是与防御过程相反的工作，或者是破除防御作用的工作。因为是防御过程掩盖了经验，歪曲了经验。一旦破除了防御过程，个体对经验就会变得比较开放，其经验就能够较为准确地符号化，进入意识，并在意识层面被自我所吸收。这样的过程重复性地持续下去，必然慢慢引致自我出现改变，从而在以后使经验与自我的一致性增加。

从心理机制上说，自我改变是什么意思？什么是我们所希望的自我的改变？这是一个不容易回答的问题。像使自我较为灵活且不那么刻板，增加自我的内在一致性，使自我能够接纳各种经验，等等，都是正确的说法。但这些说法要么太笼统，要么未能点出关键。罗杰斯认为，自我的建设性变化可衡量两点：第一，自我中的价值条件减少；第二，无条件的自我关注增加。

心理治疗应该导致价值条件减少。因为价值条件是自我中用以评价经验的东西，它本身又不具有现实性和灵活性，所以价值条件实在是个体不能准确了解自己、不能善待自己的根源。

心理治疗应该导致无条件的自我积极关注增加。如前所见，肯定自己，悦纳自己，认自己为一有价值的存在，乃是人的第二天性[1]。不幸的是，在个体的发展过程中，个体发展出的是有条件的自我关注，而不是无条件的自我关注。只有当一个人不以自己的行为表现是否符合某个标准，不以自己的德行、能力或者成就是否"够格"，去决定是否自爱自赏时，这个人才真正地"解放"了。

笼统言之，以人为中心心理治疗的实质可说就是"去伪存

1　积极关注的需要到底是一种天生的需要还是习得的需要，罗杰斯未有明确意见。而罗杰斯的学生、这个概念的提出者斯坦多（Standal）认为是一种习得的需要（Rogers, 1959, p. 208）。

真”（江光荣，2012，第270页）。“伪”就是个体自我中那些价值条件，以及与这些价值条件相一致的个人的自我形象，或者说是反映着这些价值条件和自我形象的生活方式、思想、行动和体验方式。“真”就是个人身上那些代表着其本性、反映实现趋向要求的经验、态度和行为方式。罗杰斯常用“变成自己”“从面具后面走出来”这样的话来表达他对治疗目标的意见。例如，在《成为一个人是什么意思》（Rogers, 1961, p. 109）一文中，他说：“他……变得越来越是他真正的自己。他开始抛弃那用来应付生活的虚假的外相、面具或角色。他力图想发现某种更本质、更接近于他真实自身的东西。”

治疗原理勾勒

罗杰斯关于心理治疗的原理有一个非常简单、线性的想法。这个想法可以大致勾勒如下图：

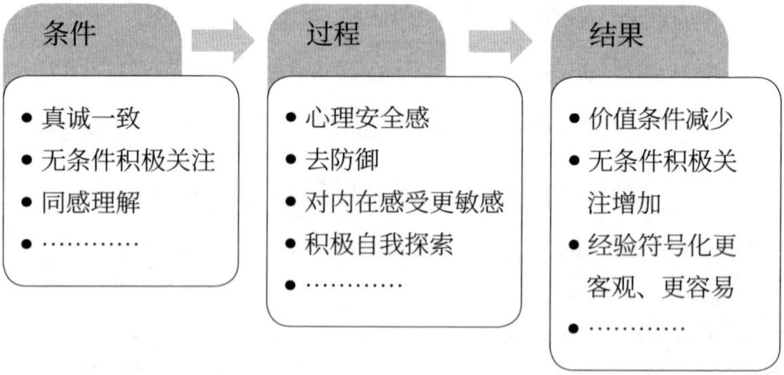

这个图是笔者根据罗杰斯《治疗性人格改变的充分必要条件》（1957）、《当事人中心体系关于心理治疗、人格和人际关系的理论》（Rogers, 1959, p. 193）等论文中阐述其治疗理论的内容，简化而成。它应该这样读：如果提供某些条件，或者在某些情况下，客观上存在着这些条件（自变量），当事人就会出现一些内在过程（因变量）；而如果这些过程（现在它们是自变量）持续一段时间，就会导致一些治疗性的结果（因变量）。罗杰斯认为，心理治疗就是这样一个简单明了的逻辑过程。下面先扼要地对此一逻辑过程做一个解释，然后在以后各节分别讨论条件、过程和结果的详细情形。

从前述内容可知，个体是通过防御过程实现对经验的拒绝或者歪曲的。而防御过程又由于个体在潜知觉中感受到经验对自我的威胁而启动。因此，破除防御在于消除威胁。消除威胁就是心理治疗的一个突破口，是心理治疗的入手之处。消除威胁做起来很难，但说起来却很容易：提供无条件的积极关注以及其他不多几条治疗“条件”！为什么无条件积极关注有这么大的作用呢？这是因为在无条件积极关注的气氛下，当事人就会感到一种安全感，以及被另一个重要的人（治疗师）所接纳的感觉。在这种情境中，当事人的防御变得不必要，从而有助于当事人对经验的体验、表达以及探索。而这些正是图中“过程”的核心部分。上图中的“过程”和“结果”在实际上并没有太明显的分界线，有些过程中的项目，实际上也可以看成是心理治疗的结果。罗杰斯所列的治疗结果有15条之多（见后文），它包括当事人自我和人格上的广泛变化。

人格改变的条件

要使建设性的人格改变得以发生，须存在以下一些条件，且它们须持续一段时间：

· 两个人[1]有心理上的接触；

· 头一位，我们将称其为当事人的，处在一种不一致状态[2]，脆弱（vulnerable）或焦虑不安；

· 后一位，我们将称其为治疗师的，在此关系中是一致的或整合的（integrated）；

· 治疗师体验到对当事人的无条件积极关注；

· 治疗师体验到对当事人的内在参考系的同感性理解，并力图把这种体验传达给当事人；

· 治疗师对当事人的同感理解和无条件积极关注至少在一定程度上成功地传达给了当事人。

除此之外的其他条件不是必要的。如果这六项条件存在，并

1 指治疗师和当事人。

2 意指当事人的经验和自我之间的不相容。

且持续上一段时间，这就足够了，人格的建设性改变就会随之出现。（Rogers, 1989f, p. 221）

本书第一章曾提到，罗杰斯的《治疗性人格改变的充分必要条件》（1957）一文在以人为中心体系的发展中是一篇非常重要的文章。事实上，在现代心理治疗的学术发展史上它也是一篇划时代的著作。因为，在这篇文章发表之前，心理治疗领域里基本上是一种技术至上的观点占统治地位。治疗师们在考虑治疗效果的时候，总是倾向于从人格病理学的角度、治疗策略和技术的角度去思考问题。极少有人自觉地思考治疗师和当事人的关系问题，更少有人认这一关系为影响治疗效果的因素。罗杰斯在这篇文章中胪列了六项条件，认它们为心理治疗的充分必要条件。上段引文即是罗杰斯文章中这六条的原文。这六项条件以技术的眼光来看，几乎没有一条跟某个专门技术沾边。可以说，正是由于罗杰斯，那些后来被称为“关系要素”的治疗条件才在心理治疗领域被认识、被接受。认识到咨询关系的重要以及发现制约关系的这些“要素”，也是罗杰斯对于现代心理治疗的主要贡献之一。

至于这六项条件本身，从其后它们受到的进一步研究（包括罗杰斯本人和他的学生们进行的研究）以及实践上的接受程度来看，发生了一些重要变化。其中最重要的是六项中的三项，即原文序列中的第三、四、五条，被分离出来并受到特别的重视，而其余三项却相当程度上被冷落和忽视了（吉伦，2016）。这个变化很可能在20世纪60年代早期就已经发生了，而且它是起于罗杰斯团队自己的工作。例如，巴雷-伦纳最先依据罗杰斯的理论编制咨询关系问卷时，就只包含了上述三条（Barrett-Lennard, 1962）；杜亚士和卡库夫称这三条为“助人关系中核心的治疗成分”（Truax & Carkhuff, 1967, p. 25）。罗杰斯本人看来并没有对这一变化表示不同意见，他自己在20世纪60年代以后的著述中，也基本是以这三条为主要内容。

不过，据凯恩的观察，虽然在1959年以后，罗杰斯再也没有对他的治疗理论进行系统修订，但他在实践上却发展了另一个重要概念，即治疗师的“在场”（presence）（凯恩，2012）。而在笔者看来，这个“在场”概念，总是让人感觉到起先六项条件中的第一条——心理接触——的影子。

心理接触与在场

先说“心理上的接触”。治疗师和当事人有心理上的接触，实际上是说治疗师和当事人之间要有一种心理上的关联或关系。罗杰斯说，如果两个人，他们能意识到自己和对方有着个人的或心理上的接触，就可以说这两人之间存在着这种关系（Rogers, 1989, p. 222）。这一条从常识来看再自然不过——如果不存在这种心理上的接触，那双方就很难发生相互影响。所以这一条成为治疗发生的必要条件，逻辑上不该有问题。那这一条后来受到忽视，原因是什么呢？笔者猜想，一个原因可能是它难以操作，进而难以测量。这个难处又可细分为两点：其一，罗杰斯对这一条的界定，说的是咨询双方要对对方的存在有所知觉，这意味着要同时测量双方。这在测量上，尤其是考虑时间轴的精确性的情况下，是颇困难的。其二，这是更棘手的部分——“心理接触”到底是什么意思？“意识到对方的存在”显然不是罗杰斯心里真正的关切，因为知觉和意识到对方的存在，如果不是非常特别的情况——比如其中一方是丧失现实定向力的精神病人[1]——通常是自然满足的。这样，这个自变量就不会有什么预测力。罗杰斯说的心理上的“接触”显然还有某种难以言喻的东西。我想很可能正是这个东西的隐晦和难以捉摸，使得早先的研究者没有去深究它。

再说“在场”。凯恩是在罗杰斯晚年与之交往密切的同事。他深信罗杰斯晚年对“在场”这件事非常看重。“60多年的心理治疗实践使他愈发坚信，他的在场的质量，他将自己的全部呈现给另一个人的方式，往往具有充分的治疗效果。”（凯恩，2012，第39页）“在场”是什么呢？凯恩说，在场是完完全全地专注于、沉浸于当事人，以及当事人所关心的内容，是真的而不是假装的对当事人感兴趣，是投入地与当事人“相处”（凯恩，2012，第87页）。罗杰斯自己有一段涉及“在场”的话：

> 当我——作为团体主持人或治疗师——处在最好状态的时刻，当我最贴近内在直觉的自己的时刻，当我在某种程度上触及我内里的未知的部分的时刻，当我在关系里处于也许

1 1957年罗杰斯提出“心理接触”这个条件时，很可能真的受到当时他们进行的“威斯康星项目”——对住院精神病人进行当事人中心治疗——的影响。数年后，普劳蒂和同事发展出“前治疗”（pre-therapy）（Prouty, Van Werde, & Pörtner, 2002），就是受了“心理接触”这个概念的影响。

稍稍有点异样的意识状态的时刻，似乎无论我做什么，都会带来完满的疗愈。简单地说，我的在场就导致释放，就有帮助。……在那些时刻，我的灵魂似乎触及了另一个人的灵魂。（Rogers, 1986a, pp. 198–199）

凯恩和罗杰斯的说明都聚焦在治疗师的反应上，还是没有点明在场的实质。依笔者的见解，在场的实质，可能是治疗师和当事人在当下的交互中生出了一种有个人意义的联系，而这“有个人意义的联系”，是指彼此觉得对方的存在对自己有种“独一无二”的意味。这种心理联系意味着，治疗师不再仅仅是由一份商业服务合同约定来提供有价服务的一位专业人员，而是一位对当事人的故事、当事人的生活有着个人兴趣的特别的“个人”。在跟当事人相处的这一个小时里，眼前这个人就是他的全部关注所在、关切所在。这种关注和关切，在大多数商业服务关系中是不存在的。

“在场”还意味着“离场”，在“此时此场”，而离“他时他场”。心理治疗的互动过程中，最大的“他时他场”，就是治疗师个人的参考系——个人的态度、价值观、评价系统等等。让这些“我识”暂时休眠，才能免于它们的打扰。这就是治疗师常常提到的忘我时刻。罗杰斯在某处说道：“我的心理治疗工作做得愈好——如在治疗过程中那些最精彩的时刻——就愈是忘我，对自己的主体意识浑然不觉。”（Rogers, 1961, p. 200）只有忘我，才能全神贯注地投入、专注于当事人。

回到心理接触与在场的关系。笔者的观点是，心理接触和在场无疑是同一个维度的概念，这个维度表征两个互动的个体“人到心到”的程度。心理接触代表较浅的程度，在场则代表较深的程度。桑德斯说有的学者把在场看成一种助长条件（Sanders, 2004），笔者认为这看法是合适的。

真诚一致

真诚一致，同“无条件积极关注”和“同感理解”一起，是经受了长时间的考验而被心理治疗界所认同的治疗条件（Bohart, Elliott, Greenberg, & Watson, 2002; Elliott, Bohart, Watson, & Greenberg, 2011; Elliott, Bohart, Watson, & Murphy, 2018；另参见本书第十章）。在当代心理治疗实践中，这几条甚至已经不再被看成以人为中心治疗的专有概念，而是心理咨询与治疗的共同基础（江光荣，2012，第275页）。在咨询和心理治疗的教科书中，在咨询和心理治疗专业的基础训练中，它们都被作为核心内容来讲述和教授。

真诚指的是治疗师的真诚，是要求于治疗师的一个条件。当事人则恰恰相反——如罗杰斯在以上第二条所指——往往是处在非真诚一致的状态。简单地说，真诚要求的是：治疗师在治疗关系的范围内，是一个表里一致、真诚、统整的人。这意味着在咨询关系中，他是他自己，而且是在一种自由、无羁束的意义上，他是他自己。他可以让自己的任何经验、任何冲动、任何感受无禁制地进入自己的意识。这意味着他没有戴面具，不以一种修饰过、检查过的面目来面对当事人。罗杰斯曾这样论及真诚：

> 在（咨访）关系中，治疗师愈是她自己，愈是不戴专业面具或个人面具，来访者就愈有可能发生建设性的改变和成长。真诚意味着治疗师对当时当地流过自己心头的情感和态度保持开放。“透明地”一语较切合真诚要素的韵致——治疗师对来访者保持透明，来访者在咨询关系中对她能够看得真切，能体会到治疗师是毫无保留的。对治疗师来说，她意识中的东西应是可被知觉，可以进入咨询关系，可以交流的——如果合适的话。因此，可以说，在她感受的实质内容、这感受在她意识中的表现和她传达给来访者的东西之间，是切合的或者说是一致的。（Rogers, 1977, pp. 9–12）

真诚一致这个条件何以具有神奇的治疗作用？罗杰斯在世的时候，虽然他的学生们的实验研究表明真诚一致及其他几项条件的确具有治疗作用，但在道理上做出说明还是有困难的。罗杰斯自己的见解集中于“真诚导致信任”这一推断上。他认为真诚的主要功能可能就是它能产生信任。而当事人对治疗师的信任再进一步导致别的治疗改变。罗杰斯认为，我们对某个人信任，虽然可由其他一些条件产生，如这个人守信用、不出卖朋友等，但是这些不能保证必然产生信任。只有一个人把自己的本来面目，把自己的内心的真情实感暴露给对方，或者使对方觉得他能够轻易进入你的内心世界，知道你的真情实感，这才是真正产生信任的可靠条件。甚至有时候前后一致（如守信）并不是一定必要的，表里一致才是一定必要的。例如，虽然我对当事人一直保持着积极关注的态度，但此时我的实际感觉并不是积极关注的，这时候我如果还要保持前后一致的积极关注，我就失去了表里一致，换句话说就是不真诚了。这样的时候多了，势必会被当事人察觉，从而导致不信任（Rogers, 1961, p . 50）。

真诚作为对治疗师的一种要求，在学习和训练过程中常发生一些误解。误解之一，是以为要求治疗师无论是在治疗室内还是治疗室外，无论过去还是现在，无论对此人此事还是对彼人彼事，都要做到真诚。这无异于要求治疗师是圣人！罗杰斯通情达理地说，如果把这作为必须如此的要求，"那就没有心理治疗了"（Rogers, 1959, p. 215）。他认为，只要在与这位当事人相处的这一个小时里，治疗师是他自己，是真诚一致的，就满足要求了（Rogers, 1989f, p. 224）。

另一个引起争论的地方，是真诚在表达上是以当事人为中心还是以治疗师为中心。有人以为治疗师要即时、无节制地把自己的内心世界袒露在当事人面前，这是不对的。罗杰斯说，真诚无疑不是为了治疗师表露自己的内心感受，而是保证治疗师不自欺欺人。至于表达自己的内心感受，只是当必要或合适时才那么做。

无条件积极关注

无条件积极关注的概念我们在上一章已经很熟悉了。它的基本意思就是对一个人表示看重，认可、欣赏其价值；喜欢他，爱他，而且这种感受是自然发生，非由强迫而来。最要紧的，是这种感受并不以对方的某个特点、某个品质或者整体的价值为取舍、为依据，即它是无条件的。罗杰斯说："当治疗师发觉自己怀着一股温情，接纳当事人的任何感受，认它为当事人的一部分，这时候他就在经验着对当事人的无条件的积极关注。"（Rogers, 1989f, p. 225）"无条件的"这一限定很要紧，因为有条件的关爱非但没有治疗作用，而且会强化当事人的有条件的价值感。罗杰斯说，"无条件"意味着对当事人的消极的体验如痛苦、害怕、异常等等，像对积极的体验如自豪、满足、自信、关心一样地接纳；对他的表里不一致之处像对表里一致之处一样接纳。它是对当事人的关爱，但又不是一种占有式的关爱，如有些父母对待孩子那样。也许从当事人的角度谈的感受更有助于我们体会无条件积极关注是怎么回事。有位当事人形容他的治疗师说，他"鼓励我拥有我自己的感受……那是我的感受，而且我的确拥有着它们：想我之所想，感受自己之所感受，欲自己之所欲，怕自己之所怕；没有'要是……''但是……''其实不……'等诸如此类的东西跟在后面"。这就是罗杰斯所说当理想的无条件积极关注存在时，当事人会有的感觉（Rogers, 1989f, p. 225）。

罗杰斯注意到，虽然我们都愿意体验别人对自己的无条件积极关注，但是我们多数人都会有点害怕自己对别人有无条件的积极关注（Rogers, 1961, p. 52）。因为，如果我们让自己无拘无束地体验对别人的那些关怀、喜爱、欣赏等感觉时，我们往往害怕出现一些后果，比如别人对我们没完没了的要求，被欺骗，最终会让自己失望，等等。所以我们习惯于或者需要在自己和别人之间设置距离。每个人都有自己设置距离的办法。在心理治疗中，我们用冷峻的测验、检查，用“专家”的面孔和态度来制造治疗师和当事人之间的距离。但是这些并不是必然事实。如果我们真的冒险一试，去尝试无条件地关心、爱、欣赏一个人，我们就会发现那也是一种挺棒的经验，没有什么是真正可怕的。

跟真诚一致一样，对无条件积极关注也容易产生同样的误解，而且“无条件”这么个强烈的措辞还进一步加重了这个误解——认为无论何时何地，或退一步说，在对某个当事人治疗过程的始终，都应该“无条件”地给予当事人百分之百的积极关注。许多研习心理咨询的学生都曾为自己做不到百分之百的无条件积极关注而苦恼和自责。其实，跟真诚一致一样，完美的无条件积极关注只是理论上的可能！无条件积极关注也可以有程度之分和时境之别。罗杰斯根据自己的体会，把这点说得入情入理：“从临床的和实际的观点来看，我相信最恰当的说法是：有效能的治疗师在其与当事人相处的时间里有许多时候感觉到对当事人的无条件积极关注；然而他也常常只是感到有条件的关注，甚至偶尔还有些消极态度——虽然它们毕竟对治疗效果不利。”（Rogers, 1989f, p. 225）

同感理解

同感（empathy），又叫同感理解（empathic understanding），这

个术语颇不易译成中文，大陆、台湾、香港三地各种不同的译法共有七八个[1]，正说明它不好译。不仅名字不好译，它的含义也不太容易捉摸，尤其对缺少相应经验的人来说。但在三条主要的治疗条件（真诚、无条件积极关注以及同感）中，同感理解很可能又是最重要，与治疗效果关联最大的（Bohart, Elliott, Greenberg, & Watson, 2002）。

我们先来看一个与同感理解有密切关系的概念——内部参考系（internal frame of reference）。内部参考系是指每个人的主观经验：感知、记忆、意义、知识、信念、偏好等等，凡属个人主观世界中能够被个人所利用，能够进入意识者都是。它们是人们用来对新经验进行加工，赋予经验意义、解释经验的东西。打个比方，它们是个人用来看世界的眼镜。因为这个参考系存在于个人内部，又由于每个人的内部世界各不相同，因此，严格说来，每个人的内部参考系只有他本人才有可能清楚地知晓。但是有一个办法可以让一个外人“进入”另一人的参考系，那就是同感理解。

用我们熟悉的心理学术语来讲，同感理解应该算是一种独特的感知活动。罗杰斯这样描述同感理解：

> 感受来访者的私人世界，就好像那是你自己的世界一样，但又绝未失去“好像”这一品质——这就是同感。它对治疗是至关重要的。感受来访者的愤怒、害怕或迷乱，就像那是

1 关于empathy的译名，本书采用香港中文大学林孟平博士的译法，译为“同感”（林孟平，1988，第189页）。其余译名及此词的词源，参见江光荣《心理咨询与治疗》（1995，第138页）。

你的愤怒、害怕或迷乱一样，然而并无你自己的愤怒、害怕或迷乱卷入其中，这就是我们想要描述的情形。（Rogers, 1989f, p. 226）

有两句中国成语，加在一起能够很好地表达同感理解的意思："设身处地""感同身受"。同感理解的头一个要点是"换位"，就是换一个看事情的角度。换到哪个角度？换到当事人的角度，实际上就是当事人的参考系。这正好就是"设身处地"的意思。试想，要了解一个人的想法，尤其是要真切地了解，最好的办法是什么？是进到对方的心里去，而不是站在他之外去盘问去推测；是去用他的眼睛看世界，而不是去猜测他看到了一个什么样的世界。只有设身处地，把自己的身份、角色、价值观先搁置起来，换成当事人的视角，才能感同身受，才能有所体认和了解。第二个要点是感受重于概念化的认识。注意罗杰斯在前一段话里用的动词是"感受"（to sense），而不是"认识"。他提到的感受对象主要是愤怒、害怕之类情绪性的内容。事实上，同感理解并非排斥概念性的认识，但它不把重点放在概念性认识上。因为对于心理治疗来说，当事人的情绪性的感受比能够清楚地诉诸意识的内容重要。尤其在罗杰斯的理论体系里，自我意识中的东西、价值条件，大都是意识化的，可以用言语表达的。而那些被当事人所拒绝、所歪曲的经验则往往是未被符号化，或不能符号化的。既然心理治疗的重点在于使当事人重新认识、接纳这些经验，那么重视感性经验就是理所当然的了。再一点，同感并不意味着与当事人认同。这一点常出现误会。所以罗杰斯在解释上面那个描述性定义时，特别提出不能失去“好像”这一品质。他说，一旦失去“好像”这个品质，就变成与当事人认同、合一了（Rogers, 1959, p. 211）。

何以同感理解具有明显的治疗功能？一个最有说服力的看法是，同感理解能够极有力地帮助当事人符号化和厘清他的思想、感受。当治疗师能够进入当事人的内部世界里去并且能够在其中自由地徜徉时，治疗师就能够跟当事人做极深入的沟通。他能告诉当事人他正感受到什么，甚至他能说出当事人只是模模糊糊有所感而不能形诸意识乃至词句的东西，好像他比当事人还要了解当事人。罗杰斯引用一位当事人对这种情形的形容：

> 时不时地，在我心里思想和感受如缠结在一起的一团乱麻，它们纠结着，变幻着，又有来自我的不同部分的冲动，我体验着这太多太大的感受，不知所措。往往这时候你[1]的话带来了一阵猛烈的撞击，仿佛有阳光猛刺进云团，或穿透密密匝匝的树叶，照出一条林间小径来。（那是）清澄，丝丝乱麻开始得到梳理，乱七八糟的东西各归各位。接着，结果出现了：我感到我在向前进，很放松。（Rogers, 1959, p. 226）

这位当事人形容的就是治疗过程中她在同感理解下的即时感觉。试想，这样的状态持续下去后，当事人怎么能不发生建设性改变呢？

1　指治疗师。

话说回来，不管看似多么有理，澄清作用只是一种根据常理而做的猜测。除了同感，还有真诚和无条件积极关注，所有这些条件加在一起，创造出一种特殊的治疗关系，这一特殊的治疗关系又何以会有那么强大的治疗功能呢？换句话说，治疗关系促进人格良性改变的动力学机制何在？罗杰斯对这个问题有一个概略的回答。我们先转录罗杰斯的回答，然后，在下一节再去进一步了解当事人在治疗关系中那复杂而又引人入胜的改变过程。

在上文所描述的治疗关系中浸润一段时间之后，当事人会发生一些反应，这种反应可说是对治疗师态度的回赠。我们来看看其中的情形：首先，他发现有个局外人在以接纳的态度倾听他的感受，慢慢地他也开始变得能够倾听自己了。他开始接受来自他的内部的信息——认识到自己正在生气，认识到自己正在害怕；而当自己正充满勇气的时候，也能识别出来。当他对自己内里正在发生的东西越来越开放的同时，他也逐渐能够倾听那些他向来总是否认和压制的感受。他能够倾听那些曾经显得那么可怕，那么乱糟糟，那么不正常，那么令人羞惭——总之，那些他以前从未识认但一直存在于他自己之中的感觉。

就在他学习倾听自己的同时，他也变得更能够接受自己。当他越来越多地表露自己内心深处被掩藏、令人畏惧的那一面时，却发现他的治疗师总是对他和他的感受表现出无条件的积极关注。慢慢地，他也有了进步，采取与治疗师一样的态度来对待自己，接受自己的本原之相，这样他也就更易在成长和改变的道路上取得进步了。

最后，由于他能够更为准确地听取自己内在的声音，越来越能用接纳的态度而不是挑剔的态度对待自己，他也就迈向了更协和统一的状态。他发现，他能够从一直使用的面具后面走出来，丢掉防御行为，更为坦然地面对自己的本相。当所有这些得以发生，当他变得更有自知，更能接纳自己，较少防卫而较多开放，他终于发现，他可以自由自在地朝着一个自自然然的人的方向去改变、去成长。（Rogers, 1961, pp. 63–64）

治疗过程

如何看待心理治疗的过程？基本上有两种视角。一种是从一个外在的、纯客观的角度去看，并且侧重于过程的结构性特点。这样的视角是多数学者所取的角度。尤其是在咨询与心理治疗的教科书里，这是一种经典的做法。另一种角度是把着眼点放在治疗师和当事人内在的态度、情感以及体验性活动上，侧重从双方的内心历程及其发展演变的规律性特点来考察。这一角度从方法论上可以说是属于现象学的，它更重视主观过程的价值。就笔者所见，在心理治疗领域，以后一种角度审视治疗过程，恐怕始自罗杰斯。

1956年秋，美国心理学会授予罗杰斯“杰出科学贡献奖”（详情参见第一章）。但这个奖有一个附带条件，要求受奖者在一年之后向学会提交一份研究报告。在这段时期，罗杰斯脑子里有一个大的问题一直吊着他的胃口，这个问题就是人格改变的过程。他非常想要弄明白人格变化过程的详情，尤其是当事人在治疗过程中心理活动的一些规律性的特点。于是，他就以这个大问题为中心，在随后一年时间里，把大部分心思都花在观察、思索这个问题上面。他曾就此写了很长一个东西，陈述自己的发现。然后于1957年9月2日在当年的学术年会上，以节略的方式做了报告。

改变过程的一些特点

罗杰斯描述了他所观察到的人格改变过程的一些特点。综合罗氏在不同篇什所讲（1959, p. 216; 1961, pp. 73–124, p. 132），有以下各项：

1. 人格改变是一个连续的过程。罗杰斯把它称为连续体（a continuum）。这个特点的含义是：人格改变是一渐进的而非跳跃的过程，虽然可以根据其中出现的不同过渡性状态划分为若干个阶段，但它的前后相继以及渐进性仍然是最突出的特点。

2. 人格改变是整体性的改变。人格的变化不是一部分、一簇行为单独改变，而另一些行为不变；而是呈现出一变全变，联动性地改变的面貌。

3. 当事人对自己的感受和体验变得越来越敏感，越来越能够精确地区分自己的知觉和感受的对象。这是由于他能够更为准确地将感受符号化。

4. 他渐渐能够意识到自己的经验和自我概念的不一致，意识到这种不一致造成的威胁感，意识到自己过往对这些经验的拒绝和歪曲。

5. 他的自我概念或自我结构发生变化和重组，从而可以吸收以前被拒绝和歪曲的经验，又由于这种吸收，自我又愈易发生改变。这一变化的总趋势是，自我与经验越来越和谐一致。

6. 他越来越多地体验到积极的自我关注。

7. 他越来越多地感到自己是评价的立足点，而不再总是按照外在的标准来评价经验。

以上头两项是关于改变过程形态上的特点，后面各项是改变方向上的特点。

改变过程的七个阶段

在心理治疗条件下，当事人人格改变过程可从以下七个阶段来描述（Rogers, 1961, pp. 132–155）。

第一阶段：

这是一个僵化而且疏远地对待个人感受的阶段。处在这个阶段的个体不会主动寻求心理治疗。处在这个阶段的人的一些心理特征如下：

- 不情愿表达自己。沟通中只限于谈些表面的、身外的事情。
- 各种感受及其个人意义要么未被识认出来，要么认为那不是属于自己的。
- 个人建构[1]非常僵化。
- 把亲近、交往密切的关系视为危险的。
- 不觉得有任何问题。

1　个人建构（personal constructs），人格心理学家乔治・凯利（George A. Kelly）用来指称个人对经验进行加工的概念结构。

· 没有改变的愿望。

· 自己内部的自我和经验之间很难有沟通。

总之，这个阶段的人的显著特点就是僵化固着。他的内心里，他的内心与外界之间，都像一池不流动的水，不会通，不见面；他对自己的经验要么视而不见，要么按自己习惯了的方式做解释；他的生活了无新鲜的东西，而且他不觉得这有什么不对头，因此他也就没有任何改变的愿望，对心理治疗会取一种排拒的态度。

第二阶段：

当一个处于第一阶段的人置身于理想的治疗条件下，即他体会到治疗师对他的积极关注和同感理解，以及以真诚的态度相待，以至他能够产生被接受的感觉。一旦他产生了这种感觉，他就进入了第二阶段。第二阶段可以说是一个开始“有所动”的阶段。其特点是：

· 开始能谈论一些与自己无涉的话题。比如，“我想，我不太相信我父亲在跟人做生意时会有不安全的感觉”。

· 能觉出有什么不对头，但要么以为问题与己无关，要么觉得自己对毛病没有责任。

· 描述感受时就像谈的不是自己的感受，或者就像谈一件过去了的事似的。例如当事人会这样说：“我那毛病嘛……就是，就是……非常沮丧呗。”他不说“我很沮丧”或者“我那时候很沮丧”，而是像说一件身外之事一样地说他自己的感受。

· 体验的方式还是受以前习以为常的方式的羁束。他似乎能察觉感受，但又不能实实在在地抓住它。

· 个人建构相当僵化，而且不自知它们是个人主观的观念，倒认为那是事实。例如，“我永远也没法做好一件事，甚至都不能完成它”。这里的“永远”“一件”就透露出看法后面有非常绝对而又刻板的建构，而且当事人几乎把这个看法当成了事实。

· 感受及其个人意义很笼统、模糊，自然也就显得简单。要么白，要么黑，高兴就是高兴，所有的高兴全都一个颜色。

· 矛盾也可能会有所表露，但难得意识到它的矛盾性。

较之第一阶段，第二阶段的个体要稍稍松动一点，僵硬度低一点，但罗杰斯谈及自己的经验说，第二阶段的人来寻求心理治疗的不少，但咨询成功率不高。

第三阶段：

假如第二阶段那稍稍有点松动、有点流动的情况能够继续而不受阻碍，而且当事人能够感觉到治疗师对他这个人是完全接受的话，那么他就会进一步释放和流露出其他一些东西。以下一些大体属于第三阶段的特点：

· 可以把自己当作一个对象，可以谈论自己而不感到别扭。例如，“我跟她在一起时，总是想表现得很完美——快乐、友善、聪明、会说话——因为我希望她爱我”。

· 还是像谈一件客观事物一样地谈论与自己有关的经验。如，“而且还有这样的事……哎，就是说，你自己到底对婚姻多开放，而且如果你的专业很要紧的话，你当时的情况就是这样，你的接触怎么能不受限制呢？”这里当事人还是在把自己当外人似的谈论，所以严格地说，它应该算在第二阶段和第三阶段之间。

· 还可以像对着镜子一般边看边谈论自己，当事人往往把周围的人当镜子。比如，“我能感到自己笑得甜甜的，就像我妈那样”。

· 大谈特谈过去的感受和经验，或它们对自己的意义。最突出的是谈过去。譬如，“有太多的事情，我从来也不能跟人说，我做的那些肮脏事儿，我（以前）觉得自己真是又贱又脏”，或者，“我记得那是我小时候常有的一种感觉”。

· 对自己的感受很排斥，大部分感受都显得很可耻、很低贱，无法接受。

· 感受会得到表露，有时在表露出来后也能识别出它们是感受。

· 容易把经验知觉成过去的，再不然就变成与己无关的。

· 个人建构仍然僵化，但有可能明白那是个人的观念性的东西，不再把它们当成事实。

· 对感受和意识都能够识认得清楚一些，精细一些，不再像上两个阶段那么含混笼统。

· 对经验中的矛盾之处有所识认。

· 常认为个人所做的抉择是无效的。这种人“选择”做某某事，然而他总是发觉自己并不在做所“选择”的事。

这个阶段最突出的特点就是把自己当成一个客体来对待。罗杰斯觉得，大多数初次来寻求治疗帮助的当事人就处在这个阶段，而且这个阶段在整个治疗过程里占的时间比较长。

第四阶段：

第四阶段是在前一阶段基础上平缓地推进，其中一些特征是：

· 当事人描述的感受更强烈、更生动，但要么仍谈的是过去的感受，要么把现在的感受当成一种客体来谈。后者的一个例子："觉得自己依赖性强这种感觉使我气馁，因为它意味着我不会有多大出息。"

· 偶尔有此时此地的感受表露出来，有时像是在违逆当事人的本意的情况下冲出来的。例如有位当事人谈到他的梦，说梦中有个过路人看到了他的"罪行"，这时他突然对治疗师说："呀！行啦，我不信任你！"

· 似乎想要体会当下的感受，但又怕真的会体验到当下的感受。就像小孩放爆竹，又想又怕。

· 对感受还不太能开放地接纳，然而还是会露出一点接纳的征兆。

· 体验活动受过去形成的"框子"的限制变少一些。

· 理解、解释经验的方式开始不那么僵化，开始对自己用来理解经验的个人建构有所认识，并对它们是否正确合理产生质疑。

· 伴随着想要更准确地使经验符号化，对感受、建构以及个人赋予事物的意义这些东西的认识更为明晰清楚（分化）。

· 对经验与自我之间的矛盾和不一致之处有所认识。例如，“我活得窝囊。我实在应该做得更好些……”

· 对问题有“自己负有责任”的感觉，虽然这种感觉常常动摇。

· 对密切的个人关系仍会视为危险，但愿意冒点险，尝试在较浅的程度上与人相交。

第四阶段在整个治疗过程中也是维持较长时间的，它和第三阶段一起，构成了治疗过程的主要部分。

第五阶段：

第五阶段的一些特征如下：

· 可以自由地表达当下的感受。例如：“我老是料想，或者说是准备着自己会遭到拒绝。我老是这样觉得……我猜，即使在你面前也有这种感觉……，好难说明白这个——因为在你面前我总想表现出最好的样子。”这里，当事人对他对治疗师的感觉，以及与治疗师的关系这些很不容易披露的情绪感受都有公开的表达。

· 对感受接近于能够完全地体验到。尽管对完整地体会感受还带着害怕和不信任，那些感受会“冒出来”或“渗出来”。例如：“（它）就那样跑出来，我都来不及弄清那是什么。（长长的停顿）……我试试看能不能抓住那种感觉……”又如：当事人正在谈一件别的事，突然他的表情变得很痛苦，好像被什么击中了似的。

· 治疗师：“怎么——是什么东西在你心里打了一下？”

当事人："我不知道，"（他哭起来）"我一定是撞到什么东西，我不想谈论的东西，或其他什么的。"这里，他的感受几乎不理他的压制，径自渗入知觉里去了。

· 对那些"冒出来"的感受，通常会感到惊惶，而不太会觉得高兴。

· 对自己的感受体验慢慢有了认同感，认可那是自己的感受，而且愿意和希望这样，愿意做"真实的我"。例如："事实是，我不是那个乖乖的，逆来顺受的家伙，尽管我总显出那个样儿。什么什么都叫我烦。我想骂人，还想自己在某些时候要自私一点；我不明白自己，不是那样为什么偏要装成那样。"

· 体验被松绑了，也不再遥不可及，但常在意识到体验之前有点迟疑。这是因为当事人的机体上发生的东西，还不能直接地诉诸主观感受。例如有个妇人说："我仍然还弄不明白这伤心，还有哭泣，是什么意思。我只知道当我逼近某种感觉时，我就感到伤心，想哭。它们帮我打破一堵墙——我自己筑的墙，然后，我才体会到那种感觉。"

· 理解加工经验的方式也大大松绑了，发现更多的个人建构，且对这些建构的合理性、正确性有更多的质疑。例如："我这个观念——觉得要去而且必须去取悦人家——简直成了我的生活哲学（他默默地流下泪来）。好像那是——你知道——是无须说明的，我必须讨好人家，非这样不可，没有选择余地。"这里，他已经很明白，这个生活哲学只是个个人建构。

而且他已经在质疑这个建构了。

· 出现一种强烈明白的倾向，想要清楚地区分各种感受和意义。一个明显的标志是，当事人努力地设法寻找最恰当的字眼来形容自己的感受。

· 对自身体验中的矛盾和不一致之处，越来越能够清醒地面对，不回避。

· 对所面对的问题越来越能够意识到自己的责任，想要弄明白自己怎样造成这些问题的。内在的沟通越来越没有障碍。

可以体会到，这一阶段的个体已经变得相当地有弹性，与第一阶段的情况判然有别。他和自己机体性的存在更贴近了，也更贴近了自己内心绵绵不断、变化万千的感受。他对自己的个人建构有了更多的自觉，且不断地检验它们。他内里的活动更自由、更清晰，其意识反映也更准确。

第六阶段：

第六阶段又与前面的阶段有许多不同：

· 那些原先被“卡住”的感受，受禁制而不能流动的感受，现在可以即刻体验到。

· 感受可以自自然然地流动，不受干扰地完全展现。

· 当下的体验都被接受。当事人平静地接受这些体验：呵，有什么什么（不会大惊小怪，不会拒绝，不会害怕）。

· 当事人有时就像是活在体验里，而不是在感受他的体验。

· 作为对象的自己逐渐消失。

· 经验活动具有真正的过程性的特点。

· 与这一过程性阶段相伴随的是生理上有一种松弛感。例如常常能见到眼眶湿润，流泪，叹气，肌肉放松，等等。

以上这几点可以看成相互关联的一簇特点，其核心是当事人的自我和他的感受不再是分开的，不再是自我在感受，在审视，而是自我与感受合为一体，他这个人就是感受，感受就是他自己。说这阶段具有过程性特点，是说在这阶段中有些时候（当然不可能是所有的时候）当事人会进入上面说的这个境界，他在主观意识里再也不把自己当作客体来观察，不再去体会自己的体验；而只有纯粹的主观性，纯粹的主观感受之流。过程性就是这个意思。这些听上去很玄，其实明白一个中国词就能明白它是怎么回事。这个词就是“忘我之境”。

· 当经验与自我的不一致向一致转化的时候，那不一致反而能被清楚地看到。

· 与此相关的个人建构在此体验的时刻消融了，当事人似乎感到捆绑自己的绳索一下被砍断了。

那完满体验的时刻（the moment of full experiencing）[1]从此就会成为一个清晰、确定的参照物。在那鲜明、强烈的体验时刻，感受中的样样东西都清清楚楚。但当事人当下里也许不曾留意。不过，这次体验由于其鲜明、强烈，会成为一个留下深刻印象的参照物。在必要时可以回到其中，去一再地体验，去发现更多的内涵。

1 即上文所说的对感受本身，感受与自我的不一致，有清楚体会的时刻。

第七阶段：

一旦治疗到达第六阶段，所取得的进步似乎是不可逆转的。而第七阶段对治疗条件（关注，接纳）的要求也不像早先那些阶段那么紧要：如果有当然好，即使没有，看来改变还会自动继续，当事人会继续前进。所以，第七阶段的变化有许多不是在治疗室内发生，而是在治疗时间之外、之后发生的。

· 治疗关系内外，新的感受都能被即时、鲜活、丰富详尽地体验到。

· 这些经验会被用作鲜明的参照物。

· 对这些不断变化的感受，日益能有一种“属己”的拥有感。

· 体验活动几乎达到了完全自由的状态，不受僵化的建构的束缚，而且进入了过程性的体验。

· 自我显得就只是对经验的主观性的、映照性的觉知，对经验没有任何歪曲性的加工。自我是唯一被观照的客体的时候越来越少，而更多地被觉得就是过程中的某个东西。

· 试着对个人建构进行改造，以使其能正确有效地处理此后的经验。即使如此，对建构所持的态度也大大松动了。

· 内在的沟通非常清晰，感受和表达感受的符号之间颇能相符，同时也产生一些新鲜的说法以解释新的感受。

· 有这样一种体验：自己所选择的新的存在方式（the new ways of being）是有效的。因为经验的全部，它的所有成分，都能不加歪曲地进入意识，以此为基础做出决策，所以决策自然就较为真实有效。

总之，达到第七阶段的个体虽然不多，但这是一种更高的人生境界。以笔者所见，如果跳出罗杰斯的术语体系，用较为通俗一点的语言来形容，这是一个更为自觉、自然、自由的人生境界。当事人能够对自己的感受、经验、自我及其建构，以及所有他的主观的东西，敏于觉知，明于意识，是为自觉；接受经验，关爱它们，不刻意照某个样子去生存，一切顺应本性之势，是为自然；而达到自觉自然的境界者，他对什么都看明白了，看透彻了，他在做出任何决策的时候，确有一种“万物皆备于我”的体验，尽管他在客观上还是受制于环境，但他在认识上，随之还有感受上，却是彻底地解放了，自由了。

也许听听罗杰斯的当事人对治疗过程的体会要比读罗杰斯的概括要轻松一点。这里录一段，以助读者体会当事人在治疗过程中有怎样的心路历程。以下是一个男士谈的感受：

> 这儿的治疗，说起来也就是坐下来，谈谈话。说些像“这就是在烦我的那东西”之类的，然后就围着它打转儿。这当中情绪的响声越来越大，直到挤出来逼出来点什么，“那东西”一下没了——事情看上去不一样了。可即使到那时候，我也说不清楚到底发生了啥。我无非是把什么东西掏出来，使劲地抖呀翻呀，然后等我把它放回去的时候，就感觉好多了。我有点丧气，因为我想确切地知道正在发生的事情是什么……这一切有点滑稽，因为我觉得我啥也没做——我

所积极主动去做的就一件：警醒一点，当有个念头经过时抓住它……再就是还有种感觉："好吧，既然我已经看清它了，我该做点什么？"那上面又没个把儿呀柄儿呀什么的，你可以操纵它。就只是拿它来谈一会儿，然后放它走。而且显然能做的也就这么多了。就是这使我感到有点不痛快，像是我没把什么做好做完似的——事情是做好做完了，可是不是用我的知识或者本事去完成的……问题在于我不放心（我的问题的）调适的质量如何，因为我没有看清楚，检查一番……；所有我能做的，就是观察那些事实——我看问题与以前有些不同了，我不怎么焦虑了，以及——用个长镜头来看的话——比以前积极了许多。事情要从总体上看，我对整个这件事的进行还是感到很高兴。只是感到自己有点像是个旁观者。（过了一会儿后，这位当事人又补充了几句）不过，如果我的意识部分只关注事实，让对事实的分析自己发生，不去理会它，我就干得最棒。（Rogers, 1961, pp. 151–152）

治疗结果

其实在上一节“治疗过程”中我们所见到的当事人的转变，尤其后几个阶段的转变情况，已经对以人为中心的治疗结果做了描述。如罗杰斯所见，心理治疗的过程和结果之间本不易找出一条清晰的分界线（Rogers, 1959, p. 218）。所以本节内容不免与上节有些重复。

罗杰斯在《当事人中心体系关于心理治疗、人格和人际关系的理论》（Rogers, 1959）一文中，一共列出了15条心理治疗的结果。它们都以人格和行为方面的改变为描述框架。不过罗杰斯当时在概括以当事人为中心治疗的结果时，要求概念和观点的陈述客观，要可以进行操作性定义，以便其他研究者能对他的理论进行实证检验。这样，这些陈述在非专业人士以及兴趣不在实证研究方面的临床和理论工作者读来，就会感到枯燥和琐碎。所以以下我们做介绍时就以罗杰斯的这15条为基准，结合他在其他许多篇章对同一内容的阐述，重新做一个概括性的描述。当事人在以人为中心治疗中发生的改变可归纳为五条。

1. 对经验、感受较为开放。当事人改变的一个主要方面是对待经验，包括来自感官、内脏器官，乃至没有明确来源的感受、体验、直觉等等的反应方式发生了改变。变得较为开放，较为坦然，不排拒，不曲解。与此相关的一个收获是防卫性减少或降低。按照以前所述，防卫是造成个体不能对经验开放的原因，所以对经验的开放同时也是防卫性下降的一个标志。这二者本是一回事。在当事人个人感觉到的变化上，他会觉得他比以前能更多更丰富地感受自己内心复杂微妙的活动；更有敏感性；心有所感，意识便有所显；他看待事物的态度也有了很大变化。如罗杰斯所说："他对目前存在于周围的事物更能知觉，而不只是以人家的看法或自己从前的看法去看待事物。他会发现，树不见得都是绿的，男人不见得都像刻板无情的神父，并非所有女人都拒人于千里之外，并非任何失败都是自己糊涂愚蠢……"（Rogers, 1961, p. 115）

2. 自我结构变得能与其经验相协调，并能够不断变化以便同化新的经验。首先是当事人的自我结构中那些内投的东西，那些价值条件，因为与经验的矛盾而引起审视，而动摇，而被改造……继而在表现上，当事人扔掉面具，不以角色为盾牌，愿意以真自我面对人，亦面对自己。这样，他的自我就没有那么多"必须""应该""一定是"之类的建构。由于自我不再像以前那样刚硬难变，不通情理，经验就显得不像以前那样有威胁性，因而也就容易被意识所反映。换句话说，这时的当事人变得灵敏，他内部的声音能够清楚地被他听到，他接受它们，认它们为自己的一部分，他亦愿意生活在体验之中。

3. 评价点由外变内（an internal locus of evaluation）。他变得越来越感到他对经验的评价是立足于自身，是用自己的心、自己的眼去看待一切，而不再寻求他人的赞同或否认，不再依赖他人提出的生活准则，不再依赖他人来帮助自己做出决定或选择。总之，他这时能感到是自己在活着，自己对自己负责，完全真诚地对待自己。

4. 信任机体，信任自身机体的官能。他越来越信任自己的身体自发的反应，相信机体告诉自己的东西具有指引自己抉择的价值。他更充分地利用机体评价过程而不是价值条件来评价经验。“他们越来越深刻地发现自己机体的可靠性，认为它是一个最好不过的工具，因为它能够在任何新的环境下找到最恰当的行为方式。”（Rogers, 1961, p. 118）虽然机体给出的信息也可能出错，但由于人对经验的开放，一旦出错即可知道，并迅速修正。他不再害怕自己的情感反应，他能够信任、欣赏自己源于机体的丰富情感。良心不再是一个铁面无情的监察官，而能够与机体感受和睦相处。

5. 愿意成为一个变化的过程，而不是追求达到一种理想、满意然而固定不变的状况。例如，他不再像开始咨询时那样寻找“提高工作效率”“跟同事相处得好”“婚姻十分美满”之类固定的目标。他愿意生命像流水，愿意体验这种此时此刻正进行的流动、变化，承认生命的意义存于这流动过程之中，而不是为了一个“目的地”而生活。

五

两个心灵的协奏——治疗关系

心理治疗界几乎一致认为，对治疗关系的研究和发现，是罗杰斯对当代心理治疗最重要的贡献。在罗杰斯之后，人们对治疗关系的价值、作用的认识，对处理治疗关系的态度，都发生了革命性的改变。

就罗杰斯自己来说，在他的所有建树和发现中，他最宝爱、最推重、最乐于向人说道的部分也是治疗关系或——如他后期较多用的叫法——人际关系。虽然我们在前一章已经把罗杰斯关于治疗关系要素的发现——同感理解、真诚和无条件积极关注等几条——做了介绍，但对治疗中的关系是如何建立，如何发展的，罗杰斯自己在治疗式会谈中又是怎样做的，我们还得做些介绍。这对纯粹从理论角度对罗杰斯感兴趣的人也许价值不大，但对学习和研究以人为中心心理治疗的人来说却价值不菲。

治疗关系的发现及其特点

从“指导”到“非指导”

罗杰斯对治疗关系的认识经历了一个相当长的发展过程。大体上可以分为从“指导”到“非指导”，以及从“非指导”到“关系”这样两个阶段。“非指导治疗”的正式出现应以1942年《咨询和心理治疗》出版为标志。在此之前即是从“指导”到“非指导”的探索发展时期，大致从罗杰斯在罗切斯特后期到俄亥俄州立大学头两年这几年间。

1940年以前，美国的心理咨询和心理治疗领域占主导地位的大体是两支力量，一是弗洛伊德所开创的心理分析治疗，它几乎垄断了精神医学领域的治疗实践；另一支是由所谓“指导运动”[1]逐渐发展起来的“指导”和“咨询”（guidence or counseling），1940年前后，这一支的学术重镇在明尼苏达大学。指导运动的传统领域是学校、社区等非医疗机构。尽管这两支力量在当时还没有多么密切的联系，但就罗杰斯在罗切斯特所做工作及它可能发生的

1 参见第一章“85年人生之旅”注释。

专业联系而言，罗杰斯对这两方面的事情应该都有所了解。在罗杰斯看来，尽管弗洛伊德体系和明尼苏达大学“指导学派”的体系在诸多方面相去甚远，但它们在治疗或咨询上有一个共同点，那就是“指导”。这两者都可以说是“指导取向的”（directive orientation）。例如它们都有这样一些特点：（1）治疗过程由治疗师主导。由治疗师告诉当事人什么对什么不对，做什么不做什么。（2）治疗师对治疗效果负责。他诊断，他解释，他分析，他指示，连带着他也自然而然地负起了改变的责任。（3）治疗框架隐含的假定是，当事人是软弱无力、不能自我指导的（Rogers, 1989e, pp. 82–86）。由于这几个特点，这种指导取向的治疗就往往会有另一个特点，即在治疗的着眼点上，把理智过程如知觉、解释、理解等放在较为突出的位置。

罗杰斯说，他在自己长期的治疗实践和自己的摸索过程中，也曾经试图从理智方面去努力帮助当事人改变，也试图去解释、说明、分析，因为这些做法显得合情合理，又直截了当。但是，罗杰斯说，他发觉，尽管他做得很努力，但收效几乎没有。他终于领悟到，你虽然有可能对一个当事人解释、说明他是怎么回事，为他制定好前进的方向和目标，或者告诉他很多知识，训练他学习更好的生活方式，但这些方法充其量只是造成一些暂时的转变，要不了多久，所有的进步就都烟消云散了。更要命的是，有过这样的经验之后，当事人会更加相信自己是个无可救药的人（Rogers, 1967, p. 33）。正是在这样的经验中，罗杰斯慢慢探索出一套带有他个人特点的治疗方式：把接受治疗、探索自己、取得治疗进步的责任交还给当事人，承认治疗师不是全知全能的，他对当事人没有现成的答案，鼓励情感、体验的表露，重视治疗师的态度，重视营造出一种有利于当事人表露情感和体验的气氛，等等（Rogers, 1942, p. 30）。而这些做法和态度的后面，有一个更基本的关于人性的断定：人有自我指导的能力。由于这些理念和实践都是针对着指导性的治疗而来的，所以后来很自然就把它们称作“非指导治疗”（Nondirective Therapy）。可以说，这时候罗杰斯已隐约悟出治疗师与当事人之间的关系是影响治疗成效的一个重要因素。但是，对关系的重要性的认识还没有达到后来的程度，对它的功能或它之所以重要的原因的认识也还不很清楚，更谈不上自觉地对关系进行研究了。这从他把名称叫“非指导治疗”而不叫“关系治疗”可见一斑。

从“非指导”到“关系”

“非指导的治疗”这一提法维持时间较短，不多久就渐渐改称为“以当事人为中心的治疗”，后一称呼的正式使用则出现在1951年的《当事人中心疗法》。可以说，这本书的出版标志着罗杰斯对治疗关系的作用和价值的认识的一个飞跃。书中有两章共一百余页讨论治疗师的态度和取向，以及当事人对治疗关系的体验。应该说此时罗杰斯已经相当清楚地意识到治疗关系的治疗功能了。从这本书所阐述的关系要件来看（Rogers, 1951），后来的真诚、同感和积极关注的大致轮廓已经出现（对同感理解的强调稍微弱一些），但显然还缺少实证研究，并且没有达到1957年写《治疗性人格改变的充分必要条件》的认识水平。

从1951年的《当事人中心疗法》到1959年《当事人中心体系关于心理治疗、人格和人际关系的理论》，这段时间在以人为中心理论体系的发展历程中是一个非常关键的时期。在这个时期当事人中心理论得以系统化并打磨完善。这么说的理由有二。一是比较《当事人中心疗法》中的最后一章《一种人格和行为的理论》和《当事人中心体系关于心理治疗、人格和人际关系的理论》这两篇主题相同的文章，可以发现，罗杰斯后来所陈述的一些主要观点，在1951年文章中大多已经有或明确或模糊的表达，但是1951年文章的完整程度、逻辑的严密性都不如1959年的文章，且有些主题如上面提及的关系理论在内容上还有较大距离。理由之二是从1960年以后，尽管罗杰斯在很多领域有大量发言，但基本思想，尤其是人格理论，再没有大的改变（凯恩，2012）。

虽然1957年的《治疗性人格改变的充分必要条件》一文达到了对治疗关系尤其是它的治疗功能的认识的接近完成的形式，但罗杰斯对人类关系的探索并没有停止。后来的工作主要表现在这样两方面：一是把关系理论整合到他的整个人格理论中去，成为以人为中心体系的一个有机组成部分。这项工作在1959年的《当事人中心体系关于心理治疗、人格和人际关系的理论》中可以说是完成了。二是实现罗杰斯长期以来一个非常强烈的主张，认为治疗关系只是一般人际关系的一个例证，所有的人际关系都服从同样的法则。笔者个人觉得，罗杰斯从大学的研究环境中出来以后的主要兴趣就是人际关系，他一生中后25年的主要贡献，也在人类各种人际关系的阐释和实践方面。

助人关系的特征

首先一个问题，什么样的关系是助人关系？助人关系的本质特征到底是什么？罗杰斯认为，是助人成长。他说："我用'助人关系'这个术语是指，在关系的两方中，至少有一方存有下述意图：想促进另一方的成长、发展、成熟，想改善对方的能力发挥状况，以及他应对生活的能力。……换个说法，可以给助人关系这样定义：此关系中有一方意图使另一方或双方都变得更能体验、欣赏，更能表露，更能发挥各个人内在的潜能。"（Rogers, 1961, p. 40）

人类社会中有许多关系具有助人关系的特征：父母与孩子的关系，医生与病人的关系，教师与学生的关系，等等。当然这只是说在上述社会性角色关系框架内，比较容易出现有成长功能的助人关系。当然也有医生、教师甚至家长有意或无意地不愿意帮助他们的帮助对象成长。尤有甚者，由于他们的问题，还实际上阻碍了另一方的成长。

仅仅确认了助人关系是助人成长的关系是不够的，人们更想知道的是，在双方关系架构下，是哪些成分和哪些因素才使得关系具有助人成长的功能呢？罗杰斯对此做了相当深入的思考。而他据以概括出结论的材料，则包括个人的临床经验以及不同研究者的研究[1]。他的结论是，决定一个关系是否具帮助性的因素可以从两方面做出描述：其一是助人者自身的态度，其二是被帮助者对于关系的感受或体验（Rogers, 1961, p. 50）。具体一点说，前者（态度）主要就是上一章所介绍的真诚、无条件积极关注和同感理解这几项，后者则是指治疗师或者助人者的上述态度要被被帮助者知觉到（更准确地说应该是体验感受到）。罗杰斯断言，所有的助人关系中，决定此一关系是否真正具有助人成长功能的，就是这看来平淡无奇的几条。

1　罗杰斯引述了好多个不同的研究，例如态度领域的一些研究，治疗效果的归因研究，实验性关系（人为制造的关系）的研究，以及他的同事直接在当事人为中心理论架构内所设计的研究（Rogers, 1961, pp. 41–49）。

治疗室里的罗杰斯

态度与技术

后来学习以人为中心治疗的人经常有一个误解，以为既然以人为中心治疗的关键在于在治疗关系中提供以上几条“核心条件”，那么，治疗师在治疗中主要就应该在谈话方式、语气、表情等等方面做到训练有素，掌握熟练的谈话技术，知道如何表达“真诚”，如何表示“同感”，了解怎样做才能让当事人感到“无条件积极关注”。20世纪60年代后期以来，的确有一个比较强的倾向，以纯技术的观点来对待以人为中心的治疗。这表现在大量标榜以人为中心路向的教材、训练计划的出现上。许多培训计划专注于程序性的技术训练，开发某种对会谈技术进行评价的工具，而对治疗师个人的人格、素养和态度等，采取淡化处理。

这种倾向在罗杰斯看来是舍本逐末！

我们有一个极好的例子。在罗杰斯流派的治疗中，经常被提起、被训练、被运用的一项谈话技术是所谓“情感反映”（reflection of feelings；其实这个术语译作“感受反映”更贴切），罗杰斯在晚年写了一篇文章，叫作《感受反映与移情》（Rogers, 1986b）。这篇文章的确是谈他对这项“技术”的意见的，但在文章的开头，罗杰斯借题发挥写了一段话，可以看出他对把以人为中心治疗纯技术化的反感：

> 尽管我对用这个术语[1]来描述治疗师的一种特定反应也负有部分责任，在过去的这些年里，我越来越不喜欢它。主要原因是“情感反映”几乎总是被当作一项技术来教授，有些时候还教得呆板至极：以写出来的当事人的表述为基础，要求学员拟出“正确的”感受反映——还有更糟糕的，让学员在多项选择中选出那个“正确的”感受反映。这样的训练对有效的治疗关系毫无裨益，所以我越来越讨厌用这个术语。（Rogers, 1986b）

与“技术至上”相反，罗杰斯（及其嫡派传人）提倡的是“态度至上”。他们认为，核心的治疗条件之得以建立，真正具有帮助效力的治疗关系得以形成，不在于治疗师有意识有技巧地做了什么，而是在于治疗师对待当事人的态度是什么。在会谈过程中，治疗师不应是关注自己的技术性表演、运用是否得当，而是应把注意力集中在真诚地倾听、感受，并且如实地传达自己所得的感受上。

1　指“reflection of feelings”。

倾听，倾听，倾听

的确，翻遍了罗杰斯的著作也找不到他的治疗技术或者会谈技术。罗杰斯非常反对把心理治疗变成一种程序化的作业。他觉得，每一次会谈、每一个当事人都是独特的，心理治疗是一种非常个人化、非常主观的经验。一旦程序化，它就成了僵死的东西。但是罗杰斯大量地谈到了会谈和治疗的过程，谈到了在会谈过程中他的主观体验；而且，罗杰斯发表了许多会谈实录，更制作了好多部影片和录像，以记录他的会谈实况。从这些珍贵的材料中，我们可以总结出许多有价值的东西。也许可以称它们为罗杰斯的治疗风格。

如果要问罗杰斯治疗风格的主要特点是什么，笔者的见解是：努力地、全身心地去倾听和理解。要较好地了解这个特点，最好是与心理动力学派的治疗比照着来看。让我们设想一位传统的心理动力学派治疗师。他坐在当事人身后，指导当事人谈什么，让当事人自由联想，认真地倾听着当事人所说的东西。他也很投入，但在他做着这一切的时候，他的注意力并不是集中在当事人当时当刻的感受上，甚至也不在当事人身上，而是集中在观察—假设—收集证据—验证假设—下判断—给予分析解释等等活动上面。就像有人形容的，他像一个侦探一样在搜索、理解当事人的无意识。罗杰斯的治疗则非常不同。在整个会谈过程中，他的注意焦点并不在精神分析师聚焦的那些工作上，他所全力以赴的，是努力体会、感受当事人的体会和感受，是努力进入当事人的主观世界，跟当事人一起在这个世界里做探索性的旅行。因此罗杰斯的工作主要是倾听、体认，是理解当事人用眼神、声调、表情以及语言所表达的内部信息。回到前述罗杰斯关于“情感反映”的态度，针对人们以为感受反映为一项技术，强调要把当事人的感受像镜子一样“反映”给当事人看这样一种见解，罗杰斯说：“我并不设法去‘反映感受’，我所努力去做的是确定我对当事人内部世界的理解是否正确——是否我之所见与他在当下的所感是一样的。”（Rogers, 1989b）也就是说，罗杰斯的注意力根本就不在我们通常会想到的那些“治疗性”的工作上面，而是放在准确了解当事人的内部世界上。

“我怎样创造出一种有帮助作用的关系”

罗杰斯在1958年应美国人事与指导协会[1]之邀，在该协会的年会上做了一个演讲，题为《助人关系的特征》，这篇讲演最初发表在《人事与指导杂志》上（Rogers, 1958），后来被他收进了《论成为一个人》。这篇文章对了解罗杰斯关于如何建设一种有治疗作用的关系的看法很有价值，因为罗杰斯在文章中用了很长的篇幅来谈这样一个问题：怎样才能创造出一种真正的有帮助作用的关系。他用了他喜爱的一种表达方式——像谈个人体会一样地行文——来谈这个问题。以下以摘录的方式对这一很有价值的个人体会做一个介绍。罗杰斯的体会共有十点（Rogers, 1958）：

1 就是现在的“美国咨询协会”（American Counseling Asociation, 简称ACA）。

/我能否做到让对方觉得我是值得信任、可靠，以及在某种深刻的意义上是表里一致的？/

罗杰斯觉得，一个人要觉得另一个人可靠可信，那个人必须是表里一致的。即他内里的体验与他自己意识中的反映是一样的，这个人应该“是其真我”（Be whatever he deeply is）。

与此有密切关系的一个问题是：/我是否有足够的表达能力，使我能将自己不含混地传达给对方？/

罗杰斯的体会是，当一个助人关系不成功时，多半是以上两点出了问题。譬如，当你实际上正对对方产生厌烦，但你又没有意识到你的厌烦，这时往往你说的话在传达一种信息，而你的厌烦又会借别的渠道透露给对方——虽然你自己并没有察觉。这样，当事人就会收到令他迷乱的矛盾信息，这使他失去对你的信任。要克服这种情况，关键在于你要对自己的感受有敏感性，而且能够接纳自己的任何感受。罗杰斯明白，这实际上是对治疗师的一个挑战，是不易做到的。他把这看成是治疗师自己对自己取一种治疗态度。

第三个问题是：/我能否让自己体验到一种对别人的积极态度，即温暖、关心、喜爱、感兴趣以及尊重的态度？/

这是个很有趣的问题，乍一看，这个要求不难做到，但实际上，很多人甚至是大多数人不易对人有自然而然的亲近感。人们似乎更愿意在与人交往时保持一定的距离。罗杰斯觉得这是因为我们下意识地感到太密切的关系对自己有一种威胁。不管怎么说吧，这一积极的态度也不是容易具备的，也需要学习，需要从尝试中获得一些鼓励才能慢慢做到。

/我是否有足够的力量，使自己可以和对方分开来？/

罗杰斯这里是强调治疗师要有独立性。作为一位治疗师，你是否能够在尊重当事人的感觉和需求时，也坚定地尊重自己的感觉和需求？在必要时，你是否能拥有而且表达你自己的感觉，认这种感觉独属自己而和他的感觉有别？你是否能够屹立于自己的独特性，不致被他人的沮丧所扳倒，被他人的恐惧吓倒，或被他人的依赖吞没？……只有当我可以自由地体验到自己是一个有别于人的独特的个体时，我才感到我可以让自己更深入地进入到对对方的理解、接纳中去，而不再害怕失去自己。

下一个问题与上一个关系也很密切：/我是否自己有安全感，从而能够允许对方拥有他自己的独特性？/

这一点的意思是，让当事人拥有自主自决权，拥有做他自己的权利——诚实或者欺骗，幼稚或者成熟，软弱或者自信，他可以是他，而不必非得听你的，依赖于你。罗杰斯引用法森（Farson）[1]的研究。后者发现，愈是适应不良、不能胜任治疗工作的辅导者，愈是倾向于诱使当事人附和他，或学他的样。相反，有效的辅导者能够允许和鼓励当事人自由自主，尊重当事人人格的独特性。

/我能允许自己完全进入他的感受和个人意义的世界里去并且像他一样地看这些感受和意义吗？/

1　罗杰斯的学生之一，后在加州创立西部行为研究所，参见第一章。

显然这就是前面一再说到的同感理解问题。罗杰斯谈自己的经验说，在面对一位当事人时，他能做得比较好；但面对一班学生或者面对一帮同事时，他就常禁不住要“纠正”他们，“指点”他们。他说：“当我和当事人在进行心理治疗时，给我留下深刻印象的是：哪怕只有一点点同感理解—— 一点踉踉跄跄、抓不太准的尝试，想抓住当事人杂乱感受的含意——也会对他有帮助。当然，如果我能看懂并且能清楚地说出他自己觉得纠缠不清的意义，那无疑最有帮助。”

/我能不能接纳当事人向我呈现出来的每一个面相（aspects）？/

此即无条件的积极关注的另一种表达。罗杰斯谈自己的体会说，有时候他发觉自己不能做到无条件接纳当事人，事后做反省时，通常发现自己之所以不能接纳当事人，乃是因为当事人的某个方面引起了自己的敏感，自己身上有某种东西被激发出来，它威胁着自己，令自己感到害怕。因此，要想对当事人有帮助，自己得不断成长，得接纳自己身上的那些部分。

再一个非常实际的问题：/在这种关系中，我是否较为敏感，留意我的举动不致使对方感到受威胁？/

罗杰斯认为，治疗师若是在态度、举止乃至言谈上有不妥，令当事人感到不安，就谈不上让他放松地去面对自己的内部世界，去进行内在的探索和体验。

属于上一问题的一个特别方面且同时也是非常重要的一个问题是：/我能不能帮他解除外在评价的威胁？/

所谓外在评价就是来自别人的评价。罗杰斯知道，我们每一个人包括他自己，都终其一生在受到外在评价的控制和支配，不同只在各人所受支配的多寡上。“很好”“真淘气”“甲等”“不及格”等等，都是控制人的有效手段。罗杰斯认为，这手段对于控制者来说或许是好东西，但对个人成长而言，有害无益。即使正面的积极评价，其结果并不比负面评价好一丝一毫。因为它们的最终效果都是让受控制者把怎么做自己，怎么做人的权利交给外在力量。

所以在会谈中，治疗师要维持一种无评判的双方关系，这样才能让当事人慢慢意识到评价的定位在他内部，他才是他自己的裁判。这样才能促使他变成一个自负其责的人。

最后一个问题：我能否视对方为一个正在“形成”（becoming）过程之中的人，抑或我宁愿受他的过去还有我的过去的束缚？

此指视当事人为一个有无限潜在的可能性，可以改变，并且具有自生发展能力的人；而不是被某个角色、某个标签固定化了的人，如不懂事的孩子、神经症病人、体育教师、推销员等等。罗杰斯发感慨说，人也真是怪，你把他当操作性条件作用的被试对待，他就会服从条件作用的支配，你把他当一个自由自主、有内在的发展力量的对象来对待，他便是有灵有性的独特的个体。至于他自己，当然选择用后一种方式来对待当事人了！这意味着不是按自己的喜好来对待当事人，不要让当事人受治疗师的喜好的束缚。

简——一个会谈实例

笔者觉得有必要介绍一个罗杰斯的会谈实例，以便使读者对罗杰斯的会谈风格有一点感性认识。对于学习以人为中心治疗的人士而言，研究会谈实例就更有价值了。但笔者在选择会谈案例时有些犯难，不知选择早期那些精心准备的个案好呢还是选较晚近的好。罗杰斯后期的会谈案例大多不是早年那种长程治疗的个案，不少是他在以人为中心教学工作坊的现场示范。笔者最后还是决定选他在1986年发表的一个案例，因为这个案例有几个特点适合本书的需要。一是这次会谈是一个示例性质的，是在一个工作坊的会谈演示；二是它相对来说较为完整，因为那次会谈就只有一次，而不是长程治疗中选出的一次；三是仅仅这一次会谈，当事人也有明显的改变，这是很难得的；最后一点是这个会谈中有罗杰斯本人做的分析和评论，这些分析和评论对于想深入研究以人为中心治疗会谈过程的人，例如心理治疗的学习者来说，具有莫大的价值。至于笔者担心的这次会谈能否反映罗杰斯会谈的一般风格，有罗杰斯的门生说，从20世纪60年代的会谈和这次会谈的比较看，罗杰斯不仅在理论观点上没有什么改变，连他处理治疗关系的方式也没有什么变化（Bozarth, 1990）。案例选自一本叫作《心理治疗师的案例手记》的书（Kutash and Wolf, 1986），因原文较长，故将其中介绍以人为中心治疗基础理论的前一部分略去，只将案例介绍部分原文译出。

简——以及改变过程

偶尔有这样的事：在治疗师和当事人那变化多样的关系中所进行的治疗，其好多方面透过一次会谈就能得到说明。我和简就做过这样一次会谈。这是一次为时半小时的演示性治疗谈话，是在南非约翰内斯堡举办的一个工作坊，当着600名参加者公开进行的。

有好几个人志愿充任受助者，第二天上午快要开始会谈前不多久，我的同事露丝·桑芙告诉简，她挑选她做受助者。

简和我面对面地就座，这样听众就可以看到我们交流的一个侧景。我们调整一下，坐得舒服些，试了试话筒。然后我说我需要静一小会儿，让自己收收神，集中心思。我补充说她最好也利用那时间静下来，她点头表示她会那样做。我用这一会儿时间去忘掉技术方面的事，集中精神，做好准备，接纳简将要表达的任何东西。

从这里开始，引用的材料均取自谈话录音。以下所摘录的内容包括了主题和要点。略去的材料包括对某几个主题的引申谈论，或追问某个遗漏问题。

我相信，读者要是先把谈话完整地看一遍，只读简和我的话，跳过穿插其间的对进程的评论，这样会很有用。然后在读第二遍时再一节一节地来，琢磨对每一节的评论。

卡尔：行了，我准备好了。既然我们已经打过招呼，有点熟了，我不知道接下来你想要同我谈点什么。不过，不管你打算说什么，我都准备好了听你说。（停顿）

简：我有两个问题。头一个是对婚姻和孩子感到害怕。另一个是年纪，年纪越来越大。很难认真想想将来，我发觉好害怕去想将来的事。

卡尔：那是你的两个主要问题。你愿意先谈哪一个呢？

简：我认为眼下较急的是年纪问题。我想从它开始。如果你能在那上头帮帮我，我会非常感激。

卡尔：你能多告诉我一点关于害怕年纪变大的事吗？当你越来越大……怎样？

简：我觉得自己陷入了一种令人恐慌的情境。我已经35岁了，再过5年就40岁了。很难说明白为什么，我就是翻来覆去地想着这件事。我想要逃开，不想这事。

卡尔：那事太叫人害怕了，所以你真的——它真的使你开始恐慌。

简：是呀，而且它影响到我做人的自信。（卡尔：唔——唔。）这个问题是过去一年半——哦不，两年的事。那时我突然意识到：天哪，怎么啥都让我赶上了？我怎么会有这种感觉呢？

卡尔：直到过去一年半以来你才有那种感觉。（停顿）那当儿有没有什么特别的事，像是年纪引发这些的？

我初始所表现出反应有两个用意：我想给她制造一种完全安全的气氛以便她表达自己，所以我去识认她的感受，并且问一些一般性的、不带威胁性的问题。我的另一个用意是要摒除任何会指定一个方向，或者暗示着任何判断的东西。这样，谈话的方向就完全随她来定。

简从陈述她的问题到开始体验她正感到的恐慌，已经有所前进。她的态度很清楚：帮助（如果有的话）将来自我这里。

简：我想不起有什么特别的事，真的。哦，我妈妈是53岁时去世的，（卡尔：唔——唔。）她很年轻，在好多方面都很棒。我想没准这事有点儿关系？我不知道。

卡尔：你有点觉得，如果你妈妈那么年轻就去世了，或许你也有那种可能性。（停顿）而且现在看起来时间似乎太短了。

简：对！

简已经安定下来了，她正在利用关系中的安全感来探索她自己的体验。在不自觉的情况下，她的无意识的智慧推动她去思考她妈妈的死。

我的反应显出我在她的内部世界里感到很放松、自然，而且我走得比她所陈述的稍稍靠前一点。我对她的内部世界的感知由她说“对！”而得到确认。假如她说的是“不，不是那回事”，我就会立刻丢下我形成的意象，尝试去找出她的话的本意。在我力图去理解的时候，改变自己的反应在我是很容易的。

简：当我看我妈妈的一生——她那么有天分，而她却那么不幸，到头来成了个苦命女人。这世界欠她太多了。我可一点不想自己的一辈子像她那样。而且到现在，我还没像她那样。到现在为止，我的生活一直很充实：有时很快活，也有时很沮丧；我学到了好多东西，又还有好多东西要学。可是——我确实感到，我妈妈的遭遇正在我身上重演。

卡尔：因此这一直使你感到恐惧。你的部分恐惧是：“看看我妈妈的遭遇吧，我是不是正在走她走过的路呢？（简：是这样。）我也会一样的了无结果吗？”

简：（长停顿）你想再问我些问题吗？我想那会使你从我这里得到多一些资料。我简直不能够——心里头乱七八糟的事情在转，（卡尔：唔——唔。）像走马灯似的乱转。

卡尔：你心里一桩桩事情团团转，转得那样快，你简直不晓得在哪里（简：从哪里说起。）停住好。你愿不愿意再谈谈你和你妈妈的一生的关系，你对那个的恐惧，或者什么的？

当事人长时间的停顿往往是有收获的。我怀着兴趣等着看接着有什么。

首先出现的是一个清晰的迹象：在她心里，我是权威，我是医生。她将会按我的想法去做，配合我。

在我这方面，我没有在言语上明白拒绝按照医学的传统模式，做全知全能的医生。我只是在行动上不像一个权威那样行事。我只是向她表明，我理解她的茫然无头绪的感觉，留给她一个不太具体、不太特别的引导。

有趣的是她插进来接住我的后半句话，这表明在她的感觉上她认识到我们正在一起探索——在桌子的同一边，而不是像通常那样，医生在一边，“病人”在另一边。

简：年岁越大，我对婚姻这件事的那种感觉越强。这两者是不是有什么关系？我不知道。不过害怕结婚，怕被套在婚姻的义务里头，还有孩子……我觉得太可怕太可怕了。而这种感觉年岁越大越厉害——

卡尔：这是一种对婚姻的义务和责任的恐惧，以及害怕有孩子的感觉，对不？所有这些似乎越逼越近，恐惧也越变越大。

简：是呀。我并不害怕义务和责任，比如，当涉及工作、友谊，要做什么事情的话，我不感到害怕。可是婚姻对我来说太——

卡尔：因此你并不是个不负责任的人，或者诸如此类的。（简：当然，绝对不是。）你对工作、对朋友都很负责的。只是一想到缔结婚姻——就感到像下地狱一样可怕。

长停顿引起简开始袒露，并开始探索她对婚姻的害怕。

当事人“越来越多地识认、区分他的感受的对象和他的知觉，包括……他的自我，他的体验，以及这两者之间的关系”（Rogers, 1959, p. 216）。当简认识到她的恐惧不是对所有的责任，只是对一特殊的责任的恐惧时，简的表现正好说明了我上面的那个论断。

我们现在无疑地成了伙伴，一起探索、了解她的自我，她的深藏于内的自我。我们对彼此说的话心领神会。

简：（于长长的沉默之后）你想要我说话吗？

卡尔：我要是能帮你把脑子里的那些事情理出点头绪来就好了。

简：唔，（停顿）我真的没料到今天会点上我，要不然我会拟出个单子的！（停顿）我的问题会——你知道，我爱好的是艺术。我非常喜爱音乐和舞蹈。我真想能够把别的都丢开，完全献身于音乐和舞蹈。可不幸的是，今天我们所生活的这个社会强迫人按照一套社会标准来工作来生活。我爱音乐舞蹈有什么错？我就是喜欢它，这是我真心想从事的事儿。可是我怎么做？要不是这事，就是我刚刚说的——年龄越来越大——我一准儿回头去重新来。

卡尔：所以你要我明白的是，你的确对生活有所追求，你有自己真心想做的事——（简：太对了。）献身于音乐、艺术，但是你觉得社会不让你这么做。但是你的确希望抛开别的一切，专心一意地集中在音乐爱好上。

简：对。

当简极力想要知道该往哪个方向去探索自己时，她力图把责任交给我。我只是表达了我的真实感受。

她接下来的表述是一个非常有力的证明，表明让当事人在会谈中起主导作用有很大优点。头一次长停顿导致她开始探索婚姻问题，这一次则导致她谈起她的自我意象中的一个令人惊讶的积极方面。比起有些当事人对自己“一无是处”的情况来，她对自己对艺术的热爱可以说是充满自信，非常肯定。

我的反应的特点在于有助于她更完全地看到自己的目标和追求，就像举起一面镜子让当事人看自己。

从治疗过程的角度来看，简“充分地在意识中体验到过去被拒绝进入意识，或者被歪曲地意识化的感受”。（Rogers, 1959, p. 216）

简：在过去一年半里，每件事——这真怪，不过——情况开始变得至关紧要。过去我一直相信当一个人年岁渐长时，他就会变得更有耐心，更宽宏大量。实际上我一直也没有什么忧心的事，仅仅是现在才真有一个问题。但是我不晓得怎么处理才好。

卡尔：在我（罗杰斯这是以简的口吻说话。——作者注）看来，在过去一年半里，每件事都显得非常非常要紧——每时每刻，生活的每一方面（简：对。）都像是越来越至关紧要，越来越事关重大。而这里有一个更深刻的问题："我做什么好？"

简：（停顿）你能回答我一个问题吗，卡尔博士？你认为那两件事有联系吗，结婚的事和年岁大了的事？

卡尔：是。从你对它们的谈论中我觉得它们是有联系的。你谈到随着时间推移，恐惧感——既有对结婚生养孩子又有对年岁增加的——越来越强，那像是联系在一起的一团恐惧。除此之外，你还一直在说"我知道我想要全身心投入的是什么——只是我没法做罢了"。

简体验到她生活中那些问题的紧迫感，以及她在面对它们时的无助感。她按她习惯的方式向权威寻求答案。她已经在谈话中把两个问题联系起来，所以我只是简单地将她的感受及其含意扼要反馈给她。在我这方面并没有顽固地拒绝给出任何我的答案。有一个深刻的信念：最好的答案只可能来

自当事人的心里。而简实际上以她自己的谈论回答了她自己的问题。

简：嗯。而且那不——那绝对不关什么奉献的事。关键是害怕被困住。就像我现在被年龄困住一样。

卡尔：你产生了一种被困的感觉，被你的年龄、你的岁数所困，而你还怕被婚姻所困。（停顿）所以展望前方，生活显得很可怕。

注意这一点很有意思：她努力寻找合适的词——一个合适的比喻——来比譬她的感受。她用过的词有“害怕”“恐慌”“至关紧要的感觉”，以及现在的“被困”[1]。寻找一个词、一个短语、一个比喻，来恰切地表达当刻内在的感受，这有助于当事人更充分地体验其感受。

我现在可以相当安适地在她的内部世界里徜徉，用她的感受方式来感受，即使她没有完全地把感受形诸词句。

简：是。（停顿）我接着说吧，（卡尔：嗯嗯。）你知道，我试图把这个藏在自己心底。（停顿）我不会跑到办公室去，说：“求求你们，帮帮我，我已经35岁了，我怎么办好呢？”事情完全不是那样。如果我愿意，我仍然可以扎辫子，穿短裤。问题不在这儿，而在——而是害怕被困住。

卡尔：就是说你的这些恐惧，它们并没有能够妨碍你在

1　原文为“be trapped”，有困在陷阱里的意思，所以说是比喻。

这世界上的正常活动。日常活动方面没有问题。那些恐惧是深层的，而且在所有恐惧之中，最大的恐惧是害怕被困住，在许多不同的方面被困住。

我在这里有一个失误，她正逐渐意识到，她感受到的东西与她用来面对世界的面具之间有不一致，而我没有对这个做出反应。还有一个疏忽是她偶然提及的短裤和小辫的事，显然这是她的自我意象中另一个积极的方面。通常治疗师疏忽了某个要点后，总是还有机会补上的。接下来的交谈中就给了我一个机会。

简：还有人对我说："简，你真是风华正茂，正是春风得意哩！"她们一点也不晓得我心里的难受。

卡尔：就是。从外表上看或在外人看来，你真是既风光又得意，但那不是内里的简，内里的简完全不是那样的。

简：（长停顿，然后耳语般地）你愿意我谈点别的吗？（卡尔和听众的笑声）这鬼地方，搞得人不自在！

卡尔：你尽管放松，全由你做主，因为我已经很熟悉那个内里担惊害怕的小姑娘了。

简：所以我越往多里谈，就越能帮你了解我，对吗？

卡尔：越能帮我了解你。

简：说不定那是相关联的。这个事或许会对你有帮助：我一直在参加业余戏剧活动。这有没有什么关系？我不知道。

不过我非常喜欢扮演顽劣的小姑娘的角色。而无论是我想摆脱什么东西，还是我想要得到什么东西，这时候我就会扮作顽劣的小姑娘。

卡尔：你对那个角色非常了解。（简笑了。）你曾在好多个“戏”[1]里演这个角色。（简：而且很管用。）那很管用——（做）顽劣的小丫头就能摆脱某些东西。你说的另一点是，你想帮助我。而我想我希望我们在这里的谈话能对你有帮助。（简：谢谢你。）（停顿）因为——我觉得当你向我谈一些事，那并不是为了对我有好处。我希望透过你告诉我们那些事情，而使你能够对自己更了解、更熟悉。

简在这里极清楚地陈述了她对关系的看法：她，如果被吩咐的话，会给我一些信息。以便我——这位专家——能够（从外部）帮助她。我试图把这个责任转换过来，但是否成功了还不知道。我相信她没有明白我的意思，她说“谢谢你”就清楚地表明她认为我是那个处在主动地位的帮助者。

扮演淘气小女孩这件事与她的问题有何关联没有？我不知道。但我深信她的无意识的智慧给指出了一条路，它将把我们引到一个与她的恐惧感大有关系的地方。

简：我曾跟另一个人讨论这个问题，她有过这种经历。她知道它对一个人有灾难性的影响。她自己也经验过类似的

1　这是指上文简所说的要什么不要什么的情境，并非实指演戏。

体验。她说："你知道，虽然这很奇特，但我在经过了一段时间，在一两个朋友的帮助下，总算克服了它。"我想重要的是（停顿）能够交上个你能够信任、对其有信心，而又能够花时间陪你的人。不过这可太难找了。

卡尔：但你想要的就是某个真的能够信任的人来帮你渡过、跃过这段困难时期。

简：——嗯，这段被困住的时期。（笑）是呀，我真是不知道怎样应付才好，真的不知道。

卡尔：觉得这对你来说有点太难了。

简：是哦，这都成了我每天生活的一部分，从早上醒来到晚上睡觉。虽然明里我没跟多少人谈论这件事，那是因为害怕别人会有什么反应。真的，我想，找到一个跟你在同一条船上的人——一个知道你有什么心事的人，这太重要了。

卡尔：因此你真的还在找——某个人，某个你需要的人，某个你想望的人，某个你能够信任的人。

她非常好地描绘出那种人人都想要的关系：不下判断、理解、关怀、值得信任的关系。这是对真正有治疗作用的关系的一个绝好的描述。它再次说明这样一个事实：在很深的意义上讲，"当事人有真知"。

简：是呀。我一直在独自寻找，但我发觉这并不容易。（卡尔：对。）要是有个人来推我，说："嗯——我知道你行，你可以的，你会的，你一准会的。”那就——

卡尔：那就真的很有帮助。

简：就那么一个对我有信心的人。

卡尔：那个人对你有十足的信心以至会说：“你绝对可以搞好的，你棒得很，我敢打赌你行！”但是你却不能自己对自己那样说。

简：不能。我试着积极一些，而且以嘲弄的态度对待恐惧，可是我，我真是感到害怕。我是在退缩，而不是在向前——（长停顿）我曾试图把它推到一边去，试图冲掉它，擦掉它。我试过当想到它时硬让自己不去想。但即使那样也毫无作用。（停顿）它几乎就像——打个比方——就像我走进了黑暗里，我从光亮中出来走入黑暗。（卡尔：哦。）你明白我的意思吗？（卡尔：明白，当然明白。）因为我又怕——

卡尔：觉得这是那么危险——从光亮处进到黑暗里，进到一片未知之中。（简：对！）这样一个当儿，那么可怕！

简：（停顿）我想不出别的可说了，除了想问——我怎样克服它呢？（停顿）我这会儿真的感到这是个非常独特的问题——我肯定有人曾经经历过，另一些人没有经历过。也许他们会说：“该死，这有什么不对头的？”我甚至对自己开玩笑说：“我要在报上登个广告——你一定想象不出（笑），你会得到些什么样的反应！”（停顿）那是我的玩笑，你知道，我想对它一笑了之。

卡尔：但是你是那么希望有这么一个人，你之外的一个人，能够给你信心，能帮你渡过这个难关。

简：是的。因为，尽管我做祈祷——我对宗教有自己的看法——我还是相信心灵的发展。没准这是上帝对我的一个考验，我不知道。但那是另一回事，那是在我心里的事，虽然也是我的发展的一部分，我还是感到那不够；我需要实实在在的接触，（停顿）某个我可以与其相交的人——

整个这一段她体验着那深深的绝望感，对自己的恐惧无可奈何，她对与某一个人建立一种能帮助她的关系的渴望，她对帮助必来自外部的确信，以及她那用来掩盖她内心痛苦的笑脸。

沿着这条令人灰心丧气的小路，我在心理世界里与她一起前行。在她使用那个从光明到黑暗的比喻的时候，我的确起着给她照明的作用。这个道理从我接下来的反应中可以看得很明白。

卡尔：某个你可以与之相交的人。不过我猜想——这个想法看来未免有点蠢——我觉得那些朋友中有一个就是那个淘气的小姑娘。我不知道这对你是否有何意义，但是如果那个在你里面的生气勃勃、淘气的小丫头能够伴随你从光亮进入黑暗，像你说的，那对你有没有任何意义？

简：（不解地）你能把这点对我做些讲解吗？

卡尔：很简单，可能你最好的朋友之一就是藏在内里的那个你，那个你怕得不得了的小姑娘，那个淘气的小姑娘，那个不怎么公开露面的真你。

简：（停顿）而我得承认——照你刚刚说的再回头去看的话——我已经把这个“淘气的小姑娘”弄丢了好多。事实上在过去一年半以来，那个淘气的小姑娘已经不见了。

这就是我逐渐开始信任的那种直觉反应。这些表达自己在我心里面形成，自己要说出来。我在上面的表达非常小心，看到她一开始时茫然不解的神情时，我还以为这个反应完全没击中要害，不会有帮助作用，但她接下来的反应表明它触及了某个很深的东西。

我对这些直觉反应评价甚高。它们并不常出现（这是我第一次在录音里头捕捉到），但它们在推进治疗上总是很有助益。在那些时刻，我也许有点处在一种非同寻常的意识状态下，我“进入”了当事人的内部世界，与那个世界完全融为一体。我的无意识智慧接管了我的工作。它比我的有意识部分所知道的要多得多。我并不有意识地去组织自己的反应，它们只是根据我对另外那个人内部世界的无意识感知，从我心中自己生发出来。

卡尔：已经不见了。哈哈，哈哈！（笑）这么说我猜得

差不离儿。没准你该拜访她一次！（笑）

简：你要她的电话号码吗？（笑）

卡尔：好哇！（笑）我想她一定很好玩，我还觉得她不会是被吓得那么厉害的。而且听起来她可是充满活力哩！（笑）

简：（有点犹疑地）这么说，即使我年纪越来越大，我也可以还是个淘气的小姑娘？

卡尔：呵，我可不知道，——我才八十岁，而且我还可以做个顽皮的小男孩！（大笑，掌声）

简：（还在笑）对此本人不做任何评论！（停顿）那会改变我对结婚的感受吗？

卡尔：我想那是你在问自己的一个非常重要的问题。如果你是你里面那个小姑娘的好朋友，那会使你对冒险结婚少一点害怕吗？我真遗憾过去一年半以来这小姑娘给弄丢了，真的很惋惜。

简：（停顿）你说得太对了。真是一针见血！唉——

很清楚，我们的关系变成了一种轻松愉快、结伴而行的探索。我们轻松幽默地对待严肃的事情。这是一种坦率、信任的关系。

简在沉思中意识到，她一直在否认她个人感受的一个很重要的部分，一个关于她自己的部分，这对她是一个有深刻意义的事实。

我喜欢我的反应。它们自发而出，很风趣，但它们的用意又绝对是严肃的。

卡尔：哦，抱歉，还有几分钟我们就得停止了。

简：是吗——我的表快了一刻钟，因为我总是迟到。（笑）

卡尔：那不是老了一刻钟了吗？（大笑）

简：（笑着）我看看，现在是10点差——

卡尔：对，好啦，我想我们得到此为止。好吗？

简：好的。你给了我很大帮助，我真的非常非常感谢你。

结束过程显得有点突兀，但是时间已经到了。她最后能够以玩笑的态度对待当时的情景，说明她可以就此结束而没有情感剥夺。此外，从会谈本身来看此时也是个恰当的结束点。

…………（此处略去罗杰斯对会谈中的重要元素进行总结的一段）

下去后，简在向其他参加者描述她的感受时说：“我觉得真是很奇怪，尽管我相当紧张，可我觉得非常刺激。我需要帮助，而我觉得我找到了一个答案，这真要感谢卡尔博士。”这番话并非纯粹出于礼貌，后面有一个谈话证实了这一点。

第二天早上，简告诉我，关于“淘气的小姑娘”的交谈引起了她的自我探索。她认识到在过去的一年半里，不仅是淘气的小姑娘给丢了，她的自我的另一些方面也不见了。“我认识到，要想以一个完整的人来面对生活，我得把我那些被丢掉的部分找回来。”她说，对她来讲这次会谈是一次“震撼灵魂的经验”。会谈在她身上启动的一个进程看来还在持续着。

六

治疗之外——新型人类关系探索

> 若父母能与孩子造出此心理气氛，孩子会更自主、更懂事和成熟；若教师能与学生造成此关系，学生会更好学、更爱问、更自律、少焦虑和依赖；若管理者和领导人在其组织中创造出此氛围，部属会更负责、更有创意、更合作，亦更适应新问题。（Rogers, 1961, p. 37）

我们在前一章已经说到，罗杰斯非常珍视他对影响助人关系的那些要素的发现。他坚定地相信这些要素不独存在于心理治疗的关系之中，任何一种人类关系，只要它是积极的、有帮助作用的、意在促进一方或双方的成长的，就一定服从于这些要素的制约，或如他所说，服从于“那些决定性的原则”。

由于深信这一点，罗杰斯在其生命的后20余年里就慢慢地把注意力和视野从个别心理治疗中移开，投向更广阔的一些领域，其中一些领域已经超出了心理学的范围。这些领域包括教育、医疗、商业、社会工作以及管理等等，而在更晚一些的时候，他更以极高的热忱投入种族、宗教、政治以及国家之间冲突的解决上。他所做的努力虽非样样皆有成就，但至少在几个领域，如教育、家庭和婚姻，以及种族和宗教矛盾方面，他的一些理念，他做出的一些实践探索，是引起了人们的注意的。

在这一章里，我们将就罗杰斯在三个领域——家庭和婚姻，会心团体，以及宗教和民族冲突——的工作进行介绍和讨论。

家庭和婚姻

在家庭和婚姻方面，罗杰斯的著述除一些文章和讲演之外，还有一部著作，就是1972年的《成为伙伴：婚姻及其替代性选择》（Rogers, 1972）。家庭和婚姻是复杂而纷繁的话题，多学科、多视角的观察和理论，既丰富又难治。罗杰斯作为一位临床心理学家，我们显然不能指望他会从社会、历史、文化以及别的一些方面对家庭婚姻问题做系统论述。罗杰斯的角度还是临床心理学家角度。他关心较多的是家庭冲突、婚姻的适应、离婚、性以及性困难的解决、交流障碍，以及孩子的抚育和亲子关系等问题。《成为伙伴》是一本给普通大众看的书，其基本写作手法是“从案例说道理”。为此罗杰斯以自己曾经接触、治疗过的当事人为对象，与这些夫妇会谈或者邀请她们就自己的婚姻困难、经验写感受，并借此来分析产生不同婚姻家庭问题的原因，来表明这些问题和困难可以通过怎样的途径得到解决。

这样一种写作格局给我们概括罗杰斯的思想带来了困难，因为他自己不曾提炼一些主题，给出一些理论观点。经过一个大大的简化，笔者决定从罗杰斯的谈论中提炼出两个话题（不是主题），一个是“婚姻为什么会出问题”，另一个是“从心理治疗的角度来看，如何处理、解决婚姻上的问题”。我以为，这两个问题基本上能够涵盖罗杰斯关于婚姻问题所谈及的主要方面。

婚姻为什么会出问题？这个问题固然可以从多个角度做长篇大论的讨论，然而在罗杰斯看来，大多数婚姻问题的根源在于：婚姻中人失却了真自我！罗杰斯在书中提出了很多个案，他们的问题表现可以说是五花八门，但把他们的问题往深处分析，往往都有一个共同的特点，那就是配偶的一方或双方在处理婚姻问题的过程中，在夫妻双方的相处过程中，或忘记了，或失却了，或掩盖了他的真自我，他的本性。请看罗杰斯举的一个例子。

詹尼是一个年轻的女人，刚离婚不久。她在写给罗杰斯的自述中说：

> 我想促使我结婚的理由没有一条是对的。只是因为到了该结婚的时候了。“你瞧，朋友们全都结婚了，你还能干什么？你已经大学四年级，老大不小了，你真的得考虑考虑结婚的事了。”我真不知道除此之外我还能干什么。当然我可以教书，但那是不够的。
>
> 我嫁了个非常招人喜欢的男人，而我是个相当——应该说是非常——没有主见的女人。因此我想，呵，我的天，我

跟这个人在一起时，每个人都喜欢他；要是我嫁给他，那每个人就都会喜欢我！我嫁给了这个人，我不知道他是否真的了解我，但我的确感到很安全。就是这，还有不知道毕业后怎么办，使我结了婚。（Rogers, 1972, pp. 12–13）

詹尼进一步回忆她恋爱和结婚之前的情形时说，她之所以找男朋友约会，是因为一个要好的朋友约会了，戴上漂亮的戒指了，筹备结婚了。而且朋友和家人不断地在催她。朋友说："老天，詹尼，你和马克斯啥时结婚呀？你们都已经谈了三年，你要是把他弄丢了，你就是头号大傻瓜！"妈妈说："哎，詹尼，你上哪儿还能找到像马克斯这样的人？他是那样杰出，有责任感，又成熟又有主见。"于是她就想，没准这就是我应该嫁的人，因为朋友、同学还有妈妈都这么说。可是她心底里还是有点犯嘀咕，有种不踏实的感觉。每当委决不下的时候，她就想："行啦，你这般没主见，又蠢，所以你的朋友和家人比你自己更了解你，你还是听他们的得啦！"她甚至把自己的感觉跟马克斯直说了：她不知道是否该嫁给他。而马克斯回答说："别着急，你会学会爱我的！"

詹尼写道："当结婚礼物都打开了，当所有的新鲜感都消失了，再当有了孩子的新鲜感也消失了，我才真的开始感到，'哎呀，你这白痴，你应该听你自己的呀！'"

在詹尼的故事里有什么是关键的、值得人们深思的？罗杰斯说，有好几样，比如，它说明我们这些人是多么容易屈从于社会性的压力，而独立地做自己的选择又是多么难。但这都不是关键之处，真正的关键是詹尼已经有这样两个感受，一是她知道自己没有主见，没有定力，二是她已经隐约感到不托底，不踏实，好像有什么不对头。这不对头的东西乃是：她在自己的深处没有体验到对马克斯的爱。但是，詹尼感到她不可以信任自己，她觉得听别人的比听自己的更可靠！她觉得自己的感受不如理智可靠！简单地说，放弃了听从自己最内在最本质的要求和呼唤，才是这桩婚姻悲剧的关键原因。

还可以再看一个很不相同的事例，它指向的终极原因也是一样的。

乔和詹尼弗是一对美满的夫妻，至少在他们婚姻的头些年是这样。这一对都有很好的家庭背景，都受过高等教育；虽然宗教信仰不一样，但两人对彼此的信仰都有很好的理解和尊重；他们的经济条件也很好；而最要紧的是他们真正相爱。他们结婚了，有了两个孩子，直到这时，一切还是非常美好。但这时出现了一点新变化。乔的宗教和家庭背景使他特别喜欢孩子，他觉得天底下最美好的事情就是和自己的孩子泡在一起玩。他对孩子娇生惯养，百依百顺。而詹尼弗对此多少有点看不惯。不过总的说来，这还没有什么大问题。乔在事业上也很成功，干得相当出色，而且不断得到提升。他在交往圈子里很有人缘，每当朋友聚会，他总是一个谈话的中心。而在詹尼弗这一方面，她在结婚以前也是一个聪明能干、极富创造性的女人，有主见有能力，在同伴中非常突出，别人做不了的、做不好的，到她手里就做得非常漂亮。她结婚以后，自己做了一个决定，选择做传统的妻子的角色，做丈夫的贤内助，如她对罗杰斯所说，“透过丈夫的成功来达到自己的幸福和成就”。于是她就如影随形地陪伴着丈夫，给他当助手。当家里高朋满座时，丈夫在客厅里光彩夺目，是台上的主角，她则在幕后忙着食品、饮料、环境布置、照料客人等等事务。虽然客人们谈的话题她也感兴趣，甚至有很好的意见可以提供，但她觉得那不是她分内的事，也不是乔希望她做的事。事情还有另一面，乔在婚后变得越来越依赖詹尼弗。不仅是在生活方面，而且在自己的事业方面，乔需要詹尼弗的主意和建议。实际上，家里大大小小的事，全都仰赖詹尼弗，以致每当听到乔下班回家的汽车声响，她就不由自主地冒出个念头——“我的第三个孩子回家了”。

詹尼弗和乔就这样很“美满”地过了14年，那些很小、很琐屑的不满、恼怒、裂痕慢慢积攒着，使詹尼弗变得越来越难以忍受，她发展出了严重的抑郁，以致经常出现自杀的念头。她感到自己毫无价值，没有人在乎她，没有人关心她，她最好是就此了断自己。幸亏在最后关头，她最深处的某个东西开始反抗，她觉得自己有权“活着”，这使她开始求助。

对这个案例，罗杰斯的分析是，詹尼弗在婚姻的开头就走错了，她走了一条放弃自我的路，而自我是没有办法放弃的。她天性聪颖，富于创造力，且精力充沛，这些都是她的真实的自己，是与她的生命同义的东西；而她在文化和习俗面前，选择了放弃自己本性的生活方式。按照文化和他人所希望的那样去做自己，去演一个文化和习俗规定好的角色。在这个过程中，她的本性还每每发出反抗，比如她的不满，她的失落感，她的无名的怒气，这些都是她的实现趋向受阻的反应。但是她不是认真地倾听自己的感受，表达这些感受，而是习惯性地压抑它们。所以詹尼弗的悲剧同样是她放弃了做真正的自己。她让真的自己消融在传统和习俗规定的角色里，做了“贤妻良母”，却没有做自己；但因为放弃做自己最终是行不通的，所以最后她也做不成“贤妻良母”。

那么，什么样的婚姻和家庭关系是理想的，或者说，“具有治疗价值的”？让我们扼要概括罗杰斯的思想为几条。

坦诚地表达，而不伪饰。夫妻之道，不贵在彬彬有礼，举案齐眉，夫尽夫道，妻尽妻道。这样的夫妻关系，往往带有按角色规定表演的特点，双方相处没有率真，没有自发性，会把一些感受掩盖起来，压抑下来，会觉得有些事不宜说，或不值得说，或怕表达自己的真实感受和要求会令对方反感，等等。这样就会把很多宝贵的东西，比如夫妻之间的感情交流给扼杀了。罗杰斯认为，人如果生活在假面具之下，把自己的真实感受都藏起来，这些感受并不会就此消失掉，当它们积累到临界点时，可能一丁点火星，一件鸡毛蒜皮的小事，就可以点燃一次大爆炸。大爆炸可以是歇斯底里般的大发作，也可以是痛彻骨髓的自怜和抑郁。而如果夫妇之间随时能够无阻碍地交流，不仅不会出现这种无理由的情感危机，更会令日常的情感生活丰富多彩。对此罗杰斯多次提到一个案例（Rogers, 1961, pp. 316–318; 1972, pp. 12–13），证明夫妇间的感受表露不一定总是有伤害性的，而常常相反，是建设性的和令人满足的。一位少妇莫尔向罗杰斯抱怨她先生比尔跟她之间关系不亲密，先生对她总是正经八百的，不和她交谈，不把自己的感受与她分享，亦不体贴，在性方面也不融洽。总之，她的抱怨令人感到她先生像个木头人一般。但在深入的交谈后莫尔自己发现，是她自己把事情弄糟了。原来莫尔在婚前曾跟很多男人有过性关系，而且大都是已婚男人。她跟这些人在一起时亦很放得开，很能享受性爱。但结婚后她对自己以前的这段经历深感罪疚，这使她在跟先生在一起时变得呆板、拘束，总感到不自在。她深深地自责，认为是自己把事情弄得一团糟。

莫尔在治疗过程中慢慢能够意识到自己的感受，她有一段时间觉得自己无端地生气，没来由地冲着比尔发脾气，或故意把事情弄糟。而与此同时她又恨自己，“对自己的恶行恶状感到作呕”。终于有一天，莫尔决定豁出去了，她对比尔把是什么使自己气愤、罪疚，跟那些“他妈的”的男人的事情以及这事现在在她心里的感受，一股脑儿告诉了比尔。结果呢，不仅没有出现地震，反而两人慢慢有了越来越深入的表达和交流，这使莫尔既惊奇又喜悦。这桩婚姻也因此最后得到了挽救。

保持自己的独立性，也让别人保持他们的独立性。婚姻中最容易失却的是自己的独立性，也很容易让对方失却独立性。关于婚姻的误解之一，就是认为爱就是为对方做出牺牲。极有趣的是，我们又以对方是否为我做出牺牲来衡量对方爱我的程度。这样，我们就容易一方面自己去迁就、迎合对方，而同时在另一方面又要求对方迁就、迎合我们自己。独立性就在这场游戏中被牺牲掉了。不仅是婚姻，在亲子关系中也有这种情况。比如，非常爱孩子的父母常常也是非常专制，不给孩子自由的父母，因为爱的时候会更严厉地要求孩子像自己希望的那样做，那样感受，而不容易给孩子自主权。罗杰斯认为，婚姻不应该变成一种把两个人绑在一起互相扼杀对方的独立性的桎梏。婚姻就应该像前面提到的那个比喻，是一对好朋友结伴而行，两人无话不谈，能够进入对方最深入的内部世界去互相了解，但并不让对方有被束缚的感觉。从另一方面讲，这样的婚姻也会让双方更加轻松愉快。

交流，交流，再交流。虽然说婚姻中问题的根本是婚姻中人失却了自我。然而造成这个问题的原因，同时也是治疗婚姻问题的基本途径，就是交流或沟通。缺乏交流使得双方无法摘下各自的面具，无法触摸到对方情感的脉搏；同时双方各自也不能感受到婚姻的幸福。因为他们即使在家里也不能完全把真我袒露出来，要始终穿着沉重的铠甲过生活。也许经过治疗有所得益的夫妻的经验最能说明双方沟通的价值。罗杰斯指出，不少接受过治疗的当事人报告说，当发现自己竟然能够和自己的家人进行这么真实、这么深入的交流，这种体验真是叫人喜悦万分。夫妻双方的这种沟通是双向的，是彼此完完全全地了解对方的想法、念头和感受，以及这些想法和感受在对方心里的意义，同时又让对方知道自己对他的了解。用中国一句成语说叫“心心相印”。那并不一定是互相赞同，主要是了解对方并且知道自己正被对方所了解。这种交流只有在撤除了所有的防卫时才能做到，而撤除防卫，让一个最亲近的人进入自己心内的世界，的确是一种非常放松、非常幸福的体验。

不掌舵的船长——罗杰斯和会心团体

团体运动（group movement，group亦译“小组”）在美国是一庞杂、叫人眼花缭乱的现象。基本上可把它分为两大类：一类是心理治疗团体，一类是所谓发展性团体。后者指的是那些以个人成长和发展，尤其是人际交往和人际关系技能的发展为目的的团体。心理治疗团体基本上是在专业的治疗领域里发展，其服务对象是有心理障碍的病人。它往往又作为一种心理治疗的形式，这时候叫作团体心理治疗。发展性团体的名称、对象、内容、组织形式以及团体中的活动方式五花八门，很难用一两句话做个全面的概括。大体来说，这类团体的目标如上述较多集中于发展个人的潜能、人际关系和交往技能，提升个人的生命自觉和生活质量等，其参加的成员大多是正常人而不是有明显心理障碍的人，这类团体的主办者也往往不是治疗机构，而是像教会、慈善机构、某些“成长中心”、大学乃至一些公司和类似组织。团体运动主要是指这类团体。这一运动在20世纪六七十年代风靡美国各地。如罗杰斯在1970年时就写道：“这一急速扩展的运动蔓延所及，从缅因州的巴索尔（Bethel）到加州的圣地亚哥，从西雅图到棕榈滩，……而且远播海外，在英、法、荷兰、澳大利亚和日本亦有流行。”（Rogers, 1970, p. 2）在此一团体运动中，罗杰斯的地位和作用非同小可。

团体运动有两个源头：一个是起源于1946年至1947年间著名心理学家勒温（Kurt Lewin）和他的研究小组在麻省理工学院研究团体动力学的时候的一些发现，其后演变为所谓“训练团体”[英文通常称作“T-group”，T代表“训练”（training）]。它主要是为工商业机构训练行政管理方面的人员。勒温去世后这个训练形式由他的后继者进一步发展成为一个影响甚大的机构，称为“全国训练实验室”（National Training Laboratories）。它的事业稳步发展，直到后来慢慢与另一团体形式——“会心团体”融合（Shaffer & Galinsky, 1987）。

另一个源头就是罗杰斯。也是在1946年至1947年间，罗杰斯在芝加哥大学任咨询中心负责人的时候，接受了退伍军人管理局的委托，为该机构培训一批人事辅导员（personel counselor）。其时二战甫定，大批军人返国退役，退伍军人管理局急需大批人手做生涯辅导工作。退伍军人管理局要求罗杰斯的小组发展出一套速成强化的训练程序，而接受训练的学员都已经至少取得了硕士学位。针对这一情况，罗杰斯的小组决定，不进行单纯的认知性教学，而试验以强化的团体经验方式来达到培训目的。要求学员每天做数小时的团体聚会，以使学员增进自我了解，意识到可能会在咨询过程中出现的消极自我态度，学习可能有助于与当事人相处的相互交往方式。实践表明这个程序取得了巨大的成功。

罗杰斯小组在这项培训任务完成后，虽然保留了一些该训练程序的要素，但总的说来没有像“全国训练实验室”一样地去推广它。但到20世纪60年代以后，由于团体运动本身的发展，芝加哥大学的经验不期然地被人们用于这个运动，并迅速得到认同，而且在很短的时间里，它成了最有影响的一种模式，以这种模式运作的团体被称为“会心团体”（Encounter Groups）。而罗杰斯则俨然成了“会心团体”的学术领袖。

罗杰斯自己最早的团体经验可追溯到大学一年级时参加乔治·汉弗雷（George Humphrey）教授领导的农学学生星期日午间活动小组[1]。那次活动给他留下了深刻的感性体验。现在看来，罗杰斯在数十年后对团体活动产生极大热情，与早年的这次经验不无关系。罗杰斯在60年代中期到70年代中期这一段时间里以极大热情投入这一运动中。他亲自担任团体带领人，带领过各种各样的团体；又和同事一道，不遗余力地推动团体事业。1970年，他另一本专著《卡尔·罗杰斯论会心团体》出版，这本著作是会心团体运动的一本经典之作。

虽然有不少例外，但大体上来说多数会心团体是这样一种情形：

会心团体的规模从三数人到十几人不等，但超过20人的团体是较少的；每个团体一般有一到两位辅导员或者叫组长。对这个

1 参见第一章。

角色罗杰斯有一个很独特也颇能反映他对会心团体的理念的叫法，他不叫辅导员或组长，而叫主持人（facilitator）；团体聚会的次数和频密度也各个不同，以介于几次到十几次的居多，有的采取密集式聚会，一周聚会数次，或一次十余个小时，有的每周一次聚会，每次两小时。

这一小组人聚集到一起，在一种慢慢培养出来的信任、关爱、自由和安全的气氛中进行自我探索、体验、表达、反馈等等活动，最后达到扫除各人成长和发展中遇到的障碍，促进个人成长这样一个大的目标。

会心团体常常在公众心目中产生一点神秘感。这是因为它的确有一些带点神秘色彩的特质。例如参加会心团体的成员在团体过程中常常会有强烈的情绪感受，例如极度的喜悦、痛哭、被感动等等，这些感受往往比个别心理治疗来得还要强烈；又如有的参加了团体活动的人在行为上出现戏剧性的变化，其变化之大之快，使他生活中的亲朋好友感到吃惊和不能适应。会心团体的这种社会效果既使它容易吸引人的注意，从而迅速蔓延；同时也使它引起一些较保守的公众的反对。这部分公众把它视为一种“洗脑”或“思想控制”的形式，是于国家社会有危害的东西，甚至有国会议员对会心团体展开调查（Rogers, 1970, p. 11）。

罗杰斯关于会心团体的理念和实践与他的个别治疗的理念和实践是一致的。以下就此做一扼要的介绍。

信任团体和团体活动过程本身的力量。像信任个人有成长、自我实现的趋向一样，罗杰斯也对会心团体有着类似的信任。他甚至觉得可以把团体当成像个体一样的“有机体”，团体也有“机体智慧”（Rogers, 1970, p. 44）。当一个团体组成之日，那指向成长、促成成员自我实现的潜能就已经存在于团体之内，随着团体活动过程的进行，这种力量会逐渐变成现实，逐渐发挥作用。你可以听任团体自己的力量引领团体活动的方向，不用担心事情弄糟。他很形象地把这一现象与白细胞的活动特点相比。在一般情况下，白细胞在血液里是随机、无序地活动的，但一旦有细菌入侵，这些白细胞就像听到命令的士兵似的，“有目的”地奔向入侵者，包围它们，歼灭它们，直到危险消除。同样，团体也能够识别它的进程里所发生的不健康因素，团体会自动地去消除它们，从而使团体变得更健康。罗杰斯甚至称团体的这种力量是“令人敬畏的事情”（Rogers, 1970, p. 44）。

在笔者看来，对团体存有充分的真诚的信任是罗杰斯团体理念中最基本的理念，也是罗杰斯的团体活动思想与众不同的地方。这一理念说说容易，要真的让自己接受和信服，并具备与这一理念相应的态度和行为，对一个真的要带领一个团体的主持人来说，是一项相当困难的挑战。有一些团体经验的主持人对此有深切的体会。

让团体自己发展出它的目标和方向。罗杰斯在团体目标上的做法也是非常特别的。在大多数团体活动过程中，团体主持人的任务之一，就是帮助团体以及团体成员建立集体的和个别的目标。

罗杰斯却与众不同，他不认为主持人在此问题上应该起什么作用。相反，他说，根据他的经验，当他预先为团体设计了某个目标的时候，总是使事情变糟。在这种情形下，团体要么会把他的目标给摧垮，要么会花很多时间在他身上，反而帮他处理自己的问题。而在另一方面，如果团体的主持人只是关心在团体内创造一种安全、信任的气氛，团体就会慢慢发现它自己的目标和方向。简单地说，团体会自己向前走，如果走错了，它自己懂得回头。

无结构性（unstructured）。罗杰斯式会心团体另一个突出特点是其活动过程的无结构性。有结构的团体通常在活动的进程上是有目标、有日程、有角色功能分配等等要素的。这样，团体及其成员就知道自己现在何处，下一步该做什么，谁有什么职责，等等。简单地说，有结构就是明确了在何时何地，由何人做什么。结构性是一个可伸缩的度量，可以有极强的结构性，这时组织中的自由度就极低，每件事都被安排进了议事日程；相反，结构性极弱，自由度就极大。罗杰斯欣赏的就是一种极端无结构的团体。我们看看罗杰斯在带领团体时的做法，就会明白他的无结构是怎么回事。

通常罗杰斯在一个团体聚会开始的时候只会用一两句话开头，绝不做长篇的介绍、指导，也不宣布任何活动规则之类。比如，他常常这样开头：“我想，到我们的团体聚会结束的时候，我们大家就会彼此比较了解了。”或者：“好了，我们都到了，我们可以完全按我们的意愿来进行我们的小组活动。”又或者：“我觉得有点紧张，不过当我看到你们大家，想到我们在同一条船上，我又很放心。我们从哪里开始？”在这简单得让人吃惊的开场白之后，他就会坐在那儿，很放松，很自然地，面对着小组的人，不再说什么。他的神态似乎是说：“好啦，我是主持人，但我又是一个小组的参加者，我并不是对我们的小组将如何去做心中有数，但我并不担心，一切自然会弄妥的。”随后的一切，全视乎团体自己的发展，视乎成员的互动情况。没有指导，没有角色分派，没有规定的任务，也没有日程表。不仅第一次聚会如此，以后每次聚会都如此。

在团体活动开始的时期，这种极端的无结构状态往往让成员难以适应。“组长”的反应太出乎他们的意料，因此在团体活动初期往往出现令人尴尬的局面，例如难堪的沉默、混乱、失望、怨怼甚至恼怒（对主持人）。按一般情形，这对主持人是一个不易应对的挑战。面对这些，罗杰斯很能沉得住气。他一如既往地面带笑容，认真地倾听每个人，同时又“顽固地”不给予任何指导。如果沿用罗杰斯的“大家同在一条船上”的比喻的话，罗杰斯就是这条船上不肯掌舵的船长。

罗杰斯立意而为的这种无结构做法显然与前面提及的对团体本身的信任有直接关联。在笔者看来，除此之外恐怕还有一个原因，那就是他的个性。他天性不喜欢支配人、指导人，不“好为人师”。

有趣的是非结构化的做法似乎会启动一个与结构化团体不同

的团体过程。大致说来，罗杰斯式的团体过程在开头非常困难，由于没有任何指导，成员既互不熟悉，任务也不明确，大家甚至不知为什么要走到一起来，不知要干什么。因此，沉默、言不由衷、冷场、期待组长有所动作等等，是团体开始时常见的情况。然后才逐渐有所变化，从很不相干的一些诸如“天气”“景色”这类社交性话题谈起，而很缓慢地开始涉及个人。沿着这个方向发展下去，气氛慢慢变得热烈，最后发展出罗杰斯最欣赏的那样一种团体气氛。这是一种弥漫着信任、温情、关爱、安全、民主的气氛。每个人都有高度的投入。每个人都愿意进行自我探索。个人的感受可以非常轻易地表达和被体验（Rogers, 1970）。此外，参加的成员会对小组有强烈的主人翁的感觉，大家对团体负责，大家互相关照，互相帮助，以及民主做出决定。在笔者看来，罗杰斯式的团体在其动力过程中似乎特别容易出现这样一些特质。

真诚地面对小组和小组成员。作为团体的主持人，如何处理既是一个专家、一个主持人，同时又是一个普通的参加者这两重角色？罗杰斯的体会是，他能够很轻松地同时担任好这两个角色。并且用不着刻意提醒自己应该怎样做。一般而言，在开始阶段，他会较多一点表达自己心里那些对别人的关注，接纳，以及促进别人成长的感受。而在小组发展得较为成熟了以后，他会有更多一些属于个人自己的、与自己的成长有关的感受表达出来。但不管是哪种情况，罗杰斯说：“那都是我自己的真实的感受，是我自己的一部分，而不是扮演角色。”（Rogers, 1970, p. 46）总之，在团体中间和面对个别当事人的时候一样，辅导者或治疗师都应是真诚的。

对于罗杰斯来说，做到真诚地面对团体，或者面对个别当事人，是一件轻而易举的事。从罗杰斯的自述中可以发现，越到晚年，罗杰斯似乎越能够自发地做到真诚。他说，他面对个别当事人或者面对团体时，几乎有一种本能的反应，就是真诚地关切对方，看重当事人。“很难对此做出什么解释，它就是那样一个事实。我看重每一个人，但这看重并不是要确保一个长期的关系。”（Rogers, 1970, p. 52）应该说，到这个地步，这已不是一种技术，而是一种境界了。

“如其所是”地接受团体和团体成员。罗杰斯有这样的本领：作为一个团体的主持人，他可以允许团体按其愿意的样子去发展，不给团体加上自己的意志，不去刻意影响团体的进程。而在这么处理的时候，他能够保持自己的平静。在团体活动中，往往会遇到这样的情况，团体成员长时间停留在一些表面的、社交性的交谈上，或者花掉主要的时间谈论某些专业性的或别的什么类似的话题，如国际政治、时事、社会问题等等。许多团体主持人在这种场合会感到不快，感到需要做点什么来影响团体，来“引导”一下，也有一些团体主持人在处理这种局面时表现出很娴熟的技巧。罗杰斯说，他既没有这种技巧，也不欣赏那种做法。他的观点是，团体自己要做什么，要往哪里去，那是团体自己的事，尽可以让团体自己走自己的路。你让团体“如其所是”地自己去发展，最终是会有回报的。罗杰斯曾带领过一个由一些高层教育管理人士组成的团体。这个团体在很长一段时间里一直在很浅表的层面互动。后来逐渐有了一点进展，但有一天晚上，团体又开始谈论一些琐屑的事情。这时罗杰斯感到很不舒服，很困窘，因为他在事前已经一如既往地宣布，团体“可以做它想做的任何事情”。经过一番内心斗争之后，他终于得出结论，团体有权做它想做的任何事，而他罗杰斯也有权利不去忍受这自己不感兴趣的谈话。于是他悄悄地退了出来，回房间睡觉去了。第二天，组员的反应各种各样，有的感到被嘲弄，有的感到羞惭，有的感到受挫折。但最后，罗杰斯说，这个团体还是取得了很好的进展，当天晚上的经历对团体也有实际的意义（Rogers, 1970, p. 49）。

不仅对团体如此，对待团体中的个人也是如此。在团体活动中，总是会有成员不能或不愿投入到团体活动中去，或者只是跟随着团体，而不做任何自我表露。罗杰斯对这样的成员的态度也很独特，他并不像别的团体领导者一样给他们以特别的关注，也不觉得有这样的组员对自己是一个压力。他说：“团体参加者投入或者不投入团体之中，于我都是情愿的。假如有人宁愿在心理上保持旁观的状态，他会感到我是默许的。”（Rogers, 1970, p. 50）实际上，他发现，有的在团体中始终沉默寡言的成员仍然是有触动、有收获的。有的人照样发生了持久的行为改变。不过，罗杰斯会小心区分那些由于内心的痛苦、挣扎而产生的沉默和纯粹旁观者的沉默，对于前一种情况，他是一定会做出适当的反应的。

同感理解。如果要问罗杰斯在团体中最关心、最集中精神去做的事是什么，罗杰斯会回答说，是同感理解。以笔者之见，这不仅是罗杰斯在团体治疗中关注的中心，也是他在个别治疗和其他所有人际活动中最关注的事情。分析罗杰斯在团体或者个别会谈中的记录，你会发现，他的大多数反应都可以归到同感理解这一反应类别中去。像这样的反应：

“就这样，一小点一小点地，你越来越多地把这些事情闷在自己心里，而在以前，你自自然然地会把它们告诉你妻子，是吗？”

“对。”

“你刚才说，谁都会这样想这样说。你的意思是你是这样想这样说的吗？”

“你感到很难描述这种感觉，它是好多好多东西，包括感到对不起，还有恼恨自己等等，混在一起的，就是那样一种感受？”

“唔，唔。”

这些都是典型的同感反应的例子。虽然表面看来罗杰斯在团体中很有些“无为而治”的样子，但无为并不是什么都不做，更不是心有不专。在笔者看来，一方面，罗杰斯的无为恰恰是一种蓄意而为，他的“无为”跟他的人格改变理论是一致的——只有当事人（在这里是团体）才知道问题在哪里，要怎样才能解决；另一方面，罗杰斯的无为也不是懒散、无所用心地置身于团体之外，而是非常投入地倾听、体验着团体。在整个团体活动过程中，罗杰斯似乎一直都在问自己：“我准确地捕捉到他的意思了吗？”一直在问当事人：“我所体会的，我所理解的，正是你的感受吗？正是你的本意吗？”按照罗杰斯的意思，只要他把心思集中在同感理解当事人上面，他就会是对当事人有帮助的，会是对团体有帮助的。

除了这些对于团体的基本理念和相关的态度以外，罗杰斯对于团体过程的一些技术性的方面也有所涉及。例如，如何处理团体领导者的个人问题、如何对待自己的感受、如何反馈、如何对待解释、要不要做“团体习作”等等。此外，在《卡尔·罗杰斯论会心团体》中，罗杰斯对团体辅导这种形式的整体价值、它的辅导疗效、团体领导者的培训，以及有关团体的研究等等也都有较系统的论述。

像“会心团体”这样的团体运动在美国早已过时了。但作为心理治疗的形式之一的团体治疗，却一直没有停止其发展。由于罗杰斯式的“会心团体”原本就有较深的心理学根基，所以罗杰斯的团体心理治疗理论和实践并不因团体运动的过去而被丢弃，它被吸收为现代团体心理治疗的一个重要的流派，至今仍有很强的生命力和影响力。但是，笔者相信，如果罗杰斯活到现在，他对今天一些标榜为“以人为中心团体”的做法会感到不以为然。因为在学院训练这种“批量生产”的体制下，任何创新都会模式化、制度化（因为这样才可以大规模训练和推广）；而规则、程序、教条、学历与执照等等所带来的危险之一，就是使会心团体徒有形式，只注重程序，使罗杰斯最为看重的真诚坦率被虚伪和假惺惺的关爱所替代。

“大家都一样是人”

“大家都一样是人”这句话是在南非的一个会心团体上，一位黑人妇女不经意间讲出的。笔者觉得用它来做这一节的标题真是绝佳！这句简单平实得没有色彩的话，把罗杰斯用了成堆的纸来讲述的那些信念，入木三分地表达了出来。这句话真值得反复玩味，反复咀嚼。“大家都一样是人”，是罗杰斯关于“会心团体”，关于敌对的民族、教派可以交流和和解这些信念的基石。

我们曾说罗杰斯晚年的一大主要动向是对国际和平的关注（见第一章），其实，这一思想苗头早在20世纪60年代初就已经有所表露（如Rogers, 1961）。在那时候他就觉得以人为中心的理论和实践亦可以应用于不同文化与民族矛盾的解决。自那以后的很多年里，罗杰斯一直宣称，帮助个人完满充分地表达内心的想法、感受和情绪，其价值不局限于个别治疗，它同样能导致社会团体、族群、文化乃至国家之间关系的建设性改变。在20世纪七八十年代里，罗杰斯以极大的热情投入这一把以人为中心法则应用于社会、种族和宗教冲突的活动中，以耄耋之年奔走于世界各地，帮助彼此敌视的各方领导人展开真诚的交流，增进相互之间的信任，以认真地交换意见替代相互威胁和非理性敌对行动。

罗杰斯之所以那么肯定地认定可以透过交流来化解敌意，借助沟通来达到和平，就是因为他——或者说以人为中心理论——有一些可以用“大家都一样是人”来表述的基本假定。这几条关于人类普遍性的假定，是以人为中心团体治疗，也是罗杰斯主张的大群体矛盾解决的哲学基础。在这一节里，我们将先简单介绍一下以人为中心理论的几条基本假定，然后看一看罗杰斯在解决民族、宗教矛盾方面所做的工作。

按照麦瑞的意见（Merry, 1997, pp. 233–235），以人为中心心理学关于不同社区、文化、种族、宗教的人群可以互相沟通并借此化解矛盾的信念，有赖于以下三条假定：

第一，但凡最个人的，也是最普遍的。这个信念罗杰斯早在1961年就表达过。“每个人之最私己性的、独特的体验（如果能表达出来、与人分享的话）可能就是最能透进人心深处的要素。”（Rogers, 1961, p. 26）罗杰斯曾提到诗人和艺术家——这些人正是敢于将自己最内层、最独特的部分表达出来的人。一个人愈是能够深入探索内在心理活动，愈是能够了解最本真的自己，他就愈能够自我接纳；而同时，他对自己的发现也就愈是能够应用到别人身上。

第二，一个人的成长和发展愈是接近罗杰斯所说的“机能充分发挥”的境界，他也就愈是倾向于亲社会的、建设性的行为。这一点在前面谈论罗杰斯的人性观时已经有所提及。按照罗杰斯的实现趋向假设，当人摆脱了价值条件的束缚，对自己有无条件的接纳之后，他的自我实现趋向就与先天的实现趋向的方向一致起来。而当一个人沿着这样的自我实现的方向前进，达到较高的发展水平的时候，他不太可能出现反社会的、敌对的、拒斥同类的行为，而只会更为宽容，更为友善；他看人的观点也不会那么刻板，非白即黑，那么为偏见所左右。直截了当地说，发展得较好的人，不易成为一个种族主义者。

第三，个人力量可以转化为协作性的力量。这个观点是罗杰斯的门人纳什罗在罗杰斯内在评价定位的思想基础上发展出来的（Natiello, 1990）。当个体不再以价值条件为标准来评价经验，而是基于实现趋向来评价经验时，就是所谓“内在评价定位”（internal locus of evaluation）[1]。纳什罗在此基础上提出的“个人力量”是指“个人能有效地依自己的意志来行动，而非受制于外在控制力……个人能够觉察并依循内在的情感、需求与价值观来行事，而非听从他人之指引”（Natiello, 1987）。纳什罗认为，当个体能够清楚区别和体验到自己以及别人的体验和感受，又能与别人融洽合一，个人力量就转化为协作力量。协作力量的特点是既关注自己的需要，亦关注别人的需要，既相信自己为团体共同目标努力的能力和意愿，亦相信别人也有这种能力和意愿。显然，如果团体中的成员都避免了种族偏见、文化规范等等外在力量的控制，都发展

1 参见第三章第三节。

出了协作的力量，那么超越文化、种族、宗教的规限，实现“人”与“人”的交流就是可能的。

这三个假定，第一条是基础，是使其他假定成为可能的前提。正是这一人同此心、心同此理的普遍人性观，奠定了以人为中心理论解决文化和种族矛盾的基础。

但在另一方面，现实的人群、现实的种族和宗教教派，却既鲜有发展到机能充分发挥者，亦罕有现成的协作力量。这些都有赖于透过团体活动过程慢慢发展和生长出来。而且很自然地，文化、种族和宗教差异越大，团体就越难以发展出协作力量。所以，以人为中心的理念在应用到解决这类大群体（不同种族、不同宗教派别等等）的矛盾冲突上面时，要面对与同质性较高的心理治疗团体工作很不一样的困难。那么罗杰斯是怎样处理这些挑战的呢？综括罗杰斯对各次较重要的工作坊的谈论，可以发现罗杰斯比较重视这样几条原则和做法（Rogers, 1986c; 1982）。

第一，参加团体的成员是以“人”的身份（as a person）投入团体，而不是以“角色”身份（as a role）进入团体。这是最基本的一条。以人为中心理论认为，剥去了社会、文化、宗教、政治等等外在力量加诸我们的角色，让我们以“人”，而不是“白人”和“黑人”，“清教徒”和“天主教徒”，“巴勒斯坦人”和“以色列人”这样的身份相交往，我们实际上有比由文化、宗教和种族而来的差异点更大、更多的共同点，人们可以进行非常深入的交流，可以产生基于“人”的理解和关怀。很显然，这一原则是前述“大家都一样是人”信念的具体体现。

第二，有一位或几位老练的主持人。罗杰斯非常强调在这种类型的团体中主持人的作用。他自己所做的那一系列团体活动和工作坊，都是跟他在人学研究中心的同事们合作。他觉得他们是一个非常了不起的辅导员团体。对充满敌意、怨怒的情形见多识广，对成员间的文化、种族差异也有很好的了解，因而不容易被吓坏。他们对团体和团体活动过程本身的力量有很强的信念，因而不易被团体表面的混乱或者久无进展等情况所动摇。他们是以人为中心治疗娴熟的应用者。倒不是因为他们用了很特别的技巧，而是因为他们的行为举止和做派，在在都能体现出以人为中心的精神。因而他们能够很自然地在团体里创造出一种安全感，促成团体发展出真诚、关心和相互理解的气氛，从而使团体能够在不太长的时间里就出现非常个人化的体验和对体验的表达。

第三，情境及一些辅助条件。团体活动的环境及相关的一些安排要有助于成员无顾忌地以个人的身份出现，能有安全感，不需要戴上角色的防卫面具。比如避免采访和报道，没有外人观摩，等等。这是最基本的。除此之外，如果有一些有助于产生轻松不拘束的氛围的安排，则往往有锦上添花的功效。例如，在奥地利的一个工作坊，就被安排在奥地利和匈牙利边境的一个小城鲁斯特（Rust）的一间旅馆，而且其时正值奥地利一年一度的“新酿节”庆典。这是一个传统的庆贺葡萄丰收的节日，人们痛饮新酿的好酒，品尝美味的食品。这一气氛对团体成员的个人化交流和建立友谊是很有好处的。

第四，促成成员充分地表达感受，促成同感理解。像会心团体和个别治疗一样，表达和体验自己的感受，同感理解别人的感受，是最基本的活动内容。只是在这种团体里，有比较多一些的猜疑、不信任和敌意等消极情感，它们的自由表达比一般会心团体要更为困难一些。

罗杰斯和他的同事举办了好多个这种和平和解的工作坊。较著名的就是在20世纪80年代的几个热点地区——南非、中美洲和北爱尔兰所举办的工作坊。其中南非的热点是种族矛盾，中美洲是国家矛盾，而北爱尔兰是宗教矛盾。罗杰斯去世之后，他在人学研究中心的同事们还继续在90年代初举办了不少这一性质的工作坊。罗杰斯对这些工作坊显然是投入了满腔热情，所以在他生命最后几年里，他写作的主题都集中于此。其中一个最著名的工作坊，就是前面提到的在奥地利举行的那一个。下面对这个工作坊做一些介绍。

这个名为“中美洲的挑战”的工作坊于1985年11月1日到4日在奥地利的鲁斯特一家名叫Seehotel的旅馆举行。工作坊由哥斯达黎加的和平大学（University for Peace）和罗杰斯所属的拉乔拉人学研究中心赞助（实际上经费是来自一位银行家和其他人的捐助）。由罗杰斯和和平大学的卡拉佐（Rodrigo Carazo）担任负责人。后者是哥斯达黎加的前任总统，和平大学的创始人。

参加这个工作坊的成员几乎都是大人物。全部成员共50人，分别来自17个国家，除了中美洲七国外，还有智利、美国、奥地利、西德、印度、瑞典、巴勒斯坦等国家。其中有三位中美洲国家的卸任总统，哥斯达黎加的现任副总统，三名不同国家外交部的官员，七位大使，七位议员，还有若干名政府官员、大学教授和作家。但是所有的人都是以个人身份被邀请，以个人身份出席。

全部主持人都来自人学研究中心，包括罗杰斯共9人。工作坊除了全体活动外，又分作四个小组，每组有两位主持人（罗杰斯不参加小组活动）。这些主持人是罗杰斯的“嫡系部队”，都是非常有经验的以人为中心团体的治疗师。

大部分成员于10月31日星期四晚上到达，晚餐前有一个简单的欢迎酒会。星期五上午开始直到星期一，四天时间里除了三四次大会集中活动之外，主要是以小组为单位活动。其间在星期日晚间参加了当地的传统庆典，即上文曾提到的庆贺葡萄丰收的庆典活动。大家畅饮畅谈，气氛极其热烈。在工作坊即将结束的星期一下午，于维也纳召开了一个新闻发布会。

大体来说，这个工作坊与其他一些同类的工作坊的进程差不多。都有从开始时互动的浅表、迟疑，话题的非个人化，缺少个人体验感受的表达，到逐渐发展出一种安全、可以自由表达的气氛，有比较多一些的个人表达，到更隐秘的更私人的感受和负面情感的表露，从缺少同感到逐渐有较好的同感理解。就这个工作坊来说，罗杰斯认为，到第三天成员之间的交流就有很多是相当深入的了。

这种团体有两个可以想象的特点，一是敌意，二是偏见和误解。在这个工作坊中，一个普遍的敌意是针对美国的。好些成员都表达对美国的中美洲政策的不满和愤怒，指美国以自己的私利为转移来干涉中美洲的事务。但随着团体中的理解和自由表达的气氛日渐浓厚，这些敌意和偏见的双方都有很明显的转变，比如一位美国人和一位尼加拉瓜人成了非常亲密的朋友，二人共同起草了一份给各自国家政府领导人的建议书。

无论从外表看还是从实际看，这个工作坊都是相当成功的。罗杰斯自己显然为这次工作坊的成果而感到激动。他说："这个工作坊的收获比任何有理由期待的都要多——在重要性上，在影响的大小上，在开启新的沟通管道上，在它所吸引的参加者的多样性上。"（Rogers, 1986）他认为，这个工作坊表明了一个很有意义的事实：这些地位很高的人物——政治家、外交官、将领、教授，这些能够影响和带领成千上万普通人的人物，也跟普通人一样，渴望个人化的交往，深入的沟通，更密切更具探索性的对话。而以人为中心的方法也能够有效地应用在这些人身上，在这些人中间营造出安全、真诚地关注、愿意倾听和敏于理解的气氛。罗杰斯似乎倾向于这样的看法：把不同的人，即使是敌对双方的人，组织到一起来，设法让他们剥去角色面具，以人的本相相见，人们是很容易建立相互信任、相互喜爱的关系的。而个人的友好和喜爱，必然也会变成国家、民族之间的友好和喜爱。

也的确有大量的事例可以用来证明这个工作坊的成功。例如，在星期日和星期一的全体聚会上，不少成员表达了对这个团体经历的欣赏和高度评价。有的人说自己起先怀疑这个团体不事先设定一个日程的做法，后来才感到这是很高明的做法；一位菲律宾人，两位巴勒斯坦人都表示为这短短几天的经验感到震惊，菲律宾人希望他的国家可以从这一工作坊的经验中学习解决国内冲突的方法，巴勒斯坦人说他们对这里发生的事情感到妒忌，他们请求安排了这次聚会的人设法也安排巴勒斯坦人和以色列人的类似聚会。西德的女外交官表示她要把这里学到的东西用到国内去。她本人属于一个和平的团体，但她参加那个团体的时候，总觉得那是一个战争的团体。她从未有这里这般的团体经验，她可以把这里的东西带回国内，为长期分裂的人民做点什么。许多人谈到一个共同的发现：和平并不一定是不可想象的事情，和平已经在与会人士的心中出现了，如果让敌对双方的人民有更多这样的经验，和平并不遥远。需要做的是像这里一样的事情，让不同方面的人民建立起信任。新闻媒体也发表了很积极的报道，称这个工作坊是“非同寻常的政治和心理学实验”，具有应用到其他热点地区的价值。

实事求是地说，罗杰斯所推动的这些国际性的交流，真正对国际政治格局产生的影响还是非常有限的。但这些努力及其结果的确有助于说明，以人为中心的途径不限于心理治疗领域，亦不限于同质性较强的小团体（如一般的会心团体）。大的群体（民族和国家）之间的矛盾和冲突，也可以透过以人为中心的途径获得改善。

七

教育——以学生为中心

1963年离开大学之后，罗杰斯涉足心理治疗以外的多个领域。其中他说的话较多，影响也比较大的一个领域是教育。罗杰斯人本主义的教育思想即使在今天看来，也极具革命性！尤其是当我们反思当前我国基础教育现实时，它是非常具有启发性甚至是冲击力的。本章专门对罗杰斯的教育思想以及以人为中心的教育实践探索进行介绍。

概观

罗杰斯教育思想的激进性和革命性，首先表现在对传统教育的批判，其次表现在他自己的教育主张。不过，正如麦瑞及其他一些学者已经指出的，罗杰斯所提倡的“人本主义教育”，实际上有相当深远的历史渊源（Merry, 1997）。上溯250年，就有卢梭（1712—1778）的自然主义、人本主义的教育观。稍后于卢梭的裴斯泰洛齐（1746—1827）深受卢梭的影响，持有与卢梭相同的人性本善的信念。相信教育乃是开启学生的“善端”的事业。裴氏坚信“爱是教育的活水源头”，若缺乏爱，就会导致个人退步和堕落。裴氏认为教育的目的在于“全人发展”，应致力于发展个人的创造力、智力与感受力。裴氏是自己理论的实践者，由于他的躬身示范，引发了后来的教育工作者认真地思考和探索“以儿童为教育之核心”的可能。到了20世纪早期，这一教育思想有了更进一步的发展，如“蒙台梭利教学法”和杜威的进步教育观。蒙台梭利主张，学校应让儿童依照自己的方式，自由地探索外在世界，不必依赖老师教导。她痛恨学校教育使“学生们像被图钉钉住的蝴蝶一样，坐在自己的位子上，无力地扑动着双翅，努力吸取对自己既无用又无意义的知识”。而在美国，杜威对传统教育做了激烈的批评：“教育的重心不是在孩子身上……而是在教师、教科书上，教师对孩子本身的迫切需求与渴望的活动漠不关心！”（Dewey, 1906）杜威强调，孩子自有学习的天性，会自动自发地探索未知世界，教育应该顺应孩子的天性来设计，而不是让孩子来顺应那种非人化的僵硬冷漠的教育体制。

罗杰斯对杜威的教育思想是熟悉的。他在哥伦比亚大学学习时曾修过一门教育哲学课，导师基尔帕特里克就是杜威的学生，罗杰斯自认基尔帕特里克对杜威教育思想的阐发对他产生了较大的影响[1]。所以可以说，进步教育（Progressive Education）思想是罗杰斯的教育理念的直接源头之一。

但正如罗杰斯指其心理治疗理论来自他的直接经验一样，他的教育思想主要也是来自他的个人经验。在笔者看来，这些经验包括：心理治疗的经验，个人学习的经验，以及个人教学经验。

罗杰斯深信，以人为中心的心理治疗有很多东西可以为教育所借鉴（Rogers, 1961）。其中他最为推崇的，仍然是那些促成当事人发生积极的人格和行为改变的条件。他相信，这些条件也是促成有意义学习的基本条件。这一点在本章后面的内容中当可更明白地显示出来。

笔者相信罗杰斯早年的学习经历中有一些经验对他的教育和

1　参见第一章第一节。

学习思想有潜移默化的影响。首先，罗杰斯自幼就尝到了自主探索、自己学习的乐趣。例如他自己找书读，自己钻研饲养学的那些经历。他上大学时曾有过两次令他印象深刻的小组学习经验，一次是在威斯康星大学上一年级时的星期日午间学习小组，一次是在联合神学院他们一群同学自主组成的讨论小组。这两个小组的共同之处是自主学习、自由探索，没有强制性的要求、没有学校惯常所有的那些条条框框。这些经验在罗杰斯记忆里一定留下了深刻的印象，不然他不会在晚年回顾个人经历时很自然地提到这些事件（Rogers, 1961）。

罗杰斯关于教育改革的思想也来自他自己的教学实践。罗杰斯是一个高明的教师，他几乎一从教（在俄亥俄州立大学）就教得很出色，而他的教学风格一开始就跟传统教法大相径庭。简单地说，他的课堂是以学生为中心的，从学习的内容到课堂过程到学习评分都是学生做主，而学生在他的课堂上又会感到最有收获。他关于教育的思想和他自己的教学经验是无法分开的。他的许多新想法就是直接来自他自己的课堂。

把以人为中心的教育思想仅仅看成一些“思想”和理念并不很妥当。约从20世纪60年代始，以罗杰斯的理念为向导，有许多人——包括罗杰斯自己——实实在在地去实践了罗杰斯的那些想法。这包括了从大学到幼儿园，从普通学校到特殊学校的试验。

同时，也有以“以人为中心教育”为研究对象的实验研究。这些研究从数量、规模和影响等方面来衡量，都足以和任何一个新的教育改革模式相媲美。在实验结果方面，这些研究大多都给出了非常肯定的结论。这使“以人为中心教育”迅速被学术界所认识和承认。从20世纪70年代至今，在教育理论和教育心理学理论领域，大都要给罗杰斯及其以人为中心的教育理论一席之地。有的教科书甚至将其教育理论列为几种主要的教学理论或者教育心理学理论之一。例如帕特森的《教学和教育心理学理论基础》一书就将罗杰斯的“人本教育”列为五大教育发展趋势之一（Patterson, 1977）。

罗杰斯关于教育的著作除了一些散见于期刊和文集的单篇文章之外，还有一本专著，名为《自由学习》（1969），这本书于1983年再版，做了较大改动，约有二分之一的篇幅是新内容，书名也改为《80年代的自由学习》。改动的主要部分是增加了从前一版出版以来就以人为中心的教育思想进行的许多教改实例，以及对人本教学模式所做的实验研究。由于这本书差不多可看成罗杰斯教育思想的总结，故这一章基本上以此书为依据。

传统教育批判

像其他人本主义教育家一样，罗杰斯也对传统教育进行了严厉的批判。他的批评不仅仅涉及教学过程，还包括了教育体制和政治。我们从后者说起。

“我相信，我们的教育体制不能满足我们社会的真正需要。我曾说，从总体上看，我们的学校是当代最守旧、保守、僵化，以及官僚主义盛行的机构，也是最抗拒改革的机构。”《80年代的自由学习》一书劈头而来就是这样一段判词（Rogers, 1983, p. 1）。罗杰斯首先把矛头指向教育的官僚体制和政治方面。他指出，种种由联邦和州制定的法律，由州确定的课程，以及其他一些考核和评鉴奖惩制度，把教师和学校的积极性和创造性扼杀了。这些条条框框直接控制着学校内部的运作和教师的行为。在这些制度下，教师只好按部就班地照章办事，不要有新想法、新花样，不要捅娄子，教学变成了一件枯燥乏味又烦人的日常工作（Rogers, 1983, p. 12）。

罗杰斯又特别批评当时（20世纪80年代初）美国社会上的右派

保守力量对教育方面刚刚出现的一些革新——尤其是人本主义的教育改革——的攻击和压制。保守派人士指责人本主义的教育助长了社会腐败和道德沦丧，甚至把当时美国社会出现的许多问题如性解放、学业成绩不良、犯罪和违规现象增加等等，归咎于人本主义运动。罗杰斯坚决反对这样的指控，指它为麦卡锡主义[1]式的迫害（Rogers, 1983, pp. 12–15）。

相对而言，罗杰斯觉得更严重的是在现有的教育体制之下，学生所遭遇的不满和挫折。罗杰斯说，决定着世界未来的，是成千上万的儿童和青少年，是他们的求知欲，好奇心，他们在复杂的情境中进行决策的能力（Rogers, 1983, p. 1）。而现有的教育制度每时每刻都在摧残孩子们的这些天性。罗杰斯引用专门的调查资料、报告、个人的参访所见，以及其他一些来源的事例，生动地揭示出各级学校里普遍存在的死气沉沉的教学景象。例如大学里普遍存在的混学分的现象，中小学生许多都反映学校是“一个烦人的地方”，学生的学习兴趣在学习期间是“从有到无”地发展。“厌学”且不说，还有那么多的学生“厌生”。罗杰斯引证有关调查，表明许多学生，甚至是小学生，有或曾有过自杀的念头（Rogers, 1983, pp. 15–17）。

罗杰斯概括出传统教育有这样一些特点：

1. 教师是知识的持有者，学生被看成知识的接受者。教的人

1　麦卡锡主义（McCarthyism），20世纪40年代末50年代初，美国政治生活中以防共、反共为主要宗旨的运动。很多民主派、教授和学者因此遭到迫害。该运动由参议员麦卡锡发起，故名。

和学的人在地位上有一道尊卑有别的鸿沟。

2. 讲授、教科书以及其他一些言语智性的教导方法被作为传授知识的主要手段。考试则是检查学生接受情况的手段。这些是现行教育的核心元素。罗杰斯对考试所扮演的角色尤其反感，他正确地看到，考试已经变成了学校教育中最重要的方面，所有其他的方面几乎都是围着考试转。

3. 控制是学校政治的基本方面。在学校里，老师是拥有权力的人，学生的义务是服从；而学校的行政主管又是更大权力的拥有者，教师和学生都是服从者。这种权力控制是学校行政的主要特点。

4. 课堂管理的基本策略是倚仗权威。新入职的教师常常接到忠告，上第一节课就要给学生一个下马威。教师中流行的一句话是："圣诞节以前不要给学生笑脸！"

5. 信任被压抑到最低程度。教师极不信任学生，不相信他们在自己支配的时间里会主动学习，不相信学生在没有监管的情况下会表现出好的行为。学生亦不信任老师，对老师的动机、诚意、公平和公正以及老师的能力都不信任。

6. 教育的主体——学生——间歇地或经常地被置于恐惧状态之下。体罚虽然减少了，但因挖苦、嘲弄，甚或言辞侮辱而造成的失败感和伤害，仍然笼罩着学校。这是中小学里的主要情况，在大学则另有一些维持学生恐惧感的东西：学分、奖学金、能否毕业、能否找到工作等等。

7. *在实际的学习和学校生活中，民主精神和价值被忽视。*学生没法对教学目标、课程和学习方式表达意见，教师亦没有权力决定校长的人选。对政府关于教育的方针和大计就更谈不上产生任何影响了。

8. *偏重智能，废弃全人发展。*罗杰斯说，在小学里，孩子们天然的好奇心一开始就受到扼制，越往后越被窒息，孩子喜欢的身体运动也被约束；中学阶段本来应该是学习处理情绪，学习与异性交往的一个重要时期，可是这些学习一直被忽视；到了大学则变本加厉地“以左脑为中心”。

作为一位人本主义者，罗杰斯更多地从人性本位，从个人价值角度对现存教育体制进行批判，这是完全可以理解的。但罗杰斯还是一个个人和社会统一论者[1]，所以他同时也认为，现存教育不仅是不人道，而且也不能适应社会发展的需要。所以即使从功利的立场看，现存教育也是应该否定的，因为它不能培养出明天和下个世纪所需要的新人。

1 罗杰斯有这样的思想：如果让每个个人都充分发展，由于人类天性是富建设性，友善，具社会性的，故在这样的社会里，个人和社会会达到高度的一致。当然这种统一，仍然是以个人特性为转移的。

以学生为中心模式

我们需要什么样的教育

教育活动中两样最基本的东西乃是“教”和“学”。让我们从这两个方面来看罗杰斯心目中理想的教育。

什么是理想的“教学”？常识说，管好课堂的秩序，讲授知识，布置练习和作业，考试和评分，把这些事项做得出色，便是理想的教学。但罗杰斯的反应是：大谬不然！罗杰斯曾在哈佛大学的一个研讨会上以非常尖锐极端的措辞，指责这样的教学“要么是无关紧要的，要么是有害的！”（Rogers, 1961, p. 276）罗杰斯直言自己对传统的教学有反感。传统的教学概念的内涵经不住推敲。罗杰斯说他特地去查了词典上“教”（teaching）一词的释义，“教”就是“指示”“传授知识或技能”“呈示、点拨、指导”，诸如此类。简单地说，“教”就是使人懂得些什么。罗杰斯说：“我一点也不想使什么人懂得什么东西。”（Rogers, 1983, p. 119）为什么？因为他不知道为什么另一个人该学你教的东西。“我真的怀疑，在现在这个世界上，我们还有没有把握断定我们比学生更有智慧，更知道未来。我们真的确知他们该学些什么吗？”澳大利亚土著把寻找饮水、穿过沙漠、猎杀袋鼠的技能一代一代传下去，他们确知下一代将在与上一代一样的环境中生存；而在现代社会里，一切都在不停歇的变化之中。“我唯一能肯定的就是今天你教的物理，明天就会过时。”（Rogers, 1983, p. 120）

罗杰斯从海德格尔的话里受到启发，从而引申出自己关于教学的看法。海德格尔说：“教甚至比学还要难。为什么？……因为教的目的乃是让（学生）学习。实际上，真正的教师所做的，仅只是让学生学会‘学习’。”（Heidegger, 1968, p. 75）罗杰斯从这里找到了使自己的想法概念化的灵感。他比海德格尔更进一步，不是“让（学生）学习”而是“促进学习”（facilitating learning）。他说：“老师的首要任务就是允许（permit）学生学习，允许他满足自己的好奇心。”他进一步称，衡量一个教师优秀与否的标准是“看他有多大的创造性以促进（facilitating）学习，以保持或激发学生对学习的热爱”。（Rogers, 1983, p. 18）因为对于现代社会中的孩子来说，真正重要的不是现成的和现存的知识，而是他们知道怎样学习，因此教育应该以学习过程、学习经验、学习态度和兴趣等等东西为目标。

从海德格尔到罗杰斯，甚至再上溯到本章开头提到的那几位人本教育的先驱人物，他们之所以提倡以学生或儿童为中心，还由于他们都同意一个很古老然而却一直很有生命力的假设：在人类身上，学习乃是一自然现象。人类个体天生就有学习动机，而人类个体的学习发展过程亦自有其独有的规律。人本教育者的这个假设，在较早的时代可能主要来自对孩童学习现象的日常观察；但在近现代以来，实际上已经积累了大量科学观察支持这个假设。例如人类（甚至高等动物）天生的学习动机在20世纪屡屡被证实确然存在（Deci, 1975），又如20世纪对儿童认知发展规律的发现，都可以为上述假设的注脚。从这一假设出发，就自然会要求教学要以学生为中心，尽可能让学生顺其天性的要求去学习。用海德格尔的话说，就是“让（学生）学习”。因为这样自然发生的学习是最符合人的天性的学习。笔者从罗杰斯的字里行间得到一个印象，就是他不仅认为这是最符合天性的学习，同时也认为这是最好最有价值的学习。

以上说的是“教”，我们再看“学”。罗杰斯说，可以把学习分成两个大的类型。一类是有意义的学习，另一类是无意义的学习。这个划分是把意义性作为一个维度，二者分别处于维度的两端。实际的学习大多是介于两极端之间的。罗杰斯的这个划分与现代教育心理学中对学习的一种划分是一致的（邵瑞珍，皮连生，1988）。不幸的是罗杰斯把“意义性”界定得有点乱。“意义”这个词可以做两种解释。一是指学习的材料对学习者来说是不是可以理解：如果是可以理解的，就说是有意义学习；如果是不能理解的，就是无意义学习[1]。另一种解释是指所学的东西对学习者来说是

1 常有人按材料的意义性来界定学习的有无意义，但那是不对的。固然无意义音节可以说是确然无意义的材料，但即便是爱因斯坦的相对论公式，对许多人来说也是无意义的。因为他们现有的知识不能够理解它。所以学习的有意义或无意义，必得看材料与学习者已有知识的关系。

不是有价值，即是否重要，是否值得学习。现代教育心理学关于意义学习的界定是从理解角度做出的。罗杰斯在谈论他的划分时，举的是无意义音节的例子（Rogers, 1983, p. 19），似乎他也是在这个界定角度谈学习的划分。但看下面的内容，就发现他并不是严格地在这个角度上谈，而更多地是从所学之物或学习活动过程对于学习者是否有价值这个角度上谈。既然如此，我们就不拘泥于“意义性”到底该做何解，只是按罗杰斯的本意来看他所说的“有意义学习”有哪些特点。

第一，有意义的学习是“有意义”的。即是说，学习的对象或者课题对于学习者来说是一个有着个人意义或者个人价值的问题。罗杰斯把这种问题称为“真实的问题”。这种问题是与学生有切身关系的问题。罗杰斯批评现在的教育把学生与真正的问题隔离开来。他说：“显然，如果我们想要学生学做自由和负责任的人，我们就必须愿意让他们直面生活，面对难题。”（Rogers, 1969, p. 130）照这个逻辑，最好的“真正的问题”乃是学习者真实生活中所面对的问题。假如一个五岁的孩子，迁居外国生活，与她的新朋友每天玩上数小时，虽然未受任何专门的外语训练，也可以在几个月内学会新的语言，且学会正确的发音和语调。因为她是在一个切身相关的生活中，以一种有个人意义的方式去学习。因而学得极快。反之，如果让一位外国老师，按照他觉得有效的方式去教这个小女孩，学习将慢得可怕。

对罗杰斯这个有意义学习的思想，恐怕很多教育学家会有所保留。固然，真实情境由于与学习者发生切身关系，很可能从学习兴趣和动机方面对学习过程发生较大的影响，因而可能产生较为有效的学习。罗杰斯在这一点上是对的。但这种诉诸直接经验的学习局限性也非常大。按照教育心理学的一般见解，学生的学习主要是对前人积累的间接经验的学习，很多学习内容是不可能与学习者发生切身关系的。例如宏观层面如宇宙、天体的知识，微观层面如粒子结构的知识，难道这些知识经验就不用学习了吗？罗杰斯在这里真有点由偏激而走向片面与狭隘。

不过罗杰斯在讲“与个人有切身关系”这层意思的时候还有一个想法，那个想法是值得重视的。罗杰斯之所以重视“真实情境”中的学习，还因为他认为那是一种体验性的学习。在真实的情境中，学习者去感受、去做、去行动，他的智性活动和感知、情感活动交织在一起，他是全身心都在学习之中，因为所学的对他有切实的个人意义。罗杰斯认为，这种学习有一些独特的优点：它是对个人有生存和发展的意义的，它是高效率的，它是不容易忘记的。

第二，有意义的学习是全人投入的学习。罗杰斯批评现存的教育是一种“左脑教育”，因为现在的教学是逻辑的、线性的，学习的内容和过程强调分析、步骤。只有确定无疑的东西、清楚明白的东西才有资格被教授，而所有这些特点都恰好和左脑的功能相吻合。有意义的学习是全人投入，左右脑并用的学习；它同样也重视直觉性的学习、情感性的学习——而这些是右脑的功能。

第三，有意义的学习是自发（self-initiated）的学习。人类天生就有好奇心，小孩有永远也不能餍足的学习兴趣，所以儿童是可以自发地进行学习的。这种学习兴趣是极为宝贵的财富，是最重要的学习动力。罗杰斯正确地看出，从兴趣出发的学习，学习者是由学习活动本身获得奖赏，因而学习兴趣能够持续不衰。他说："即使激发或者刺激来自外部，那种发现的感觉，达成的感觉，掌握和理解的感觉，却是发自个人内心。"（Rogers, 1983, p. 20）他强调有意义的学习要利用和激发学生的学习兴趣。

第四，有意义的学习是自我评价的学习。与自发学习相应的是让学生自己评价学习效果。罗杰斯说，这样就能够使自发学习变成也是自我负责的学习。他希望让学生自己决定评价的标准和要达到的目标，也据此衡量自己进步的程度。罗杰斯在自己的教学班上，历来都是让学生自己给自己评分。

以人为中心模式教学和管理上的特点

与传统教育相对，罗杰斯概括以人为中心的教学模式有如下一些特点：

有一位领导人（通常是教师），他对自己有足够的安全感和自信，从而使他能够对学生感到充分的信任，相信他们的自为、自律、向上、成长的能力。教师起着促进者的作用。这一特点其实也是以人为中心的教育最基本的条件。

教师和学生——有时还包括家长和社区人员——共同对学习

进程负责。这包括所有相关的事务，如确定课程、进度、课堂规范以及班级管理措施等等。分担责任是精髓。

促进者提供学习的资料。资料来源可能是他个人的感受和经验，亦可来自书刊文献或社区事件等等。他也鼓励学生提供他们自己的学习资源，供全体学习者取用。

学生依据自己的情况——个人兴趣、自己学习的目的、原来的知识基础等等——独自或者在别人的帮助下，确定自己的学习计划。学生自己对自己的计划负责。

教师带头或由他做出最初的努力，慢慢在班上发展出一种促进学习作用的气氛。这种气氛的基本要素是真诚、关注和理解性的倾听。

教学的关注点主要放在学生的学习过程上而不是教学的内容上。也就是说，教师评价学习进度或效果时，主要是看学生在“学会学习”上取得了多大进步，而不专注于该学的东西是否全都学完了，学懂了。

纪律是为达到学生自己的学习目标而确定的，因而它们实际上是“自律”。由这样的纪律取代外部规定的纪律。

学习的程度和价值首先是由学习者自己来评价，老师的评价（如果有的话）只是给学生提供一个不同的参考。

在这种“有利于成长”的气氛中，学习进展会加快，学习对个人的影响会更为广泛，不仅只是增长知识，态度、情感等方面也会发生积极变化（Rogers, 1983, pp. 188–189）。

促进学习

虽然教学的主要目标不在于知识甚至技能的掌握，而在于过程，在于让学生保持和产生好奇心，让他们任他们的兴趣带领到任何未知领域去探求，让他们开放地面对任何经验，让他们认识到一切事物都是变动不居的，但这种让人兴奋的情景并不是唾手可得的，相反，它要求有新的教法——如果有“教法”这回事的话——而这种新的教法又取决于新的老师。

老师——促进者

以学生为中心教学的成败，关键在于教师，在于教师能不能在班上创造出一种自由学习的氛围，而这氛围的实质乃是师生关系。在这一新的师生关系中，教师放下了传统的教师角色及其面具，他不再是个全知全能的“神”，不再是至高无上的、不能冒犯的绝对权威，而仅仅只是一个学习的促进者（facilitator）。那么怎样才能成为一个有效的促进者？罗杰斯说，这不取决于教师的教学才能，也不取决于他的专业学识，也不取决于课程设计、先进的教学工具的利用与否、参考书籍的多寡等等，而取决于教师与学生互动时的态度特征。其中最核心的几条态度特征就是我们已经非常熟悉的真诚、关注和同感。罗杰斯说，他起初（1968）还是尝试性地提出这三条态度特征为有效促进自由学习的条件，后来由于有了相当多的实验和研究支持他的假设，所以他在写作《80年代的自由学习》的时候就信心十足了。

由于我们已经相当了解真诚、关注和同感的基本和一般的含义，所以这里只侧重从这几种态度见之于师生关系时的特有表现说一说。

真实。罗杰斯在描述师生关系时屡屡用“真实”（realness）这个词，而不是像在谈治疗关系时那样较多用“真诚”（genuineness），虽然有时也用后者来替换前者。对教师而言，真实意味着他在师生关系中是一个真实的个人，而不是“老师”（角色）。他可以激情迸发，也可以感到心烦；可以表达对学生的兴趣，也可恼怒；可以敏感，可以同情。总之，他是一个活生生的个人。从他个人内在的体验来讲，他能够意识到并且接受自己的所有的感受，不管是正面的还是负面的。他能够清楚这是她的感受，而没有必要把它们强加在学生身上。他可以喜欢也可以不喜欢学生的行为、功课以及其他。如果合适的话也可以表达给学生，但他在这么做的时候，他同时也能让学生感觉到，他不喜欢的是行为或功课，而不是学生这个人。

珍视，接受，信任。这种态度在治疗关系中被称为无条件积极关注。罗杰斯可能觉得在学校里它的色彩应该稍稍有点不同，但又一时找不到更合适的字眼来描述，所以一口气用了三个词来代表他想表达的意思。但不管怎么说，它的基本含义还是早先所说的无条件积极关注。这种态度意味着老师对学生发自内心的、无条件的、不要理由的珍爱和关怀，但这种珍爱和关怀又不带占有的色彩，它是尊重学生的独立性的。罗杰斯说，具有这种态度的老师既能接受学生成功时的喜悦，也能接受学生在面对新问题时的彷徨和害怕；他既能接受孩子自律自觉，也能接受孩子偶尔的分心或心有旁骛；他能接受孩子那些有益于学习和成长的感受，也能接受他们有不利于学习和成长的感受（Rogers, 1983, p. 124）。总之，不管孩子表现如何，他始终觉得孩子们可爱，值得爱，并且表达出他的爱，但这种爱又不同于有些家长的那种占有性的爱（我爱他因为他是我的孩子，他属于我）。

同感理解。同感理解的含义前面已经详细说明。但这个态度以及它特有的反应方式对许多学校老师来说可能比较陌生。关爱学生、尊重学生虽然不易做到，但并不难懂，但设身处地、感同身受地了解学生的感受和想法，大部分老师会觉得不习惯。罗杰斯说，这种态度在教室里几乎是闻所未闻的事（Rogers, 1983, p. 125）。你去一间小学的课室，观察上千次师生交流，恐怕也难得发现一次真正的同感交流。它要求老师用孩子的眼睛看世界和他自己，不带评判的色彩，不依自己的好恶来对待孩子的表现。你会发现，大多数老师恰恰总是习惯以评判的态度、好恶取舍的态度来跟学生打交道。

是不是老师在任何时候都要表现出上述这几样基本态度，如果某位老师发现他的确没有体验到对某个学生的同感理解，或者暂时没有感受到对某个孩子的接受和关注，那该怎么办？罗杰斯说，事实上这种情况是经常发生的，任何时候面对任何学生都有上述三种基本态度的老师可说是天下难找。不过，如果教师能够把三种态度中的最重要的态度——真诚——切记在心，真正能够做到真诚相待，在没有理解的时候不伪装有理解，没有关心的时候不假装关心，事情都会慢慢变好的。

罗杰斯说，要具备这三种态度，其根本系于一个信念。那就是你对人类有机体有无最基本的信任，相信凡生而为人者，皆有一个趋向，一种潜在的能力：向积极的、善的、强大的、建设性的方面发展。“如果我信任人类个体具有发展其潜能的力量，我就会给予他大量的机会，允许他在自己的学习中选择自己的方向，自己的路线。”（Rogers, 1983, p. 127）这实际是一种积极的人性假设。有此一人性假设和信念者，对人自然宽厚、真诚，较无戒心，较易给人自由。这个道理是颇能服人的。

除了上述三条最基本的态度之外，从一个传统的老师到一个学习的促进者，还有一些需要重新认识和转变的地方。其中主要者如下：

不是“教”而是“促”。罗杰斯说传统的教师奉行的是“桶罐理论”：学生是装知识的桶，老师一罐一罐地把知识舀到桶里去。因此，传统的老师琢磨的是，“怎样使那些知识桶保持平稳，以便我把罐里的知识——那些在教材的编制者和我自己看来有价值的知识——装到桶里去”。但作为学习的促进者，新的老师的注意力主要是放在创造学习的氛围上，“怎样创造出一种特殊的心理气氛，使学生感到自由和安全，可以任意发挥好奇心，不怕出错和失败，既可从书本上和老师那里学习，也可以从环境、同学和个人经验中学习”（Rogers, 1983, p. 136）。这是一个非常大的转变，新的教学所要求的是完全不同的侧重点。

明白有意义学习对于孩子是怎么回事。如前所述，有意义学习乃是出自学生的兴趣的，或学生感到很重要的，或学生认为有价值的或有切身关系的学习。教师要真正明白孩子进入有意义学习状态的一些特点。那种全身心投入的状态与被动学习的状态完全无法相比。学生更主动、更积极、更有创造性；他体会到浓厚的乐趣；学习变得格外有效率……罗杰斯说他永远也忘不了少年时代他自己养蛾育蛾并研究蛾的经验[1]，他认为那就是一种有意义的学习。只有当一位教师对这种学习状态心中有数并且深知它的价值的时候，他才有可能努力去追求、去创造这种学习条件。

重视学生的个别性。从根本上说，以学生为中心的教学是一种个别化的教学。现代学校教育采取集体教学，在大大提高了教学资源的利用率的同时，也牺牲了学生的个别差异。如何在集体教学的框框里照顾到学生的个别差异，一直是教育研究者的一个难题。罗杰斯所提倡的自由学习以其独特的方式在一定程度上克

1　参见第一章第一节。

服了这个“鱼和熊掌不可兼得”的问题。因为这种学习允许学生选择自己喜欢的题目、以个人所擅长或喜爱的方式去学习。它把统一学习内容、统一学习进度、统一评价标准这些集体教学的要素的作用压至最低。在这样的框架里，要求教师花更多的时间去了解每一个学生，了解每个学生独特的兴趣、特长和风格。基本上，这种新的学习要求老师与同学建立一种非常个人化的交流关系。促进者比传统的教师更多一些与单个学生的个别交流。

好奇心和创造力。扼杀学生天然的好奇心是传统教育最严重最不能容忍的罪过。本来天真好奇的孩子，送进学校并经过一番“教育”之后，大多都变得不好奇不好问了；而在很多科学家、教育家眼里，好奇心或探究未知的兴趣是比什么都珍贵的个人财富和社会财富。加州理工大学的教务长曾跟罗杰斯说，要是由他来录取学生的话，他会只按一个标准来录取：学生所表现出的好奇心的大小。罗杰斯强调，作为促进者的老师要珍视学生的好奇心和求知欲，把保持和释放学生的好奇心作为关注的重点。

自由学习的教学法

如果有某位教师希望在他的班上尝试以学生为中心的教学，想要给他的学生学习的自由，罗杰斯能给予什么具体的建议吗？尽管罗杰斯极不情愿亦极不欣赏指南式的指教，他还是提供了若干较为实际的方法。这些方法大多不是出自罗杰斯，而是来自那些实验以人为中心教学的大学教师、中学教师、小学教师。

从真实的问题开始。“真实的问题”，如前所述，是罗杰斯非常重视的一个概念。罗杰斯极不赞成给学生那些纯粹形式上的、与学生的切身实际不发生任何关联的学习课题。他觉得要想让学生学会做自由自主和自我负责的人，就必须让他们面对真实的问题。引出真实的问题的好方法之一，是从学生中间发掘出问题，而这些问题又与当前的学习课程有关联。比如，根据学生的实际情况，让他们面对一些在眼前或在可以预见的将来会遭遇的实际问题；也可以创设真实的情境，让学生在实际情境中遭遇那些实际问题。一旦在一个班上养成了自由学习的风气，学生就会不断地发掘他们自己的真问题，这些真问题会一个接着一个自动出现。因为随着学生钻研的开始，人类天生的探究兴趣或由于所钻研问题本身的逻辑联系，一个问题总是导致更多的问题，所以这个过程会自动展开和延续下去。

提供学习的材料。罗杰斯说，在促进学习的教学中，促进者的主要时间可能是花在学习材料的搜集和提供上面（Rogers, 1983, p. 141）。“相对于（传统教师）把大块的时间都花在备课和讲课上，促进型的教师集中精力于提供各种学习资源，以使学生进行切合自身实际需要的学习。他们也花时间去思考和设计这些材料的呈示方式，以优化或者简化学生在研究消化这些材料时实际的和心理上的步骤。”（Rogers, 1983, p. 148）

除了通常的学术性资源（书刊、文献、地图、工具、影片和音像资料等）外，罗杰斯还非常重视活的资源——人。比如由社区的某个人士来介绍本区遇到的某个问题或者本区的某项发展。当然教师本人可能是最方便最合适的“人资源”——他的学识、经验、专长与态度都对学生有极大的影响。所以，教师应该让学生知道，除了课堂之外，他在何时、何地、何事上，可以给予学生帮助。

利用合同。罗杰斯发现不少实验以人为中心教学的老师都尝试用合同的方法。他们与学生签订一个关于学生学习计划的合同。每个学生自己选择学习目标和成绩以及通过的标准，然后去完成它。合同一方面给予学生相当的自由，可以根据自己的兴趣、能力、意愿去学习；另一方面也让他们具体地明白自己该实现的目标，以及该努力的事项。合同把传统上由教师来承担的诸如督促学习、给予评价等工作很有效地交还给学生自己。它不但提高了学习效率，而且还培养了学生的独立负责态度。

充分利用社会进行实践性的学习。社区的许多实际问题都可以变成学习的课题。假如一所设在白人和黑人矛盾较多社区的学校，有学生去做一个实地访谈，以了解种族矛盾的原因。让学生把这项调查做成一项系统的作业，从访谈的设计、技巧的学习、抽样、实地访谈，到结果的分析、结论的形成，都由学生去尝试，这样一个过程会导致难以想象的学习成就。

有许多方式来进行这类实践学习。如参加校外的训练营、研讨会，或是参观、访问，或是参与社会的某些实际调查研究工作，都是很有效的途径。

这种学习的目的之一，是使学生成为知识的主动追求者，而不是被动的接受者。

借重“小老师”。热心、负责、能干的小老师，不仅可以协助教师帮助同学，同时他们自己也能由于这些经验而更肯定自己、激励自己、充实自己。

小老师可以由教师推荐、同学推选或自荐；小老师的教学可定时亦可不定时；可一教一，也可以一教多。

分组。人本教育允许个人根据自己的需要、兴趣、能力而学习。所以如果有学生仍然偏爱传统的教育方式，老师也没有理由强迫他自由学习。例如，有老师将学生分为两组，一组是自我指导的学习，另一组采取传统的学习方式，并且让他们有随时转组的自由。也有教师请求校方同意，让学生有选择人本教育或者传统教育的自由。

此外，同学彼此之间也可以因某项兴趣或爱好而聚为一组，开展某项专门活动。这很类似我国学校的兴趣小组的形式。如音乐、舞蹈、新闻、体育等等。

由于人本教学的教师也是学员中的一分子，因此他可以应同学之邀或主动地加入各小组活动，与同学共同探讨问题。

利用会心团体。一些试验者尝试在教学班里引入会心团体活动取得了成功；也有人同样成功地采用会心团体来训练以人为中心的老师和学校主管。成功的试验者都发现，学生或别的参加者在团体过程中都有相当深刻的体验，对人、对己和对事的态度有了很大改变。尤其是集体精神得到成长和发挥，平时互相瞧着都不顺眼的，变得情同手足；消极抵抗者变成了积极参与者；相互支持取代了钩心斗角。

会心团体还可以根据学校班级这个特殊的组织而发展出一些更适切的形式。如将同一个班分成几个小的会心小组；又如有的会心小组依照与学习有关的某个主题而组织起来。

自我评价。所谓自我评价，就是由学习者负起考核自己的责任。自己确定评分的标准，并实际执行评价，看是否达到了原定的目标。通俗地说，就是自己给自己打分。这项操作既是以人为中心学习方式的一个特色，也是“有意义学习”的一个条件。罗杰斯认为，学习是个人的事，没有人可以真正知道另一个人学到了多少，只有自己最清楚自己学得怎样。

在传统教学中，考核评鉴是老师权威的一个来源。分数是老师控制学生的法宝，但这种控制是外在的控制，它总是引起挫折感、敌意、不负责任等等消极反应。在自由学习条件下，把评价的权力同时也是自我负责的责任交给了学生，其结果绝不仅仅是道德意义上的进步，它更是促成学生自我成长，保证个别化学习，提高学习成效的有效措施。

自我评价亦不一定单单从知识的掌握角度来衡量，学生也可以从学习态度、学习兴趣等方面来评分，亦可以综合几个不同的评价角度来给分。评分的方式也可以五花八门。例如自己给自己出题，自己邀请几位同学给自己评分。无论如何，自我评价的基本目标和价值，就是帮助学习者成为主动的、自我负责的学习者。

实践和研究

从20世纪60年代罗杰斯提出以人为中心的教育这个号召开始，就有人很认真地去将此理念付诸实践。由于罗杰斯并不主张，也未提出一个固定的以人为中心教育的模式，所以许多实践者按照自己学校的实际和个人的实际来发展和创造各种体现以人为中心理念的实践。罗杰斯对这些创造亦感到非常鼓舞。其中有单个教师在一个课堂上的尝试，也有联合数十所学校，涉及数万人的大规模试验。这些实践汇集起来以后，形成了相当规模的声势。参与这一改革的，既有普通的大中小学，也有工读学校之类的特殊学校；既有美国的学校，也有欧洲和东方的学校。甚至在美国的陆海空军中也有实践以人为中心教育的机构（Rogers, 1983）。

与此同时，一些人对以人为中心的教育模式进行了实验研究（许惠珠，1987，第47页）。其中比较重要和著名的有阿斯匹和卢巴克（Aspy & Roebuck）在美国做的研究，以及陶希（Tausch）等人在德国做的研究。总的说来，这些研究都表明，以人为中心的教育是经得起实验检验的，它在各个可评价的教育指标上都优于传统教育。卢巴克幽默地说："以人为中心的教育相当棒——在真实学校的天地里它很棒，在统计学的计算机里头它也很棒。"[1]（Rogers, 1983, p. 198）以下我们对这两项研究做一个扼要介绍。

NCHE的研究

阿斯匹和卢巴克等发起成立了一个名为"人本化教育全国协作组"（National Consortium for Humanizing Education，简称NCHE）的组织，成立这个组织的目的是进行以人为中心教育的研究和培训工作，以推广以人为中心的教育事业。参加这项计划的包括美国42个州和另外7个国家的学校，动员了两千多位教师，两万多名学生，涉及从幼儿园到大学所有层次的学校。整个计划前后共用了17年。在教育史上，如此大规模的研究计划是非常少见的。

研究者对NCHE计划所得结果的一个最概括的结论是："当学生受到高水平的理解、关注和真诚的对待，与他们受到低水平的（三条件）对待的情况相比，他们学得更好，行为表现也更好。"（Rogers, 1983, p. 199）

研究者首先发展并确定了一个模型，称为"教学中的人际关系模型"。本来，以人为中心教育理念并不喜欢模式化，但为了实证研究的操作化和精确化，必须有一个模型用作检验的靶子。这个模型如下：

1　作者这是意指对研究的数据用计算机进行统计分析。

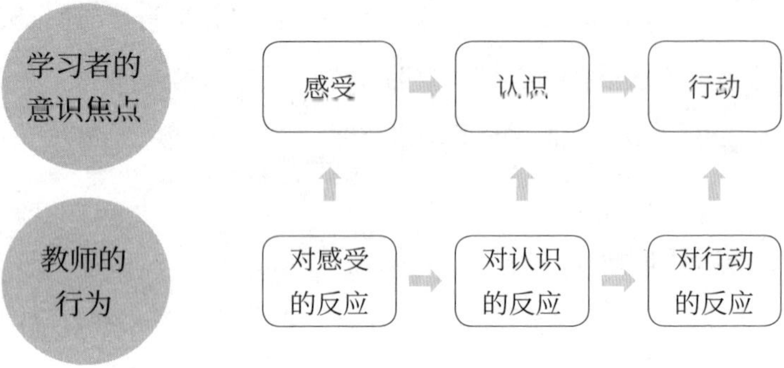

这个模型是根据以人为中心理论发展出来的。学习者的意识焦点指学习者当时主导性心理活动的性质，分为感受（体验性的）、认识（概念性的）和行动（诉诸动作的）；教师的行为相应地也分为三种。研究者又分别对学生的三种反应和教师的三种反应进行了操作性定义，即预先规定何种反应属于“感受”，何种反应属于“对感受的反应”，如此等等。此外又确定了一个多角度的学生行为的评价指标体系，其中包括如智商、学业成绩、行为问题、旷课、自我概念等等。

对老师的三种反应的评判标准系根据罗杰斯的真实、关注和同感这三大要件编订的。采用一个五级评定量表对教师的反应进行评定，以确定反应表现了多大程度的真诚、同感和积极关注。

该项目还对参与的教师提供适当的训练和反馈，即培训他们的“三态度要素”，并对他们在课堂上涉及三态度的表现及时给予反馈，还不断提供学生在计划进行过程中的阶段性的表现和进步的情况，以强化老师坚持改革的热情。以上是该计划的总体情况。

计划中有一个主要子课题，参与者包括600名教师和10000名学生（从幼儿园到大学）。研究目的是比较实验组（教师表现出高水平的真诚、关注和同感，称为“促进学习的条件”）和控制组（教师未表现出高水平的促进学习的条件）学生所表现出来的差异。结果表明，与控制组的学生比较，实验组的学生特点是：（1）缺课较少；（2）自我概念较佳；（3）数学与语文等学业成绩进步较多；（4）违规问题较少；（5）破坏公物的行为较少；（6）智力测验的分数提高（此项研究仅限于幼儿园到五年级）；（7）较富创造性；（8）较有自发性，且具有较高水平的思考。

这个课题还有一些有趣的发现。例如，发现控制组的学生，随着年级或年龄的增加，自我形象逐渐下降或变差！他们自觉人际适应感差，自主性不高，甚至对自己的外貌的评价也变差了。又如，一些教师（高促进学习条件组的）在个别访问中说，他们有时觉得整个实验要他们做的有点荒唐可笑，他们“好像什么也没有做”，但数据却表明，正是这些老师班上的学生变化最大、进步最大！实验人员于是进入这些老师的课堂做实地观察，结果发现这些声称自己什么也没有做的老师的班上，学生的学习行为有一些明显与控制组不同。包括：学生说话多；由学生来解决问题的情况多；有更多的话头；对老师有更多的言语回应；较多提问；投入学习的程度深；与老师有更多的目光接触；更多的身体动作；认知水平较高；很大的创造性。

NCHE计划还包括很多子项研究，涉及不同的主题，有不同的发现。如有一项研究发现，具有高水平的同感态度的老师，其上课的行为有这样一些特点：较能针对学生的感受做出反应；较能采纳学生的意见；与学生有较多面对面的沟通；更经常地赞扬学生；说话较真诚、不虚伪；较能照顾学生的个别需要；较常对学生微笑。他们的课程也有一些特点。如：师生共同拟定学习目标；较多个别化的学习，即不同的学生可有不同的学习标准甚至内容；课堂更生动活泼；学习进度相当有弹性，计划可以随时修改；较重视学习的过程，不过分看重结果或成果，对过程本身的一些东西，如创造的体验，帮助、讨论等活动的体验，看得比考试成绩更重要。

又如关于教师的人际关系技巧的研究发现，教师普遍缺乏三项“促进学习的态度”，这种情况参加项目的七个国家都差不多；而在该计划的培训研究中，发现教师的这些态度是可以通过训练得到提高的。但是研究也表明对教师的这种训练经常会遇到来自外部的或教师本身的阻力。还有一项研究发现，教师和教育行政人员的人际态度和人际关系技巧竟然与他们的身体健康和精力充沛情况有很高的相关度。

德国的研究

在德国，陶希（Marie Tausch）夫妇在了解了人本化教育全国协作组计划之后，对其的研究主题产生了浓厚兴趣，他们想知道同样的结果是否也会在德国出现。这意味着，以人为中心的教育在德国是否也是行之有效的？他们历时十年，也有相当丰厚的收获。

陶希等的研究中有一部分是重复阿斯匹和卢巴克的研究，以检验以人为中心教育跨文化的适当性。对这一部分研究，陶希等概括说：

> 在所有的学校研究中，同感理解、真诚、温暖的尊重以及非指导性的活动被证明显著地促进了课堂上学生智力活动的品质，以及自发性、独立性、主动性。学生在课堂上有更多积极的感受，对教师也有更积极的看法……
>
> 如果我们希望在学校里减少压力、反感，以及情绪和身体健康的损害，同时促进人格的发展和提高智力作业的质量，我们就要有跟我们现在“制造”出来的不同的教师。我们需要的是能够在课堂上创造具有同感理解、温暖的关注和真诚之氛围的老师，以及能够以非指导的方式来促进学习的老师。（Tausch, R. & Tausch, 1980）

陶希等研究的另一部分是他们独自发展出的一些项目，其中一个是对他们利用会心团体的方式来培训教师的效果进行检验。有26位来自不同学校的教师与一些心理治疗的当事人一起参加了为时两天半的会心团体，每个会心小组至少包括两名老师。以拟参加而尚未参加会心团体的老师作为对照组。结果显示，参加了会心团体的老师中，有73%的人在人格方面发生了持久的改变。他们的自我概念和人际关系有了改善，减少了自我封闭和情绪困扰。实验组的教师在教学行为方面也有改变。如较少抱怨学生，更能理解学生的情绪波动等。学生也更信任这些老师。此外，有96%的教师认为这次会心团体经验对他们在学校的工作很重要，很有帮助。

陶希等还透过以人为中心的方式去辅导那些在情绪上、学校适应上有困难的学生，尤其是幼儿园和小学低年级的学生，并对这些辅导的效果进行检验，也都得到了很好的结果。

罗杰斯认为，在社会科学里做重复研究是难能可贵的。人本化教育全国协作组和陶希等的大规模长时间的研究，虽然方法略异，文化也不相同，但所得结论基本一致：人际关系中的真实、尊重和理解的态度，确实是促进学习的重要因素。两大研究在帮助教师发展真实、尊重和理解的态度方面都取得了成功，但方式却不一样。阿斯匹和卢巴克采用“人际技巧训练法”，而陶希等用短期的马拉松式会心团体方式。罗杰斯认为，人际关系技巧的训练虽然对人数众多的大团体较为方便经济，但是它训练的重点只在改变个人的反应方式，并不一定导致态度的改变。相反地，成长团体的经验通常会改变一个人的态度，然后很自然地表现于各种行为。所以后者要更有价值一些（Rogers, 1983, p. 219）。

总的说来，各项实验研究的证据对于以人为中心的教育思想是有利的。但在罗杰斯时代，社会科学的研究中元分析（meta-analysis）的研究还极少，所以缺乏对这些研究的一个客观的综合，罗杰斯本人做的综合又太过于主观，因而难免掺杂进了个人的情感（他自己也不讳言这一点）。所以，要对以人为中心的教育有较稳妥的把握和评价，最好还是结合其他资料来进行。所以下面我们从另一个角度来看一看以人为中心的思想在美国教育中的影响。

以人为中心理论与当代美国人本主义教育思潮

20世纪60年代末至80年代，美国教育改革的各种思潮中，以人本主义教育（humanistic education）思潮影响最大，而这一新的人本主义教育思潮产生的背景之一，是“主智教育”所带来的种种弊端。所谓“主智教育”，是指1957年苏联人造卫星上天后，美国朝野在震惊之余，认为美国此败败在教育，因而要大力加强数学、科学和语文等知识性课程的教学。此后若干年里当局和一些主张此一取向的学者上下呼应，使美国教育日益偏重知识和智能方面，忽略情感、人格等的教育和发展。这一趋势终于在20世纪60年代中后期引起一些人文学者和教育家的不满，作为对主智教育的一种反动，人本教育思想开始赢得人心。当然这只是人本主义教育思潮出现的原因之一，当年美国人本主义教育思潮的出现还有别的原因。

台湾学者陈照雄在思想历史和社会分析的基础上，对美国人本主义教育思潮做了一些界定。大要为：它是近80年以来，尤其是20世纪70年代以后，在美国由人本主义哲学家和心理学家所发起的教育改革运动。在教育价值上表现为特别重视人类自由、个人选择以及自我实现；教育方式上强调全人的教育、生活教育和人格教育；在教育的本质上，视教育为一价值引导、发现和创造的过程；在教学方面，强调创造性培养，体验性的学习以及情感的陶冶；在课程方面，重视内容的适切性，设计的统整性和组织的弹性化（陈照雄，1986，第10页，第36—44页）。

在美国人本主义教育思潮涌现的过程中，罗杰斯占有相当重要的地位。罗杰斯对当代美国人本主义教育思潮的影响可以从两个方面来了解。一是作为人本主义心理学的一位核心人物，在人本心理学对人本主义教育的影响中起着重要作用；另一是以其独特的以人为中心的教育思想和实践，为那一时期的人本主义教育提供了一个实际的范本。

根据戴维斯的见解，美国人本主义教育思潮在思想上有两个来源。一是新人本主义学者如詹姆斯（W. James）、杜威（J. Dewey）、米德（G.H. Mead）、马丁·布伯（Martin Buber）[1]、罗杰斯、邦纳（H. Bonner）、马斯洛（A. Maslow）、卡姆斯（A.W. Combs）和杰拉德（S. Jourard）等人的哲学思想。另一是人本主义心理学的理论（Davis, 1971, p. 68）。其实上述哲学家大都也是心理学家，后几人更都是人本心理学的骨干人物。他们的心理学思想和他们的哲学思想其实并不易分得清楚。不管是分开来看还是合起来看，罗杰斯在这个

1　马丁·布伯（Martin Buber, 1878—1965），生于奥地利，退休前系以色列耶路撒冷大学教授。著名的存在主义哲学家和犹太教神学家。

名单里都是一个不可或缺的人物。

笔者以为，美国人本主义教育思想作为相对前述主智教育的反动，其最根本之处不在其他，而在于重新发现或者肯定个人的价值，将提升个人价值作为教育的终极目的。试论说如下。主智教育之过，在上述思想家看来，并不仅仅是重智轻情，那只是表面的问题。主智教育真正叫人不能容忍的是它否定被教育者的个人价值。学习者不再是为了他自己而学习和进学校，也不是为了他的个人幸福而发展智力和掌握知识。主智教育是服从于国家和社会利益的，是为了国力竞争服务的，甚至可以说它是“冷战教育”。这从国防教育法的推行导致主智教育大发展这一事实可以证明。在这样的教育体制之下，没有办法不“主智”，没有办法不把国家目标摆在个人之上。而上面提到的这些思想家和心理学家，都有一个强烈的信念：教育之首要目的，不是别的，是受教育者的个人幸福，是个人的发展，是提升个人生命的价值。请以罗杰斯为例：

罗杰斯很少从哲学的角度谈论任何问题，也包括价值问题（虽然他经常谈到价值问题）。但是罗杰斯和其他所有人本主义者一样，对古希腊哲学家普罗泰戈拉（Protagoras）“人是万物的尺度”的观念拳拳服膺，奉为至理。对他们来说，人是世间最后的价值标准，世上一切的终极准绳。从罗杰斯的全部著作几乎都能读出这句话。罗杰斯认为，有机体的实现倾向在人身上，是朝向“机能充分发挥”前进。人的机体自有智慧，能够辨识什么于有机体的实现有利，什么有害。而社会和文化中所有的事物，其价值取舍，都须衡诸人的自我实现这个标准。有利于人的发展，促进人的机能充分发挥的，是值得肯定的，有价值的，反之就是没有价值的。罗杰斯对现存教育存巨大反感，行猛烈批判，所有反感和批判的核心，都指向现存教育对儿童青少年人性的摧残。

所以，罗杰斯和新人本主义思想家和心理学家对当代美国人本主义教育的思想影响，最重要的就是重新强调教育的价值立场问题，使之回归以人为本的古典人文主义立场。

这种影响的具体体现，据卡姆斯（Combs, 1978）所言，有这样五个方面：

1. 从关注人与环境的关系到关注人与人的关系。传统教育服从于人类文明史上的主要课题——征服、改造自然，改善人类的物质性存在的质量，而现今社会物质文明已经高度发达，相形之下威胁人类生存的主要不再是自然环境，而是人类自身，故而培养对人怀有善意，乐于和善于与人共处的个体，是解决新的人类问题的关键。

2. 从重知识到重人格。传统教育强调知识和技能，但现在的时代是知识爆炸的时代，学校中的所学，还不等派上用场就已经过时，故而教育更应重视的目标是发现知识和掌握知识的能力，以及自立、自发、创造性和仁爱之心等等人格特质。

3. 从重视客观外显的行为到重视内在的世界。强调感受、信念、价值、抱负等等内在因素的决定性意义。

4. 从单纯看重知识经验到同时重视经验对个人的意义。

5. 重视自我概念。人本心理学的最大贡献，在于强调自我。认为自我概念是决定人的行为的关键变量，是决定个人智慧、调适、成功以及自我实现的重要因素。

罗杰斯对人本教育思潮之影响的第二个方面，是以人为中心的教育思想和实践及其所产生的影响。这在前面各节实际上已经有不少介绍。这里仅再谈谈以人为中心的教育本身在人本教育思潮的整个运动中大致所具的地位。

总的来说，以人为中心的教育在人本教育思潮中的地位不可说没有，但也不好高估。它有一定的知名度，但也不是家喻户晓。罗杰斯自己在《80年代的自由学习》中曾谈到以人为中心的教育使一些传统型的教师感觉受到威胁（Rogers, 1983, p. 190），这就透露了一个信息：以人为中心的教育模式并不很容易取得教师的认同。陈照雄在论及人本主义教育思想对美国教育的影响的时候，分别讨论了它对不同层次和类别的教育的影响。其中，体现罗杰斯的以人为中心教育思想特色最浓者，主要在师范教育方面（陈照雄，1986，第441—451页）。在五种师范教育的取向中，人本主义的师范教育是其中一种。人本主义的师范教育在教育目的上，认为师范教育的目的是培养有人性的教师。这里所谓有人性的教师，乃强调培养师范生具备同感理解、积极的自我观、对人的信任、促进别人成长的动机以及真诚这样一些特质。显然这些都跟罗杰斯的观点完全一致。此外在教学方法上也有许多是采用以人为中心的独特的方法，如会心团体。

就笔者之见，以人为中心教育思想在教育的一些基本理念上的贡献比它的实践价值要大。如果要评价罗杰斯对教育的贡献，主要还是在教育目的、教育价值这样一些方面。罗杰斯是一个不太热衷于纯粹理念的人，可他予后来人深刻印象的，又偏偏总是他那些直接和间接表达的理念。这真是罗杰斯的悲喜剧。

八

人和人的科学

尽管罗杰斯从不以人本主义心理学的旗手自居，甚至拒绝担任任何领袖角色[1]，但在很大程度上罗杰斯仍然是人本主义心理学最重要的发言人之一。如果仅就这一角色而言，以笔者之见，罗杰斯关于科学，尤其是人的科学的见解，比他的人格和治疗理论还要重要。因为后者只涉及他自己的专业领域，而前者则代表了一个学派在最基本的理念上的立场。

罗杰斯关于科学的思想集中于两个主题：一是关于科学本质的认识。这里包括对科学之实质的重新认识，对科学知识发现过程的重新审视等等。在这一方面，罗杰斯对传统上统治科学领域的逻辑实证主义哲学，尤其是这种哲学在行为科学领域的合法性，提出了挑战，并提出了一系列新的观点。另一个主题涉及科学尤其是行为科学与人的存在价值之间的关系。即科学是应该有利于提升人的价

1 例如，在马斯洛和罗杰斯等人的推动下，1963年美国人本主义心理学会成立。许多人推举罗杰斯担任第一任主席，却被他谢绝了。

值，增进个人的独特性和尊严，还是有利于对个人施以巧妙的操纵和控制，进而消灭个人的自由和尊严。与这个主题有关的一个重大事件是罗杰斯与斯金纳（B. F. Skinner）的公开辩论。

虽说以上两个主题概括了罗杰斯科学思想的主要方面，但还有一个较为具体但又非常基本的问题与这两个主题都有牵连，这涉及对人性一个基本维度的假定或信念：人在本质上到底是自由的还是被决定的，人的行为的动因到底在于他内部还是在于他的环境？这个古老的问题在罗杰斯的科学思想中始终是一个重要的参数。我们在第二章已经对罗杰斯关于自由与决定论的思想做过阐述，但在这一章里可能还会略有涉及。

这一章将围绕着上述两个主题展开，但我们先追寻一下罗杰斯科学思想发展的脉络。

从逻辑实证主义到人本主义

罗杰斯关于科学的思想和信念有一个明显的演变过程。这一演变可以很恰当地用“从逻辑实证主义到人本主义”来形容。我们追溯一下这个漫长的演变过程。

打从很小的时候开始，如幼年时在自家农场里饲养动物和观察飞蛾，罗杰斯就受到实证主义科学方法的熏陶；而在整个求学生涯里，他一直都受到严格的学院式科学方法训练。在哥伦比亚大学学习心理学期间，他接受了更专门的行为科学方法的训练。他的博士论文是编制一份儿童的人格适应性测验，这需要较好的统计和心理测量的功底。在罗切斯特儿童研究部从事临床治疗工作的那12年，罗杰斯与学院心理学有所隔离。回到大学从教以后，更是无日不与“实验”“控制”“检验”这样一些事项打交道。1956年罗杰斯获美国心理学会颁发“杰出科学贡献奖”，嘉奖词中有如下内容：“以表彰（他）……首创一种方法，使心理治疗过程的描述和分析客观化，构造出一套可检验的关于心理治疗及其对人格和行为的影响的理论，深入系统的研究以揭示其方法的价值，以及探索和检验其理论的意义……”（Kirschenbaum & Henderson, 1989, p. 201）这些足以表明，罗杰斯对学院心理学的逻辑实证主义的研究法则有很好的修养。在心理学界，有些人，尤其是一些对实验室实验、统计和测量较为推崇的人，往往在批评人本主义心理学的时候或明示或暗示人本心理学家缺乏科学方法的素养。然而事实上，不仅是罗杰斯，一些人本心理学的大师如马斯洛等都受过正规的学院心理学训练，于学院心理学的研究套路是很熟悉的。

罗杰斯对行为科学的一些基本假定的质疑一开始并非指向行为科学的方法论原则，而是它的社会和政治方面，亦即本章开头所提到的第二个主题——行为科学的知识可能会被怎样地利用，是增进人类的福祉还是帮助某些社会力量对个人实施影响和控制。在这方面，发生了1956年罗杰斯和斯金纳的一场有名的辩论。事实上，就这一主题，这两位当代心理学的巨擘一共有三次交锋，后两次发生在20世纪60年代，也是在学术会议期间，只不过后两次会议不够有名，因而不太为人所知（Kirschenbaum & Henderson, 1989a, p. 262）。

就在与斯金纳的辩论之后，也许部分地受到这次辩论的刺激，同时也随着罗杰斯关于人性、关于心理治疗等方面的思想和理论逐渐成熟，他开始反思和质疑经典行为科学的方法论原则，进而又渐渐超出行为科学而直指整个广义的科学。而在罗杰斯个人的意识中，这个改变始于他个人的体验——对自己既是一位治疗师又是一个科学工作者这种双重身份所带来的矛盾的体验。罗杰斯对自己这一段矛盾、挣扎到慢慢形成新的观念的过程有很好的记录：

> 回头想想，我能够辨认出这个矛盾的起源。这是逻辑实证主义和存在哲学之间的矛盾。于前者，我一直浸淫于逻辑实证主义的熏陶之中，我过去一直对它怀有深深的敬意；而于后者——主观取向的存在思想——我较晚才有所接触，但它很快就在我的心里生了根，因为它与我的治疗经验是那样契合。（Rogers, 1961, p. 199）
>
> 我既是一位心理治疗师，从多年来执业于这一令人兴奋、充满回报的活动中获得了很多经验；我又是一位科学研究工作者，致力于探索心理治疗的真谛。由于这种双重身份，我日益意识到这两重角色之间的鸿沟。我的心理治疗工作做得愈好（我相信是这样的）——如在治疗过程中那些最精彩的时刻——就愈是忘我，对自己的主体意识浑然不觉；而我的研究工作做得愈好，愈是"硬头脑"，愈是科学（我相信我也做到了），作为科学家的严格的客观性和作为治疗师的近乎神秘的主观性之间的距离就愈是叫我坐立不安。（Rogers, 1961, p. 200）

为了厘清自己内心中这个矛盾和困惑，罗杰斯动手写了一篇文章。照他说，写这篇文章的初衷只为帮助自己澄清思想，并没有想到发表。他这样来做这个澄清工作：先作为一个治疗师，尽可能根据自己的治疗经验来描述心理治疗到底是怎么回事，它的要义何在；然后再作为一名科学家，一个“硬头脑”的、发掘心理治疗领域中的事实的人，力图以“科学的方式”来勾画心理治疗的含义。在双方陈述完毕后，再从各自的角度向对方发出诘难——当然这一切都在罗杰斯一个人的心里进行。

这些都做得很顺利，但罗杰斯发现，这些做完了之后，事情不仅没有一个完满的解决，反而使双方的对垒更加鲜明，矛盾更加尖锐。这之后足足有一年时间，他反复思考这个矛盾，并且和同事、学生讨论，最后终于慢慢有了一些新的东西浮现出来，达到了一种——他自认是——新的整合。这篇文章最后终于写成并且由《美国心理学家》杂志发表出来[1]。

罗杰斯没有就此停止。1966年，罗杰斯和他在“西部行为科学研究所”的同事考森（William Coulson）一起组织了一次小型的讨论会，专门探讨行为科学研究的基础，会议的名称叫“人和人的科学”。会议邀请了一些著名的科学家和学者参加，其中有波兰尼（Michael Polanyi）、布隆斯基（Jacob Bronowski）、索尔克（Jonas Salk），以及来自好些个国家的学者。罗杰斯在会上做了一个开幕演讲，题目是“对流行的有关行为科学的若干假定的思考”。这篇演讲是罗杰斯关于行为科学之特性、定位以及其他一些基础理念的一次较为系统的阐述。在会议期间，罗杰斯和著名的科学哲学家波兰

1　这篇文章后来被罗杰斯收入《论成为一个人》。

尼[1]做了一次讨论对话（Kirschenbaum & Henderson, 1989b）。话题仍然集中于对科学的属性的理解，科学和价值的关系，行为科学是否应该完全照搬自然科学的研究法则等与这次会议的主题一致的方面。这次的论文，包括罗杰斯的上述演讲和与波兰尼的对话，都被收入由考森和罗杰斯共同编辑的论文集《人和人的科学》之内（Coulson and Rogers, 1968）。

1 波兰尼（Michael Polanyi, 1891—1976），20世纪杰出科学哲学家，匈牙利人，早年在物理化学上卓有成就，曾任职于德国和英国数所大学和研究机构，晚年转向哲学领域，主要研究科学哲学，退休前为牛津大学默顿学院高级研究员。代表作为《个人知识：走向后批判哲学》（*Personal Knowledge: Towards a Post-Critical Philosophy*）（University of Chicago Press, 1958）。

人的科学

逻辑实证主义质疑

罗杰斯所挑战的是传统的科学观，而传统的科学观或者说主流的科学观是逻辑实证主义（logical positivism）。为了较容易一些叙述罗杰斯的挑战，先概括地胪列逻辑实证主义的若干特点也许是明智的做法。布朗和布鲁克斯曾在综合其他人意见（Passmore, 1967; Hoshmand, 1989; Collin & Young, 1986）的基础上，将行为科学中逻辑实证主义的基本假定概括为四点（Brown and Brooks, 1996）：

1. 可以把人从其环境中分离出来进行研究。而且，人也可以进行分类研究。

2. 人的行为可以客观地观察和测量，进一步来说，人的行为服从决定论的原则，任何行为都是可以做出因果解释的。

3. 在收集、鉴别有关人的行为的事实资料时，应按照传统科学的方法和范式行事。

4. 人活动于其中的背景（环境）相对而言并不重要，因此研究的焦点应集中于人的可观察的行动。

罗杰斯所质疑的，大体上也就是上述基本假定中的或者与这些假定有关的理念和做法。

罗杰斯的一个最大疑问是，行为科学中的逻辑实证论把人客体化、对象化，把人当成像自然科学的研究对象那样的物体。科学的一个基本前提是，被研究的对象是客观存在的，是可以从外部进行观察的。而科学知识就来自这种外部的观察。但是，人是一个活生生的，有其自己的主体性的存在。罗杰斯深深地觉得，他自己和他的那些心理治疗的当事人的经验不服从经典行为科学的假定。他觉得，经典行为科学的方法无论如何也不可能抓住心理治疗中的那些主观的体验性的东西，尤其是治疗过程中那些最深刻的体验。当治疗师和当事人进入那种特殊的关系状态的时刻，两个人都抛开了平日生活中穿戴惯了的甲胄和面具，个人意识不再像以前那样总是监测着一堆危险难料的冲动，意识、冲动、感觉、思想，所有这些内在的东西都以其本来之相自由地、清晰地共处，组成了个体的存在之感。罗杰斯说，个人在这种时候真正达到了一种合一的状态，忘我或者说浑然不觉的状态。在这个时候，个体真正地拥有他自己，"是"他自己。像这样的极其深刻的主观体验，怎样可能用"硬科学"的方法去把握，去从外部进行观察呢？

罗杰斯又从另外一个角度来谈这个问题。他指出，心理治疗过程中最本质的东西也可以称作"体验性学习"（experiential learning）。这是一种极其深刻地触动人的学习。但这种学习经验又很难，甚至是不可能通过言语来传达和描述的。罗杰斯说，我们人类很容易把概念性的东西借助言语表达出来，但是我们对一些最深刻、隐秘和微妙的主观感受和体验，总是很难找到恰当的符号来表达。在行为科学的研究中，我们对一些内部的、不可直接观察的变量往往改为用自我报告的方式来代替，但对于这种难以言说的经验，勉强要用自我报告的话，只能得到歪曲的结果。

故此罗杰斯觉得，科学心理学关于心理治疗所做的研究（显然也包括他自己所做的研究），大多没有，亦不可能抓住心理治疗中的最本质、最深刻的那些部分。虽然科学号称能够研究任何存在的事件，但科学的"处理方式却永远和心理治疗之'进行中的'事情两不相干。打个比方，科学所能做的是对已死的心理治疗事件进行验尸的工作，它无法把握'活的'心理治疗的'生理机制'"（Rogers, 1961, p. 212）。这都是由于科学必须把它所研究的东西对象化。从本质上说，科学不能处理属于"我"的事件，科学只能处理属于"它"的事件。

罗杰斯质疑的另一个逻辑实证主义假定，是人的行为服从决定论原则。我们在第二章已经对罗杰斯关于自由和决定论的思想做过一遍阐述。我们提到罗杰斯在这个问题上自己所感到的矛盾，以及他所做的一个探索性解答：从决定论哲学的角度出发，人是被决定的；但人在许多时候，尤其是在臻于自我实现状态的情况下，又在主观体验上有非常强烈的自主、自决之感。不管在这个问题的终极答案上罗杰斯是清晰还是含糊，笔者相信罗杰斯至少在主观上，在情感上，不愿意接受完全彻底的决定论。这正像罗杰斯自己曾经提到过的一个现象——科学家有时在自己发现的规律面前，在自己发现的事实面前，表现出强烈的抵触感，他们会对自己的发现在内心里说“不”，从直觉上拒绝接受或承认它们。简单地说，科学家有时拒绝相信自己的眼睛。罗杰斯对于决定论原则的这种矛盾心态，一部分来自他从实际心理治疗关系中所得的那种极其深刻的主观感受，尤其是治疗中的某些“华彩时刻”主体所感受到的那种彻底的解脱感、自由感，使他难以相信它们服从决定论；但在笔者看来，更重要的原因还在于他对视人为物，视人为显微镜下被解剖的客体这种“科学法则”的厌恶和恐惧。

笔者觉得在这一点上非常深刻地体现出罗杰斯作为人本主义者的特性。所有的人本主义者都有一个共同的倾向，那就是反对降低、压制、肢解人的尊严和价值。而人的价值之最集中的体现，乃在于人的主观性和自主选择能力。罗杰斯也不否认这一点。他坦承：

> 我看重人的价值。在我看来，于世间所有那些令人惊叹的生命和非生命形式之中，人类个体是最富潜能，最有发展的可能性，有最丰富的自我意识的存在。虽然我不能证明个体是最有价值的，但我能说，我的经验引致我赋予人以最高的价值。（Rogers, 1989d, p. 266）

人类行为服从于决定论的可能性是人本主义者的噩梦！因为决定论会宣布主体性不过是一场迷人的幻觉，从而使他们所主张的人的价值失却了根基。所以无论如何，他们不会无保留地接受这个命题。让我把这一点稍微展开一些。

在人本主义者看来，在当代美国社会里，已经有非常强的把人当作机器、当作计算机里的一个数据，以及把人分成若干个类，然后根据类的特点予以批量处理的倾向。而行为科学还要来凑一番热闹，还要像研究白鼠一样地来研究人，像了解蚂蚁的贮存行为、群聚行为、领土行为等等一样，来分门别类地研究人的不同方面。人本主义者似乎觉得，有关人的客观知识越多，对人的行为及其条件的了解越充分，人就被迫不得不按科学知识去生存，去“科学地”活着。比如按照人格和行为科学的知识去寻找配偶（不一定是爱人）；按照行为强化的原理去“教育”子女——对孩子的爱不能随便表达，要计量这种表达会强化孩子的什么行为；按照商业广告的支配去产生需求和做出购买行为；等等。这等“科学地”生活的代价是放弃很多别的价值——体现着人的基本属性的价值。例如，“放弃作为一个个人、放弃体验、放弃活在关系中，以及放弃变化、过程、活在此时此刻中、活在内在主观的自我中”（Rogers, 1961, p. 215），等等。

由于这样的背景性的考虑，所以罗杰斯不能同意人是全然被决定的看法。他说：“总而言之，我相信像个人自由、选择、目的或者目标这样一些词语确有深刻而重要的意义。”（Rogers, 1989d, p. 267）

这第二个质疑直接通向第三个质疑。罗杰斯的第三个质疑或担心之处是，经典行为科学的研究取向（把人当成物或对象，寻找决定每种行为的条件）及其所获得的发现和知识，势必会被某些力量有意无意地加以利用。不管这种利用是合道德的还是非道德的，这里潜藏着巨大的危险。这个问题属于前文所说的另一个主题，我们放到后面讨论。

科学是一个主观过程

逻辑实证主义把科学看作一堆关于客观事实的知识，以及获得这些知识的程序和方法。全部科学活动的要点是防止主观性，防止科学家个人的信念、观点进入科学知识体之内。因此人们容易认为，科学是一个高度客观的东西。但罗杰斯认为这是一个天大的误解。他说，一个人愈是追寻“我们如何获得知识”这个问题，就愈有可能最终发现，知识完全是以个人性、主观性为基础的。如果你把科学看成一个金字塔，那这个金字塔是倒着的，它的下面恰恰是——在许多人看来——极不可靠的主观性。不独是科学知识，举凡人类所达到的科学的、哲学的以及艺术的成就，无不以这不可靠的个人主观经验为基础（Rogers, 1989d, p. 267）。

罗杰斯认为这不是故作惊人之论。他具体论证了这个看法。

罗杰斯指出，人们之所以把客观性这个特性赋予科学，是因为人们容易只注意科学的结果，只看见科学的既有发现，把这些东西当成是不变的，与从事科学的人无关的东西。这是静态地看科学。但事实上，科学并不是一种静态的客观存在的东西。科学是一个过程，是一个由人来承担的过程。“科学只存在于人里面。每个科学研究项目都有它的创造性的发端、它的过程及其尝试性的结论，这些都是在一个人或者一批人的里面进行的。知识——即使是科学知识——须是人能主观地接受的，才能称之为知识。知识的传播只能面向那些有准备接受这种传播的人才成。而科学的利用也只有透过那些追求某些价值的人方有可能。”（Rogers, 1961, p. 216）罗杰斯进一步从科学过程不同活动阶段的特性来论证科学是主观过程的观点。

科学活动的第一步是产生有创意的假设或者想法，可是这假设从何而来？显然是从某一位科学家或者别的某位好奇之士的头脑里产生出来。一般情况是，有那么一个人，他对某个领域的问题感兴趣，他就会浸淫于相关的现象、事实、文献，还有更重要的，他自己的种种体验、念头、思考以及幻想等等任何主观意识之中。“浸淫”或者“沉浸”这个词不是随便说说，而是对科学家在这种情形下的活动的刻意描述。他沉浸在所有这些主客观现象之中，领受它们，接受它们的任何刺激。他愈是沉浸得完全，愈是保持开放，愈是忽略了与此无关的其他事务或杂念，就像某些科学家的逸事所记，达到废寝忘食乃至忘我的状态，就愈有可能产生出新的构思，新的念头，或者某个构念的雏形。

这些新的意念、构型（patterns）是慢慢地自己浮现出来的。而当你不约束自己的思想，不刻意地排斥机体的感受、直觉等等似乎与科学无关的东西的时候，当你暂时忘掉逻辑、清晰性以及已知的概念的时候，才最有可能产生这种意念或构型。罗杰斯说："似乎这位发现知识的人对自己不同的发现知识的渠道都有很好的信任，不管是无意识、直觉，还是意识。"他很欣赏自己的一个说法："你所要做的是顺其自然，听任自己的每个念头的出现，使自己心灵澄明清静，如稚子般天真且感觉敏锐，一任要来的来，要现的现。"（Rogers, 1989d, p. 270）

从科学史得到的材料支持罗杰斯的这个见解。一些伟大的科学家如开普勒、爱因斯坦等，都曾提及自己信任直觉。科学哲学家布隆斯基也提到类似的看法，并且认为这是科学发现过程的普遍规律。他提出，秩序并不是某种会站出来向你招手的东西，而是得由人去发现，甚至在更深的意义上说是由人去创造的东西（Bronowski, 1956, pp. 23–24）。

在一个构型、一个灵感或假设出现之后，需要对它进行检验。罗杰斯对实证科学的一套检验假设的方法和程序给予高度的评价。他声明诸如操作化定义、控制、对照，以及各种统计检验程序等等，都是很值得尊敬的检验方法。问题在于，为什么要检验？检验的本质是什么？原来，事情的原因是，人们知道自己的信念、灵感或者假设往往出错，人往往被自己所欺骗，所以需要发明出一套办法来防止自己骗自己。举例来说，治疗师罗杰斯提出，同感理解、真诚和对当事人的积极关注是决定心理治疗发生疗效的充分必要条件；而某个巫师则声言，人世间发生同性恋的比率随天蝎座的方位变化而变化。虽然一个人可以说，罗杰斯的见解有他数十年做心理治疗的经验做基础，因而更可信一些，但谁又能保证罗杰斯不是想要沽名钓誉而欺人？或者是由于太相信自己的直觉而自欺？假如那位巫师声言自己的发现是建立在更长时间的对星座的研究基础之上的，旁人又该做何取舍？

所以，罗杰斯说，在这里可以看出科学检验的本质：它是一种用于防止自欺或者欺人的方法，以便保证科学家的直觉或假设与事实之间有真实的联系。罗杰斯说，只是在这个背景下，操作定义、逻辑实证论、研究设计和统计检验才有意义，才拥有它们的不可动摇的地位。这样说来，科学方法并非绝对的、至尊至高的东西，它们之所以存在不是由于它们自身，而是服从于科学家防止欺骗的需要。它们只是科学家的工具。

更有甚者，说现实检验完全能够防止欺骗也是可疑的。因为即令在运用这套方法和程序的过程中，也有科学家的主观性乃至价值选择在起作用。罗杰斯曾跟前物理学家后改作科学哲学家的怀特（Lancelot Whyte）有过一次谈话。罗杰斯提到，他很吃惊地听到怀特说，即使在科学领域，分析到最后的话，一个命题的真值其实是由这样一类标准来判定的：研究者对所研究现象的熟悉程度，他取非防卫的态度[1]的程度，他对其经验的不同方面保持诚实的知觉的程度。罗杰斯听了大受鼓舞，他认为这与他自己的一直以来的见解不谋而合：个人愈是臻于机能充分发挥的境界，他作

1　指该研究者是否取这样一些态度：承认自己的理论可能会错，愿意接受证伪的检验，等等。

为真理的发现者的可信性愈高（Rogers, 1989d, p. 274）[1]。

罗杰斯还进一步分析了科学知识的交流、传播以及运用，指出这些活动也有大量的主观过程，也强烈地依赖于科学家和相关的个人。

行为科学应该是什么样的

在给出了自己关于科学的上述见解之后，罗杰斯以其为出发点，对当代行为科学和行为科学家的一些做法和态度提出进一步的质疑和建议。

首先，行为科学家应该让自己疏远所研究的对象吗？罗杰斯举他自己熟悉的临床心理学中的现象为例：这领域的许多研究者，尤其是大学的研究者，他们不停地研究心理治疗的条件，这个那个疗法的有效性，等等，可是他们却基本不做心理治疗。他们有时还害怕过分地涉入所研究的对象，生怕失去了客观性。

第二个值得反思的现象是，在大学的研究院，在一些研究团体，在心理学系里，有没有一种氛围或一种倾向，鼓励（而不是压抑）直觉性的、模糊的、似是而非的，乃至异想天开的感觉、假设或者构型的提出？罗杰斯感到，现在的研究生训练，研究院的教育风气与此恰恰相反。人们过分教条地对待客观和实事求是这类

1 罗杰斯关于机能充分发挥（in full functioning）的理论认为，当个人处于机能充分发挥的境界或状态时，他对来自内外的所有刺激保持开放，能够接受任何实际发生于己的信息，没有防卫和戒心，充分信任自己的机体、直觉，从而能够以一种非传统的、不一定理性的方式来把握真实，而这种把握往往更为可靠，更值得信赖。

原则，反而窒息了创新。

另一个有关的问题是研究者对于研究成果的评价态度。现在的行为科学由于过分地偏爱实证和客观，往往对一些技术性的小成果——因为它们做得非常符合客观性的要求——给予很高的评价；反过来，对一些重要或较大一些、关键一些的概念或者发现，因为其难于精确控制等等原因而不屑一顾。

最后一点，罗杰斯主张，行为科学的研究方法论不能跟在传统的“硬学科”后面亦步亦趋。方法是为研究的最终目的服务的，不能为方法而方法。一门学科的方法必须与这门学科研究对象的特点相适应。他主张对一项研究的方法要从这方法在基本上是否适合所研究的行为或心理现象来评价，而不是简单地从其是否合乎一般的实验设计和统计应用的规范来判断。他设问：“我们能不能建立一门心理的科学，或者行为的科学，它是基于对整全的人——既是一个客观的存在又是一个主观的存在——的研究中所遇到的问题而成长起来的，而不是仅仅来自对牛顿式的科学的立意模仿？须知这个榜样在它自己的领域里也已经过时了。”（Rogers, 1989d, p. 276）

针对这些，罗杰斯号召在心理学的研究中做出一些改革。他所呼吁的改革包括（Rogers, 1989d, pp. 276–278）：

破除对创造性的主观沉思的恐惧。罗杰斯说，从他跟研究生的交谈中感到，研究生们非常害怕“沉浸于”所研究的现象，害怕跟研究对象——如心理治疗的当事人——进行密切的接触。因为他们的训练要求他们“硬头脑”，保持严格。他们害怕失去严格性，便疏远自己的研究对象，也不敢做主观性较强的思索。罗杰斯认为，与当事人做深入的、非常个人化的接触，“沉浸于”或者“献身于”所关心的现象，保持开放，允许幻想，乃是心理治疗的研究中发现重要的、有价值的创见的唯一途径。这样一种研究态度比任何精致严密的实验或统计都更为重要。

破除对研究选题的种种限制或戒律。行为科学研究中有许多不成文的限制和戒律，其中最大的一条就是只研究那些可观察的、可操作化的行为或心理现象。这条“不成文法”使得心理学家都变成了小模小样的、匠人式的科学人。他们只对一些最细微、琐屑的小问题感兴趣，一些真正重要的、代表心理学的基础骨架的概念或现象却无人问津。罗杰斯提到，像创造性思维、幻想、梦等等现象，都极少有人研究。罗杰斯甚至主张，对那些仅仅是因为有现成的工具可以很方便地测量相关变量才提出来的假设，应该丢到一边去。

行为科学应该接纳现象学的思考。罗杰斯认为，不同的研究路向，经典行为科学的也好，现象学的也好，都是科学研究的合法工具，不存在哪一个更优越的问题。现象学的方法应该享有与化学的、遗传学的或其他路向的方法一样的权利（Rogers, 1989d, p. 277）。在20世纪60年代中期罗杰斯表达这些观点的时候，心理学中现象学的研究趋势还只在探索和尝试期。笔者觉得，罗杰斯此时对现象学还较少做深入的思考，只是他感到现象学的方法与他所希望的新探索比较接近，故而提倡之。关于罗杰斯的现象学思想，本书第九章会集中做一点分析。

在整个行为科学中，应该将假设的检验、测量以及诸如此类的经验性、技术性手段及其应用放在一个恰如其分的地位；而现实情况是，这些占据了核心地位。这是本末倒置。罗杰斯说："应该强调的是意义，而不只是0.01的统计显著性水平。"[1]（Rogers, 1989d, p. 277）

而一切改变中之最重要者，是要将行为科学的研究"对象"——人——当作人，当作有主动性、创造性，有自决能力的活生生的个体来研究，而不是当成"客体"、物体、机械性的存在来对待。只有这样，才有可能出现一个真正有生命力的行为科学，才有可能与其他"硬科学"平等对话。

一个假想的例证

对罗杰斯关于行为科学的思想的介绍本来到这里就可以结束，但笔者读到罗杰斯自己写的一个假想的例证，它很好地表现了罗杰斯所赞成的心理学研究范式（paradigm），而且写得非常有趣，所以虽然有些重复，还是在这里对它进行一下介绍。

罗杰斯假想中的主人翁是皮亚杰[2]。根据罗杰斯的假想，皮亚杰

1 统计显著性是实证研究中检验一项假设是否可以接受的统计学指标，通常取值0.05或0.01作为接受或拒绝一个假设的临界水平。

2 皮亚杰（Jean Piaget, 1896—1980），瑞士人，20世纪杰出心理学家，以对儿童认知活动的发展规律的研究而著名。

首先来到某所大学的心理学系，这个系是传统心理学研究取向的。皮亚杰想在这里做他计划中的研究，并希望从这里取得博士学位。他对负责人说：

> 我是一个博士学位候选人。我希望对心理学的知识有所贡献，而且我希望在完成我计划的研究之后，你们能够授予我博士学位。我打算对婴儿，特别是我自己的两个女儿做深入仔细的观察，一直持续数年。我希望通过这样仔细的观察，能够了解儿童心灵的内部运作活动。我希望能够发现儿童进行推理的一些方式，以及认知和概念形成的发展上的一些方式。我相信我会在思维的发展上发现许多新的知识。我也相信从我所收集的观察资料中，有意义的东西会浮现出来，它们会是颇为重要的。

系里的教授们对皮亚杰的提议和要求做了一番考虑，然后告诉他说：

> 您没有一个理论，以便从中抽出假设来，而且您又没有提出任何可进行研究的假设。您没有研究的设计，没有控制组，而且您的N只有两个[1]，这是完全不适于统计分析的。所以对读取博士学位来说，您所谓的研究是完全不可接受的，您的申请被拒绝了。

然后皮亚杰来到一所人本主义路向的大学，这所大学对行为科学的理解与罗杰斯所提倡的一致。皮亚杰同样地陈述了他的计

1 此处N指研究所用的样本数。这里指皮亚杰只研究自己的两个女儿。

划和希望。教授们对其所说的做了一番研究，然后对他说："我们有一些重要的问题，希望你认真严肃地进行考虑。我们将它们列为以下数条。"

> 你能够做到既胸有成竹，又无先入之见地接近孩子吗？这么说的意思是，你能不能做到对这个领域内前人的研究和文献非常熟悉，但暂时将它们搁置起来，以防止它们影响你做出不带偏见的观察？
>
> 你能否沉浸于孩子的生活之中，达到见孩子之所见，感孩子之所感，想孩子之所想，与孩子有同样的体验的程度？简单地说，为了更好地观察儿童的经验，你作为一个成年人，能不能经验到孩子的世界，生活在里面，而又不失去回到你的成人的世界的能力？
>
> 你能否沉浸于你收集到的全部观察资料之中，跟它们生活在一起，直到浮现出某个构型，获得明白无误的主题和概念？你能不能做到不急急忙忙做出结论，不把某些先前研究的结论强加于观察资料？
>
> 你能不能明白清晰地把你所发现的模型表达出来，以有条有理的方式把你的所得讲述出来？
>
> 如果你能够对以上问题都做出肯定的回答，那么我们相信你的确有可能对现有心理科学贡献新的知识，而这样的贡献是够分量授予你博士学位的。（Rogers, 1989d, pp. 285–286）

为人的科学

现在我们换一个话题，转到开头提到的第二个主题——行为科学与人的价值与尊严的关系。让我把比较有趣的东西摆到前面来，先介绍罗杰斯和斯金纳之间那场著名的论辩。

心理学界的世纪之辩

我们先了解一下罗杰斯的对手，20世纪心理学的另一位巨擘——斯金纳。

事实上这两个人的背景倒有不少相似之处。斯金纳（全名叫Burrhus Frederic Skinner）生于1904年，比罗杰斯只小两岁，而且也是东北部宾州人。幼年时也表现出好奇心强，勤奋好学，好幻想等特点。与罗杰斯跟动物打交道较多相对应，斯金纳对机械、建造之类的游戏非常着迷。

斯金纳早年对文学和写作非常投入，大学毕业后花了一年时间试着写小说，但到头来终于“发现一个不幸的事实：我无话可说”。小说虽然不写了，但对人的行为的兴趣却没有改变，加上受了罗素[1]和华生的作品的影响，遂于1928年入哈佛大学研究生院修心理学，1931年得博士学位（罗杰斯是1930年得到学位）。

大学毕业后，斯金纳辗转在几所大学任教，1947年应母校的召唤回哈佛大学任职，从此没有离开过哈佛。斯金纳的主要研究对象是有机体的“操作性行为”（operant behavior）及其与环境中与此有关的力量的制约关系，这在斯金纳的术语中通常以“强化”或“惩罚”来表示。二战时及之后，斯金纳曾用鸽子为实验动物，冀图能使之用于战争，比如训练鸽子去引导导弹什么的。斯金纳首次为公众所熟悉，是他为自己的女儿按照操作性条件作用的原理设计的婴儿床—— 一种婴儿床大小，有空调和隔音设备等装置的东西。这设计发表在一本妇女杂志上，引起轰动，不过也招来许多儿童心理学家的批评。我们知道罗杰斯也曾经想根据华生的行为原理来养他的儿子，不过海伦以母亲的直觉否决了这个“荒唐念头”（Rogers, 1961）。斯金纳另一个公众形象上的成功是他写的乌托邦小说《桃源二村》（*Walden Two*, Skinner, 1948）。这是斯金纳的行为主义原理和他的写作才能的成功结合，他终于用这种独特的方式圆了自己的小说梦。这本书发行了上百万册。

斯金纳的行为主义经常被称为“激进的行为主义”（radical behaviorism），他自己也愿意接受这个名称。就像这个名称暗示的，斯金纳的理论和观点经常引起激烈的争论。争论涉及不同的方面，

1　罗素（Bertrand Russell, 1872—1970），20世纪英国杰出的学者，一身兼为哲学家、逻辑学家、数学家，且就政治和社会问题有广博的知识和见解。

如斯金纳原理的普遍性，激进行为主义的认识论，科学哲学思想，行为科学与政治、社会和道德之间的关系，等等（Modgil & Modgil, 1987）。而罗杰斯与斯金纳之间的争论，主要属于最后这个方面。

人们大多只知道1956年罗杰斯和斯金纳在美国心理学会的年会上的那场辩论。事实上两人的交锋共有三次。

照克欣鲍姆和亨德森的看法（Kirschenbaum & Henderson, 1989b，p. 81），罗杰斯和斯金纳两人的争论势所难免，因为两人都倾向于把他们从实验室和治疗室里所发现的东西概括化并推广到人类生活的其他方面。这个看法是有道理的。由于罗杰斯和斯金纳都从各自的理论出发探讨了诸如育儿、教育、社会事务方面的问题，斯金纳更以《桃源二村》描述了一个按照行为主义原理组织和运行的乌托邦社会，形象地表现了一位行为主义者眼里理想社会的情景。这就必然使各自理论在社会政治层面的可能应用前景明朗化，从而使两种理论背后潜在的价值冲突明朗化。最后导致二人直接对话。

第一次辩论是斯金纳提议的。罗杰斯的一系列批评行为主义的文章引起了斯金纳的注意，于是他于1955年底邀请罗杰斯在将于1956年秋天举行的美国心理学会的年会上，就科学知识尤其是行为科学的知识是否可用于塑造或者控制人类行为进行一场辩论。次年9月4日，这个题为“与人类行为的控制有关的若干问题”的辩论在芝加哥如期举行。自然这个非同寻常的事件受到广泛的关注，有很多听众参加。会后，辩论的记录发表在当年11月末的一期《科学》杂志上（Rogers & Skinner, 1956），好多杂志事后都转载了这篇文章。

罗杰斯本人对这次讨论的情况显然不太满意。他说，尽管他自己和斯金纳都尽量避免为争论而争论，但还是缺乏冷静深入地交换意见。“那仅是一场争论，如此而已。”（Rogers, 1961, p. 364）辩论是这样进行的：两人在事先都读了对方为讨论准备的书面文章，讨论开始后，由斯金纳先读他的文章，然后罗杰斯宣读自己的文章，并对斯金纳的看法提出自己的评论，最后斯金纳再做一个简短的答辩。如所有这类辩论的结果一样，双方没有明显地分出高下。拥护己方观点的听众在步出会场时大概都觉得，自己原来关于这个问题的观点进一步得到了肯定！

第二次交锋是在1960年12月，在美国艺术与科学学会举办的一次著名心理学家的小型会议上。这次对话鲜为人知，因为会议本身规模很小，而且讨论的结果从未发表过（Kirschenbaum & Henderson, 1989b, p. 82）。

克欣鲍姆和亨德森对第三次对话的评价比较高（Kirschenbaum & Henderson 1989b, p. 82）。这次交锋是由明尼苏达大学的格来德斯登（Gerald Gladstein）和同事安排的，于1962年6月11日至12日在该校举行，有500多人出席聆听[1]。相对于前两次来说，这次对话比较深入，也真正有意见交流。由于时间比较从容，相互之间显然能够对对方的意思做认真的思考和回应。可惜的是，这次会谈的材

1 一说900多人（Decarvalho, 1991, p. 36）。

料只是以录音带在小范围内发行过，其文字版本直到1989年才由克欣鲍姆和亨德森收入《卡尔·罗杰斯：对话录》（Kirschenbaum & Henderson, 1989b）[1]。

以上就是罗杰斯和斯金纳之间一场心理学的世纪之辩的始末。除了两次对话的记录文献外，罗杰斯还就这个主题写过一些专门的文章。其中，有两篇是罗杰斯在与斯金纳的第一次论辩后的一年里，由于觉得自己关于这个主题的见解没有较好较充分地表达出来，所以他坐下来，以较平静的心情系统地写出自己的观点。这两篇文章被收在《论成为一个人》里（Rogers, 1961）。

下面我们就这场争论的内容及其在不同方面的意义做些介绍。

行为科学的力量和威胁

罗杰斯和斯金纳都敏锐地意识到，行为科学正在发生巨变。行为科学所积累的知识可以对人类个体和社会生活产生深刻的影响。如斯金纳在他的发言一开头就说："科学正在稳步前进，以增强我们对人类行为的影响、改变、塑造能力，或简单地说，控制能力。……它已经识别出一些条件或者变量，可以像使用一种较为精确的技术一样，来预测和控制人的行为。"（Rogers & Skinner, 1956）罗杰斯则对行为科学各方面的进展进行了一番检视，列出了一些重要的进展，这些进展包括：

1　罗杰斯生前对这次辩论的录音迟迟不能公开发行颇有微词，因为一直得不到斯金纳的同意。他甚至称斯金纳的态度是"毫无必要的怯懦"（Decarvalho, 1991, p. 36）。

1. 对行为的预测　心理学的预测是概率性的，通常的形式是：假若某人具有可测量的特征A、B、C，则我们可以以多大把握宣称，这个人会表现出X、Y、Z的行为。罗杰斯指在下面一些领域里预测做得特别成功：

在职业测验方面，行为科学能够相当准确地预测哪个人会成为成功的大学生，哪个人是成功的经理，或者成功的保险推销员。

在军队里，我们能够预测军校学生在校成绩的好坏，以及在实际战斗中表现的优劣。

在工商机构里，正在大量使用测验来辅助人力分工。因为测验已经能够——譬如，告诉最高管理者——在一群新来的大学生里，谁最适合那个需要冒险和进取性的工作。

我们能够预测在一个机构中谁有可能会违法，谁有可能招惹麻烦。

而且在测量的操作上，已经能够不用专业人员，而用较低级的普通职员。只要教会他使用定型的测验，则他做的结果和专业人员并没有分别；罗杰斯说，没有理由不再进一步：把这个职员也取消了，用一台计算机来代替[1]。

我们还知道或者能够鉴别出，谁较容易被说服，谁会屈服于团体压力，或哪些人较不易屈服。

2. 在团体中引出特定行为的条件　在团体水平，已达到的预测和控制的知识的一般形式是：若在一团体中能够建立A、B、C

1　罗杰斯的预测一点也不错，今天大部分的测验都已经交给计算机了。

等条件，则它们将以极高的概率引出X、Y、Z等行为。一些已达到的成就包括：

知道如何为一工作团体提供或创造一些条件，而这些条件确能提高生产力、创造性以及士气。

知道进行有效的团体领导的条件，知道对于什么样的团体，用什么样的领导方式能够得到最好的生产率和团队气氛。

我们相当了解如何制造一些条件来影响消费者的反应，或者影响舆论。

我们知道怎样确定和安排某些条件，从而影响人们的购买行为。

3. 在个人身上造成特定效应的条件　行为科学对了解哪些条件能够造成个人的某个特定行为方面，积累了很多知识。这些包括：

可以在团体一致性的压力下，改变一个人的知觉，甚至让人相信错的判断是对的。

知道如何改变一个人的意见，使之转向某个既定的方向，而他自己却意识不到这个使自己改变意见的原因。

心理药物，能够改变人的心情、态度和行为。譬如作战前让战士服用某些药可使之消除恐惧，又比如使人降低防卫性讲真话的“真相乳剂”。

心理治疗中所发现的诸多方法，如罗杰斯自己发现的关于建设性人格改变的条件。

找到了摧毁一个人现在人格之完整性的基本条件。

4. 训练动物产生特定行为的条件　这方面的成果更加惊人：如发现“印刻现象”及其原因[1]；用操作性条件作用方法训练动物，就像斯金纳所证明的那样；发现所谓“快感中枢”，以至可以用电流让动物得到最大的快感；等等。（Rogers, 1961, pp. 367–378）

在描述了行为科学的这一系列成就之后，罗杰斯说，在他的感觉中，这一幅图景里潜藏着令人恐怖的东西。“试想，如果某个人或者某个团体既拥有现有知识，又拥有为了某个目的去应用这些知识的权力，会出现怎样一种景象：他（们）会挑选某些人为领导者，让其他人为追随者；他（们）可以随意培养、增强或助长某个人，也可以任意削弱或者在人格上肢解一个人；可能惹麻烦的人会在事先就被鉴别出来；士气可以提升亦可以人为降低；可以利用无意识动机在当事人不知不觉的情况下去影响一个人的行为；等等。这简直是一场人操纵人的噩梦。”（Rogers, 1961, p. 379）

为了表明自己并非杞人忧天，罗杰斯引用著名物理学家奥本海默[2]的看法。奥本海默曾在1955年美国心理学会的一次会议上发言。他称心理学和物理学之间存在相似之处，其中之一是它们都给公众出了难题：二者各自领域里所发现的知识对人类本身形成了威胁。奥本海默预言，当心理学建立起关于人类行为的知识的主干之后，它所引发的问题——使人能从中获得控制行为的力

1　动物的一种本能行为，使得动物出生后能够在很短的时间内自动建立母婴联系。由习性学家Hess首先发现。

2　奥本海默（Robert Oppenheimer, 1904—1967），美国核物理学家，美国第一颗原子弹研制项目曼哈顿工程的主要设计者。战后曾不遗余力地呼吁消灭核武器。

量——可能比物理学所引起的更加麻烦。

罗杰斯深信这一威胁并非遥不可及，而是很紧迫的。他注意到科学发展过程中的一个现象：当某一门科学出现了一些显著的进展，且这种进展可以应用于实际生活的时候，社会在一种无名力量的支配下，会在短时间内把大量的人力、物力和努力集中投入那门科学中去，从而促使那门科学以起飞的速率发展。有可能在一夜之间，这门科学就变得叫你瞠目结舌。

价值选择——分歧的焦点

在第一次辩论中，斯金纳所表达的看法明确又简单：行为科学的知识可以被应用于人类的生活，这是毫无疑问的。我们甚至不必要把对人类社会生活不同方面的控制一定与行为科学联系起来。因为早在行为科学发展以前，甚至可以说，在人类文明的大多数时间里，一直存在对人的控制。只是我们这些知识分子对此感到困窘。我们怯于承认一直存在控制这个事实，因为我们害怕控制，我们信仰自由是最高的价值，我们也害怕承认控制可能会招致批评。为了证明自己的观点，斯金纳从三个方面列举了存在对人控制的事实。第一种是个人控制，道德就是最普遍最大量存在的对个人的控制。或者道德这个词听上去比较悦耳，我们就忘记了它的实质就是控制。我们用赞赏、惩罚来实施这种控制。第二种是教育领域中存在的控制。传统教育倾向于用各种各样的惩罚来控制学生的行为，现代社会的所谓进步教育把这点改了过来。

不过你千万别以为是废除了控制。不是的，而是改用了较为聪明的“正强化”的办法，比如表扬和奖励，来实施控制。第三种才是政府的控制。斯金纳认为，政府几乎是消极性控制——透过惩罚来实施的控制——的代名词。法律、军队、警察都是实施控制的手段。

所以，问题不在于行为科学有无可能被用于对人进行控制，以及是否存在对人的行为进行控制这现象。存在的问题或者危险仅在于：可能发生为了不当的、错误的目的而利用行为科学的知识和技术的事情。斯金纳说：“每个人都在控制别人，也受到别人的控制。从最宽泛的意义来说，政府要解决的问题不是保留多少自由，而是实施哪种控制以及为了什么目的而控制。”

到此，我们也许可以把这两个人的分歧归纳出来。在行为科学的知识可以导致对人的控制这一认识上，两人意见完全一致。但接着往下就不同了。斯金纳认为控制是必然的，因而也是无可厚非的。相反，人们应该主动地充分地利用行为科学的知识，以建设一个更美好的社会。但罗杰斯对于对个人实施控制这个想法深恶痛绝。如前述，他认为控制乃是人类的噩梦。罗杰斯问，如果一定要有控制，“谁将是受控制者？谁是控制者？实施哪一种控制？而最重要的，为了什么目标或目的，或者说出于什么价值追求，而实施控制？”（Rogers & Skinner, 1956）对这两人来说，分歧的焦点，乃是一个很吓人的玄学问题：对于人类来说什么是最高的价值？

新桃花源?

为了批驳斯金纳，罗杰斯采取了迂回战术：先按照行为科学家的设想，尤其是斯金纳的意见（包括从《桃源二村》得来的印象），来描述他们关于利用行为科学的知识于更美好的人类生活的设想。

首先自然是选择目标。我们要利用行为科学的知识来为人类生活追求一些什么样的目标？斯金纳曾经提出这样一些目标："让人生活得幸福，获得充分的信息，富有生活的技能，行为端正，且富有成效（productive）。"（Rogers & Skinner, 1956）这些目标涉及对人的行为和人格复杂的塑造和改造工程，斯金纳认为，以行为科学已经达到和将要达到的技术，完成这些工程是没有问题的。

其次，在目标被选定之后，科学家们要利用已有的知识和技术，并根据达成目标的需要研究和开发新的知识和技术。这个过程，按照斯金纳的看法，是一种自动导向的过程，一旦启动之后，就会在目标的引导下前进，直到发现越来越多，越来越有效的知识和技术。科学过程就是这样一个自我修正的过程。

第三件事涉及权力。某个个人或者某个团体，被授权或者通过别的方式获得权力，来利用这些知识和技术。说到这里，罗杰斯忍不住讥讽地说，我们总是忽视这个极为重要的问题，以为科学所发现的力量可以由科学家来掌握，或者由某个善意的团体来掌握。但是全部历史事实都不支持这个美妙的假设。较典型的一个事例是，纳粹科学家在希特勒和美国中央情报局官员的

“行为科学知识”的支使下，他们可以忠心耿耿地为其中任何一方服务。

第四步就是实施了。把要塑造的对象置于特定的改造条件之下，让他们产生所需要的改变。行为科学的发展已经可以保证以一定的概率达到成功的改造。用更为露骨的话说，这一步是按照规格生产出预先计划好的人格产品来。斯金纳借《桃源二村》的主人公的话说：“我们甚至能够透过更精致的控制，让被控制者虽遵循着极为严格的规定，却觉得自由。让他们感到是在做自己要做的，而不是被迫在做。”（Skinner, 1948, p. 218）

罗杰斯说，按照这样一套程序，再把它的可能性想得复杂一点，就会出现这样一幅图景：某个人或者某个团体攫取了行为科学所具有的控制力量，这个人或者这个团体就会按照自己的利益或者想法去选择某种目标，并且利用手里所掌握的知识和技术来达成之。于是我们大多数人就会陷入他们布下的控制网之中，但由于控制的手法是如此的精妙，以至我们对此浑然不觉。所以，不管是由一群心理学家组成的理事会来掌权，还是由希特勒、斯大林或某个“老大”来掌权，也不论被选定的目标是幸福、创造性，还是解决恋母情结、服从或者对老大的爱，等等，我们都会无可避免地朝着这个目标前进，还在心里以为这正是自己追求的目标。照此，最终必然出现一个严密受控的社会，一个有如《桃源二村》那样的社会。不管用什么样的方式来掩盖或者缓冲这一图景所造成的震撼，其中的核心含义仍然是：人，和他的行为，在一个科学化的社会中，变成了计划下的产品！

这一幅图景，罗杰斯说，也许是斯金纳所欲见到的世界，“而我对于这样的世界却极为反感。对我来说，这一世界会毁灭人性，那种我在心理治疗最深入的时刻所了解的人性”（Rogers, 1961, p. 391）。

> 我觉得我已尽我的全力来推展行为科学，但如果我和其他人努力的结果，只会让人变成机器人，只会被他自己所造就的科学倒过来塑造和控制，那么，我实在很难过。如果在未来的美好世界中生活的，只是那些被环境控制所制约的人，或被控制奖赏而制约的人，不管他们能够多么冷静地生产、行为多么端正或觉得多么快乐，这样的人，我是一个也不想要。在我看来，这是一种虚假的美好生活，其中虽然好像包含了一切美好的东西，却缺少美之为美的灵魂。（Rogers, 1961, p. 391）

罗杰斯所谓使人性“美之为美”的东西，亦即人性中最本质的东西是什么？罗杰斯觉得心理治疗在最深入的地方揭示了这些东西。根据他个人的经验，他在其中所发现的人是自发自主，负责而自由，能意识到自己有选择的自由及其后果的人。他一点也不相信斯金纳所言，所谓自由、自发性、责任感以及自主选择等等，都是虚幻的假象（Rogers, 1961, p. 391）。

不管怎么说，我们从这里知道，在罗杰斯眼里，斯金纳的桃花源一点也不美妙。因为在这个桃花源里，人性最本质的东西、最有价值的东西，被消灭得一点不剩。

另一种选择

罗杰斯很清醒地意识到，他和斯金纳的争论的实质在于两人为人类选择的价值不同：斯金纳以为感觉幸福快乐、创造性等等就是人所需要的最好的东西[1]；而罗杰斯认为，他有一套更好的东西，一套备择的价值可以贡献于世人。

自然，这套价值是建立在罗杰斯对人性的了解上面的。罗杰斯的这套思想相信本书的读者已经熟悉，那就是他关于人性为何的一些看法。而罗杰斯认为，他所发现的人的价值，其与斯金纳最大的不同之处，乃是它们强调流动的过程，而不是静态的属性。罗杰斯这样来描述他所发现的价值：

> 人乃是一个“成人”（becoming）[2]的过程；通过其潜能的不断发展和现实化，他在此过程中不断获得他的价值和尊严；
>
> 对每一个个别的人来说，这是个自我实现的过程，一个不断地向更具有挑战性、更丰富的体验挺进的过程；
>
> 人乃是创造性地适应不断更新、不断改变的世界的过程；在此过程里人的知识不断地超越自身的限制，就像相对论超

---

1 斯金纳在反驳别人对《桃源二村》的批评时的确说过：那些作家说三道四的是这样一个社会，“在那里，人人都有吃有穿有住，每人都自己挑选工作做，且每天平均只劳动4小时，处处笙歌和绘画，个人关系在最适宜的气氛下发展，每个孩子都能受到发展社交和智慧所需的教育，简单一句话，那里的人享有真正的幸福、安全，富有创造性和生产力，而充满希望”（Rogers & Skinner, 1956）。

2 这个词很难翻译。罗杰斯主张人是一个愈来愈人化的过程。他常以becoming a person（直译为“变成一个人”）来表达这个思想。

越牛顿物理学，而其自身也可能在将来为某一新的观点所超越。（Rogers, 1961, pp. 395−396）

这里也许应该就罗杰斯和其他人本主义者对人性与价值的关系的观点做一点解释。像上述罗杰斯所描述的价值，在我们看来都是人的属性，这是何故呢？另一位著名的人本主义学者马斯洛对此说得比较明白："数千年来，人本主义者总是企图建立一个自然主义的、心理的价值体系，试图从人自己的本性中派生出价值体系，而不必求助于人自身之外的权威。"（马斯洛，1987a，第133页）实际上在这之上，所有的人本主义者还有一个共同信念，那就是古希腊哲学家所说的"人是万物的尺度"。所以涉及人的价值的问题，必得从人之内而不是之外去探求。这样，发现一种基于人的本性的价值，就能够克服价值取舍的主观性，没有公说公有理、婆说婆有理的毛病。也可以说，人本主义者所追求的是一套客观的、自然主义的价值体系。当代人本主义心理学家如罗杰斯、马斯洛等人都觉得，如果能够做到不以外力或外部影响去干扰个人，让人按其本性自由发挥、自主行动，在这种条件下，心理学家有可能第一次观察到自然状态下的人性的本原情态。而他们也似乎确信自己发现了这种本原情态的人性。所以，他们以人的这些属性为人类最基本的价值，更准确地说，他们以是否符合于人类本性，是否有利于人的本性的实现为一切事物的价值准绳。

回到原来的话题，罗杰斯在主张了这一套新的价值以后，自然就会要求行为科学的研究要以这些价值目标来引导。罗杰斯提出了一些新的命题要求行为科学予以考虑。这些命题在有的心理学家看来会很不满意，因为它们很不具体，甚至可以说相当空泛。罗杰斯提出的新命题包括：行为科学应该研究那些可以使人的生命形态更为丰富、更有意义、更令人满足的人际关系课题；应该研究人如何更睿智、更自觉地参与到人类自身的身、心和社会的进化过程之中；应该研究使人的创造性潜能得以充分发挥的途径。“简而言之，科学能否发现一些方法，借助这些方法，人类可以最便捷地在行为、思维和知识方面成为不断发展、不断自我超越的过程？科学能不能预测并且释放一种本质上‘不可预测’的自由？”（Rogers, 1961, p. 396）

在罗杰斯眼里，这些命题都是实实在在有确切含义的。在他看来，这样的行为科学已经存在，至少是已经萌芽。以人为中心的心理治疗所代表的取向就是其中一例。在以人为中心的心理治疗中，治疗师在某种意义上说仍然是一位掌握了控制当事人行为的方法和技术的角色，是一位有力量的控制者。但在这种治疗中，治疗师所选择的价值或目标是使当事人朝向更丰富的人性、更强健的自我意识以及更充分地发挥其潜能的方向前进。在这个过程中，当事人变得越来越自我指导，较少僵化，更能整合为一，亦更能接受自己给自己所确定的目标，所以这种治疗以及对这种治疗的研究，乃是以外在控制的方式去创造诸如真诚一致、同感等条件，以促成当事人发生一种改变，但这种改变在本质上却不是受控于治疗师，而是越来越解放，越来越独立于治疗师，越来越能自己确定目标。一句话，这是一种由外控始，以内控终的行为科学的研究和应用。罗杰斯深信，在教育、工业以及其他相关的心理学领域中，都可以有类似这种取向的研究。

罗杰斯显然希望他的争辩能够给心理学提供另一种选择、另一种心理学，一个有别于传统、视人为人、与人的价值和幸福真正有关的心理学。这心理学可以很恰当地称为“人本主义的”心理学。

科学和价值选择

在罗杰斯与斯金纳的争论中，罗杰斯曾花了相当的篇幅谈科学与价值的关系问题。他之所以要谈这个问题，是因为他认为斯金纳忽视了科学和目的、科学和价值的关系。罗杰斯似乎认为，斯金纳错误地以为自己所讨论的问题仍属于科学问题，而不是价值选择问题。所以他要从这个根本的地方来指出斯金纳的毛病。但从斯金纳言论里，完全找不出证据表明斯金纳犯了罗杰斯以为他犯了的错误。斯金纳从来也没有表示他谈论的不是一个价值问题。不过这不是我们这里要谈的重点。笔者想说的是，我发觉罗杰斯关于科学与价值、科学与目的的关系的谈论很有意思，它们在一定程度上透露了罗杰斯心目中理想的心理学应该研究些什么。也许可以说，这里可以见到罗杰斯所要的那种“人本主义的”心理学的一鳞半爪。

科学活动中的价值选择

许多人认为，科学活动是一种纯粹的认识活动，其中不涉及价值。换言之，科学只关注真假，不关注善恶好坏。罗杰斯力驳陈说，指出科学活动的每一个环节，都有价值活动。科学家在科学活动中的许多取舍，都受制于科学家在此问题上的价值取向。

罗杰斯提出两个观点：第一，任何科学研究之前和之中，都存在价值选择；第二，这种价值选择永远都超乎科学活动之外，换句话说，这种价值选择本身不是科学活动，也不服从科学活动的规则。

为了论证这两个观点，罗杰斯争辩说，在科学活动中，任何一次课题的选择，任何一次研究中的转向，任何一个备择假设的选取，以及任何一次决定如何应用某项科学发现，都有赖于人的主观的价值选择。“我想强调这样一个事实：任何一个引发科学活动或推动科学探索的选择，都是价值选择。科学家之所以研究这个而不研究那个，是因为他觉得前者较有价值；他之所以选择用甲方法而不选择乙方法来进行研究，是因为他对前者的评价较高；他对他的研究发现选择做此解释而不选择做彼解释，是因为他相信前者较接近真理或较切中问题的本质——换言之，就是比较接近他认为有价值的标准。”（Rogers, 1961, p. 393）但是，很明显，这些价值选择活动的本身，并不是科学活动。举例来说，如果一位科学家推重读、写、算的知识为教育的重要目标，科学能够帮助这位科学家获得非常精确的信息，告诉他如何达到这些目标；而如果这位科学家认为解决问题的能力也是重要的教育目标，科学也会给他以同样的帮助。现在，假如这位科学家想要知道，是否解决问题的能力比读、写、算的知识更为重要，科学也可以对此进行研究——但有一个前提，科学家须得就另外某些有关的价值问题先做出个人主观的取舍。譬如，他可以认定大学学业成就具有重要价值，他就可以去探讨到底是读、写、算的知识还是解决问题的能力更有助于达到好的大学成绩。他也可以认定，个人人格的整合，或者职业成就，或者成为负责任的公民等等更有价值，他也会根据这些更基本的价值选择去确定读、写、算知识和解决问题的能力何者“更好”，何者更有助于这些价值的达成。

这两个事实不单存在于应用科学之中，在所谓纯科学中也是一样。罗杰斯论称，纯科学通常以发现真理为最高追求，这同样是一种主观的价值选择，而科学本身并不能自我证明这是最好的选择。总之，价值和目的赋予特定的科学活动以意义，但价值和目的本身并不在某项科学活动之中。“因此我的观点是，科学上的任何追求，不论是应用科学还是纯科学，都是对人主观选定的目的或者价值的追求。”（Rogers, 1961, p. 393）

“人本主义的”心理学

既然科学活动受制于它背后的价值和目的选择，这就自然出现了另外一个问题：科学家要不要对他们的研究所涉及的价值问题和目标问题负责？罗杰斯以为，答案是不言而喻的。科学家至少有道义上的责任明了自己的研究可能会给人类带来什么，科学家更有责任防止出现威胁人类的基本价值和生存条件的研究成果。从积极的角度来说，科学应该自觉地追求那些能够增加人类的存在价值和幸福的研究主题。

这个结论会使敏感的行为科学家立刻意识到，行为科学家在这个问题面前负有更加直接的责任。因为行为科学家研究的对象就是人，这种研究会直接对人的生存条件和人类的价值产生影响。这一点也正是罗杰斯予以严重关注和想要提醒行为科学的。实际上，罗杰斯是在呼吁一种新的心理学，一种在研究主题的选择、研究方法的运用、研究目标的确定、研究成果的评价上都与传统的心理学有所区别的心理学。这种新心理学自觉地举起以人为本的大旗，要求在明确了从人出发、以人为依归的前提下开展人学研究。行为科学不应单纯以对未知的了解为至上目标，而应该自觉地了解并阐明其研究对于人有何意义，会带来何种后果。简单地说，在行为科学领域，“求真”应该放在“为善”之后。

至此罗杰斯实际上进入了科学伦理学和科学社会学的领域。在笔者看来，罗杰斯在这个领域里毕竟不是专家，他虽有自己的一些主张，对科学活动背后的目的和价值的阐述也有真知灼见，但是他在这个领域不时显出矛盾、天真甚至是肤浅的地方。比如，他有时以为这些目的和价值选择是科学家个人的事，有时又有截然相反的发言，如他曾指出纳粹德国科学家分别被希特勒、斯大林和美国政府所利用，这时他显然意识到科学家个人并不能左右科学发展的方向。但他又常常指科学家要对自己从事的研究对于人类的意义负责，科学家要自觉地为提升人的价值和尊严而努力。面对当代所有科学家都面临的这个严肃的问题，罗杰斯显然也一样力有不逮。再一点，他既然已经明指科学活动背后的价值和目的选择是一种主观的选择，取决于从事科学的个人，他又批评斯金纳的乌托邦扼杀了人之为人最美好的东西，而要推荐自己为人类寻找到的那一套价值，殊不知斯金纳也可以问，何以见得你罗杰斯所主张的就是真正值得追求的？面对这一诘问，我想罗杰斯除了搬出前面所述及的自然主义价值论之外，很难有更有力的答辩。

实际上从唯物史观的角度来看，罗杰斯的盲点在于他没有见到，科学活动也是人类社会历史活动的一部分，也服从于历史发展的必然规律。一个时代一个社会的科学活动作为一个总体，受制于当时当地的经济、政治、文化发展状况。有一支无形而有力、无目的却有确定方向的力量支配着人类的全部活动，包括科学活动。个别科学家的善意或者恶意，对这一更强大的力量来说，是无足轻重的。

九

评说罗杰斯

到此为止，关于我们主人公的生平、思想，治疗的理论和实践，本书已经做了较全面的介绍。对于一本评介性质的著作来说，缕述主人公的思想和学术显然轻松一些，就主人公的思想和学术进行评说，则是较为困难的工作。虽然在前面的章节里，笔者也就相应的主题谈了不少个人的评论和看法，但一则受主题所限，缺乏系统性，二则有些议论是一时有所思而即兴发挥。所以在这一章我们将跳出罗杰斯的和以人为中心理论的角度，从一个外部的、观察和评价的角度来看我们的主人公及其学术思想。

本章的内容将围绕两个主题展开，其一集中于罗杰斯的当事人中心/以人为中心理论在学术思想上的传承关系，其二集中于对当事人中心/以人为中心理论的评价。两者的关键词都是“影响”——别人的学术思想对罗杰斯思想的影响；罗杰斯思想对心理科学和心理治疗所产生的影响。

学术渊源

罗杰斯始终认为以人为中心理论的产生主要源于自己的经验。这大部分符合事实。特别是考虑到以人为中心理论作为一种治疗的实践是那样地独树一帜，那样地与众不同，你很难质疑它的“罗杰斯牌”商标。我们也相信，罗杰斯在讲到以人为中心理论完全以他个人的经验为源头的时候，完全不存欺世盗名之心。因为罗杰斯为人的诚实，的确不容怀疑。但是，正如罗杰斯所赞成的——读者可复习一下现象场概念——主观的真不一定在客观上也真。任何人，即令是伟大的人物，要说他的思想不受前代学人和同代学人思想的影响，既不合逻辑，亦违反常识。事实上，在另外一些时候，在某些具体项目上，罗杰斯也常常谈及某个作者对他的影响。而在笔者的知见里，不独是一些细小的方面，罗杰斯的许多重要概念、思想和观点，都有他人的影响的痕迹，只是这些思想到了罗杰斯手里，到了被整合为以人为中心理论的时候，就成了独一无二的“罗杰斯牌”的东西。

依一些研究者的意见（如 Decarvalho, 1991），以及笔者个人的研判，罗杰斯至少受到这样几种学术思想的影响：古典心理分析理论，新弗洛伊德主义，现象学和存在主义。

弗洛伊德

罗杰斯在哥伦比亚大学接受的是正规的学院心理学训练，当时美国的学院心理学从哲学方法论来说是逻辑实证主义当道，从学术思想上讲是行为主义的天下。心理分析的理论和实践完全不为学院心理学圈子里的人所接纳。罗杰斯回忆说，在学校里，"'弗洛伊德'是个脏字"（Rogers, 1967）。据此推想罗杰斯在大学里大概并不了解弗洛伊德。但是他在哥伦比亚大学时有一年时间在纽约一家儿童指导研究所实习，那里是采用弗洛伊德的理论来对儿童进行治疗。而在罗切斯特防止虐待儿童协会的儿童研究部工作的头些年里，罗杰斯是非常认真、正规地采用心理分析来对儿童（间或也有他们的家长）做治疗。在这期间他一定花了大力气去学习、体会心理分析的理论和实践。用他的话说，在这段时间他"浸泡在同事们的弗洛伊德动力学观点之中"。也是在这个期间（尤其是中后期），他接受了兰克（Otto Rank）的影响，并逐渐对心理分析感到厌烦。

笔者有一个感觉，罗杰斯在感情上对弗洛伊德及心理分析不像对行为主义那样反感。1975年，当被问及对弗洛伊德理论的评价时，他表示，心理分析有好些真理的种子。他还常常赞扬弗洛伊德是一个灵活的研究者，能够根据治疗经验而不断地修正自己的理论和术语。只是他过世后一些“正宗”的门徒把弗洛伊德的理论弄成了某种类似宗教教条一样僵硬死板的东西（Decarvalho, 1991, p. 48）。

罗杰斯对心理分析的背弃是先由治疗实践开始，后来才慢慢及于整个心理分析的理论体系。如他自述（参见本书第一章），他开始是从心理分析的疗效不彰而产生怀疑，继而对心理分析关于治疗作用机制的理论、分析式治疗的一些方法有所动摇，直到最后对弗洛伊德理论中若干核心教条发难。大体来说，20世纪40年代以前，罗杰斯对心理分析的批评主要着眼于治疗的理论与实践，50年代之后主要着眼于人性观和人格理论。

罗杰斯批评经典心理分析治疗的地方主要有：（1）心理分析过分依赖于当事人接受治疗师所做的“智性的解释和分析”。心理分析太依赖理智，以为透过理性的解释就能够改变当事人的态度进而导致行为的改变。罗杰斯则认为，理性分析不足以改变情绪和行为。（2）心理分析强调治疗师的权威，促成当事人对治疗师的依赖，从而削弱了当事人自我成长的机会。（3）心理分析由治疗师来控制治疗关系，表明它不信任当事人有自我理解的能力。罗杰斯认为，之所以在分析治疗中会产生所谓“阻抗”[1]，主要是由于分析者用了太权威、太智性的解释和态度，实际上如果治疗师不是那么“全能”和居高临下，阻抗不一定必然出现。

1　在心理分析过程的某一个阶段，当事人会出现一些诸如抵制分析者的解释、不合作、有意无意地拖延等等行为，这种反应被称为阻抗。在正统的心理分析中，阻抗被视为治疗过程中一必然出现的正常现象。

罗杰斯对心理分析在理论上的批判主要集中于心理分析的人性观。与其他人本主义心理学家一样，罗杰斯强烈反对心理分析对人性的不信任和悲观主义。在弗洛伊德看来，人的生存状况受制于两种不能改变的条件，因而人始终处于一种非常窘迫的情境。一方面，人是自己先天注定的生物性的奴隶，像食色这样的本能是不能消灭也不能忽视的；另一方面，人又是他所处的社会文化的奴隶，人不能逃避外在的行为规范以及这些规范内化后所产生的良心道德的制约。在性质上，人的这两种生存条件互相排斥，因而注定了人只能在夹缝中求生（弗洛伊德，1987）。所以照弗洛伊德的理论推论，人的不幸的根源不在于外，而在于人的灵肉的相互敌对。罗杰斯强烈不满弗洛伊德对人性的悲观的论调，而认为人性的基本倾向是美好的，值得信赖的。如本书第二章所述，他认为，从他的治疗经验来看，只要人的真实的本质得以显露，人总是表现出亲社会而不是反社会，建设性而不是破坏性，积极而不是消极的特点。就对人性的观点而言，以人为中心理论与弗洛伊德理论真是有天壤之别。

如果认为罗杰斯和弗洛伊德的关系仅止于此，那就太低估弗洛伊德对罗杰斯的影响了。如果还进一步以为这些影响以反面的成分居多，以为弗洛伊德只是刺激罗杰斯在针锋相对中产生出他自己的灵感，那就偏离实际更远。事实上，如果你读罗杰斯，尤其是钻研他的人格理论（Rogers, 1959），你就会感到弗洛伊德的影子几乎无处不在，我甚至以为，如果学生有了弗洛伊德的知识再来读罗杰斯，在理解上要容易许多。以下就笔者之见，对罗杰斯体系中有弗洛伊德印记且较为重要者做一检视。

无意识概念 · 罗杰斯在谈到当事人中心治疗的发展历程时，一开始就承认弗洛伊德关于无意识内驱力发现的贡献（Rogers, 1951, p. 4）。不过，在罗杰斯的体系里，原本的无意识概念被做了一些改造。弗洛伊德的无意识概念其实可以分为两个方面，一是无意识心理过程，二是无意识的心理内容。毫无疑问，罗杰斯承认无意识心理过程。事实上，当事人中心治疗非常明确地假定，在当事人当时当地的现象场中，受到意识反映的只是其中一部分内容。往往当事人的言语表达的是一样东西，而他的形体、声音、腔调在表达另外的东西。这些另外的东西当事人并不能意识到。这一对无意识过程的理解与弗洛伊德是完全一样的。就无意识心理内容来说，罗杰斯看来也不反对弗洛伊德所指的那些本能的存在，但是，他不认为那些本能代表着人最基本的动力倾向。尤其不认可性本能的基本动机地位。他更强调人的机体作为一个整体（而不是人体的某一特定解剖构造）表现出来的那种一般倾向，即我们熟悉的实现倾向。与弗洛伊德强调本能相对应，罗杰斯常强调“机体”“身体”。他重视作为一个整体的机体的反应。罗杰斯常说我们的机体比我们的头脑要聪明。所谓“机体智慧”“机体评价”“潜知觉”就是他这个思想的注脚。另一与弗洛伊德更接近的思想是罗杰斯认为在无意识中，有些经验与我们的自我不一致，对自我结构造成威胁，因而不能将符号化转化为意识。这就跟弗洛伊德的无意识差不多完全一样了。不过在当事人中心的治疗中，并不把注意的焦点放在挖掘这些无意识内容上。

自我、本我、超我· 罗杰斯体系里没有本我和超我，他的自我也和弗洛伊德不同。但弗洛伊德的三分法人格结构的影响仍然在罗杰斯体系中有所表现。我们可以分别比较一下弗洛伊德的自我、本我和超我与罗杰斯体系中的某些对应物的异同。先看自我，从性质上说，罗杰斯的自我与弗洛伊德的自我可说很不一样。弗洛伊德的自我是一在意识层面运作的结构，它按照"现实原则"行事。因此，在弗洛伊德心目中，自我的属性是比较客观的。它力求比较真实地反映现实。而在罗杰斯，由于受现象学的影响，他的自我有很强的建构主义的味道。以人为中心体系中的自我，作为一个心理结构，既是经验被建构后的产物，又是用于建构新的经验的维度、构架、过滤器、有色眼镜，或者任何类似的东西。以人为中心理论非常强调每个人的自我世界的独特性和主观性，强调每个人的行为只有从其独特的自我世界或者参照系去理解才能得到正确的解释。在这一点上，罗杰斯与弗洛伊德有明显的区别。但如果我们从自我的功能这个视角来看问题，就会发现两个自我所做的工作是非常相似的。在两个体系里，自我都处于核心地位，是一个类似电脑的中央处理器一样的执行机构。

罗杰斯的自我包括了弗洛伊德的超我。这就是那些在个体的发展过程中，透过父母等代理人，经由价值条件化过程而灌输给个体的社会的价值观和行为规范（Rogers, 1959）。这些内化了的东西（价值条件）变成了自我的有机组成部分。在功能上，“价值条件”所起的作用与弗洛伊德的超我极为相似。在“积极的自我关注”的需要（参见第三章）和“价值条件”的联合作用下，个体不能察觉或者正确地反映自己的真实需要，从而远离自己的本性，与自己的本性为敌，最终导致心理障碍。

至于弗洛伊德体系中的本我，虽然在罗杰斯体系中没有明确的对应物，但其痕迹仍然是可以找到的。弗洛伊德的本我是本能的心理映象（江光荣，1988），其最终来源是人的生物机体。在罗杰斯看来，人的实现趋向也是植根于人的生物机体的。而据笔者的体会，罗杰斯的实现趋向真有许多地方像弗洛伊德的“生的本能”。只不过罗杰斯的实现趋向是一更为一般的生物本性，它是人类一切生存、创造活动的总动机；而弗洛伊德的生的本能乃由其早期理论中的性本能演进而来，其内容仍有较浓厚的性的色彩，且较为具体。另外，正如在前一点已经提及的，罗杰斯无论在其理论中还是在其治疗实践中都很强调和重视机体的反应，又强调治疗的要义在于让当事人全面地、不歪曲地知觉和接纳本原的自己。这些都让人感到弗洛伊德本我概念的影响。

自我防御机制 · 罗杰斯几乎全盘接受了弗洛伊德的自我防御机制概念（沈雪妹，1997）。心理防御机制有两个特点，一是它的活动是无意识的，也就是说个体是不知不觉地在运用它们；二是它总是篡改和曲解现实（奥尔森、赫根汗，2018，第29页）。在罗杰斯的理论中，当个体产生与自我概念不一致的经验，尤其是这经验有可能对自我概念造成严重的威胁时，潜知觉会导致个体产生紧张和焦虑，这时个体就会不自觉地运用心理防御机制，主要是在知觉、理解和评价这些环节对经验进行裁剪、删改和歪曲，保留与自我结构一致的经验，摒除或改造与自我结构不一致的经验，从而维护自我的协调和稳定。在理论构造上，弗洛伊德把防御机制看成自我的工具，是自我进行工作的手段，它保护的是人格三分结构的平衡。而罗杰斯认为防御机制保护的是自我结构的稳定性。虽然有这个分别，但这个分别是表面的。因为罗杰斯的“自我”几乎等于弗洛伊德的“人格”。两人都认为防御工作实质是协调超我和本我（弗洛伊德的说法），或价值条件和经验（罗杰斯的说法）的冲突。所以罗杰斯关于心理防御机制的看法几乎与弗洛伊德一模一样。

移情 · 在经典心理动力学的治疗中，移情[1]（transference）的培养和解决是分析取得成功的关键（弗洛伊德，1986）。弗洛伊德说："当我们利用分析而发现用抗力解决常态的冲突时，他需要一种强大的推动力，帮助他达到我们所期望的解决，从而恢复健康。……这个斗争的结果不取决于他的理解力——因为他的理解力既不强，也不自由，不足以有此成就——而仅取决于他与医生的关系。假使他的移情作用是积极的，他便认为医生有权威，深信他的研究和观点。假使没有这种移情，或移情是消极的，那么

1　心理动力学治疗的核心概念之一，指心理治疗的当事人对治疗师的一种情绪化的态度，可以是爱、敌意或者依赖这样一些成分。但这种情感并不可以由实际的治疗情境得到解释。按弗洛伊德的观点，移情是当事人不自觉地把自己对父母的情感转移到治疗师身上。

医生及其论点便很难引起病人的倾听了。信仰起源于爱，……没有爱做后盾的理由，则不足以使病人或一般人受其影响。”（弗洛伊德，1986，第360页）虽然以人为中心理论体系基本不用移情这个概念，但罗杰斯专门谈论过移情的问题（Rogers, 1951）。首先，他承认：移情，即令是严格的经典心理分析意义上的移情，是存在的。其次，他指出在以人为中心的治疗实践中，严格意义上的并且程度很重的移情较少发生，但如果把移情理解得较为宽泛，包括任何对他人的好感的话，那大多数治疗案例里都有移情。第三，在非指导的治疗（即以人为中心的治疗）中，不仅移情发生较少，即使发生，也较容易解决。最后，罗杰斯认为，移情和移情神经症，并不必然是心理治疗的关键。它也许只在心理分析的治疗中是必要的（Rogers, 1951; pp. 198–218）。

虽然如此，对两种治疗都有些体会的人会很容易感到，以人为中心治疗所创造的那种独特的，以真诚、关爱、“无条件积极关注”为重要成分的治疗关系，与心理分析中“正向的移情关系”，有着某种相似之处；只是是“形似”还是“神似”，还不易做出分辨罢了。

兰克

罗杰斯自己比较多地承认受到兰克（Otto Rank）的影响。兰克曾经是弗洛伊德非常得宠的弟子，后因出版《出生创伤》（*The Trauma of Birth*, 1924）而与弗洛伊德发生抵牾。兰克在这书中提出儿童的出生创伤（与生俱来的焦虑和恐惧）及其在前俄狄浦斯发展期与母亲的关系在神经症的发生中的重要作用。这一观点威胁着经典心理分析理论中俄狄浦斯情结的基石地位，因而终于遭弗洛伊德将其逐出门庭。兰克遂转往美国发展，自1926年起任教于宾夕法尼亚大学社会工作学院，并在这里发展出他个人的治疗体系——意志疗法（will therapy）。罗杰斯知道兰克并对兰克的理论和治疗发生兴趣，是透过他在罗切斯特儿童研究部的同事，其中有两位社会工作者曾在宾大选过兰克的课。他们对罗杰斯了解兰克起了重要作用。他们告诉罗杰斯，在宾大有一种不强调“解释”，而重视“关系”的治疗。此时罗杰斯已是儿童研究部的主管，于是在1936年6月，罗杰斯邀请兰克到罗切斯特举办了一个为时三天的报告会，介绍后者所创立的这一新的治疗体系。另外在这次交往后的一个月，兰克出版了他的两部重要著作：《意志疗法：从关系的角度看治疗过程》和《真理和现实：人类意志的生命史》。相信这两部书也是罗杰斯了解兰克的一条途径。

兰克对罗杰斯的影响到底有多大？笔者没有系统研究兰克的作品，因而不好妄断。但一位兰克的研究者克拉默在一篇专论中说，罗杰斯著作中兰克的痕迹或与兰克有共鸣之处的地方之多，令他感到吃惊（Kramer, 1995）。另一方面，罗杰斯自己在数次被问及谁对他的理论产生过影响时，也都把兰克举出来。不过克拉默承认，罗杰斯著作中兰克的痕迹颇不易辨认，但在罗杰斯的字里行间却活跃着兰克的影子。克拉默的评论也许对兰克的作用稍有夸大，因为罗杰斯虽然承认兰克的影响，但他觉得他并未受到兰克的理论的吸引（Evans, 1975, pp. 28–29）。所以，如果较真地要对罗杰斯思想进行“专利鉴定”的话，还不能贸然说清哪些是受了兰克的影响，哪些是“英雄所见略同”。

考虑到罗杰斯这次与兰克交流的时间（1936年夏天），距1940年他在明尼苏达大学做那篇“心理治疗中的若干新概念”的学术报告时间较近，可以做个猜测：罗杰斯其时已经有一些非指导治疗思想的萌芽，在了解了兰克的观点后，他的这些自发的想法开始变得更为清晰和坚定了。兰克对于罗杰斯，可能是催化作用多于全新的学习。请看罗杰斯自己的一段回忆：

> 我受到兰克观点的感染，开始认识到个人具有自我指导的能力。……我的确觉得兰克的观点很有趣，但在离开罗切斯特之前，我并没有认真采纳他所强调的东西。不过核心的理念还是萌发了出来。我开始相信个人的能力，充分重视个人的尊严和权利，而不愿把自己的方式强加于人。这两个核心理念从那以后就没有动摇过。（Kirschenbaum, 1979, p. 95）

照这段话来看，当时兰克给罗杰斯留下较深印象的东西是兰克对个人能力的信念。我们把这点展开来看一下。

兰克相信，人，由于其基本的不可选择的存在条件，其首要特点是创造、再生、改变、成长或发展。个体终其一生，永没有一个完满的状态，没有一个发展完成的结局。从这一基本生存特点，兰克推演出人有一种“意志”——一种意识到自己的“独个性”（换一个角度也可以说是孤立无援）而不得不“做自己”的主观体验。这种意志的较为正常或者积极的表现形式，是不断地追求改变、成长和自我发展。所以这种意志也可称为创造意志（Kramer, 1995）。兰克的这个观点从其哲学意蕴来看，是一种存在主义的思想，本来并非一种对人的本质的积极的信念。但在罗杰斯，他接受了兰克的思想中人有创造、成长的趋向这一点，不理会兰克思想中那多少有点灰色的一面。如果要在罗杰斯体系中寻找相关的理念，那么很可能罗杰斯关于人具有实现趋向的思想，以及关于人是一个不断成长的过程，成人的过程（process of becoming）的思想，与兰克的这个思想有关。

兰克的另一个观点是关于治疗的。兰克在批判经典心理分析时，强烈攻击它以治疗师为主导的做法，而提倡充分调动当事人的主动性。“真正的治疗应该以当事人为中心，以当事人的困难、需要以及他的活动为中心。”（转引自 Kramer, 1995）兰克说，在他的治疗中治疗师只是一个积极的协助者，他设法创造出一种情境，使得当事人在此情境中扮演主角，让当事人自己做自己的治疗师，去发现自己的积极的意志，去接受自己的责任。这一点使罗杰斯大受鼓舞。或许罗杰斯正是从这个号召中感受到兰克对个人的能力、个人的成长潜能的信任，同时，他自己倾向的那种非指导的治疗风格也由此得到有力的响应和支持。

兰克的治疗有时也叫“关系疗法”（Kramer, 1995）。兰克对经典心理分析把解释和领悟——先是治疗师的领悟，然后是治疗师把这种领悟教给当事人——放在至高无上的地位的做法不以为然。他声称他创造了一种新的治疗哲学：是治疗师和当事人之间的关系本身，而不是治疗师的领悟，具有治疗功能（Kramer, 1995）。兰克所说的这种关系，是一种充满爱和理解的关系。他说："只有在关爱中并且通过关爱，个人才能接纳他自己和自己的意志，因为那另一个人，那个别人[1]都接纳你了。"（Kramer, 1995）兰克也重视倾听的作用，他用了一个德文词Einfühlung（意为"体察"）来刻画治疗师的行为，克拉默认为这个说法与罗杰斯后来用"同感理解"（empathic understanding）是同一个意思（Kramer, 1995）。

兰克的治疗中慈爱和关切的成分非常突出。他的一个病人形容说："兰克就像个关切呵护的慈母，我所接受的都是爱。所有我不具备的，所有我想要的，都通过兰克这个媒介流入我的心中，而我只是接受。……要得到爱，一个人就得忍受冒险的痛苦。"（Lieberman, 1985, p. 270）照这样看，当事人中心治疗的关系与兰克的治疗关系还是有些差别的。罗杰斯并不太强调慈爱、温情等成分（虽然这些成分也是有的），他在会谈中的注意力主要放在真实地"在场"，放在同感理解，放在倾听当事人的感受并把这些感受反馈给当事人上。

总体来看，罗杰斯的确受到兰克很大影响，但就笔者个人的印象来说，我以为兰克对罗杰斯的影响还是不如弗洛伊德。罗杰斯在关于人的一些基本认识上与兰克是不大一样的；而弗洛伊德

1 指治疗师。

的一些主要的概念却以原始或者变形的形式反映于罗杰斯的思想体系中。我觉得这样一个说法也许不无道理：在人格理论方面，罗杰斯受益于弗洛伊德较多，而在治疗实践上，兰克的影响比较大一点。虽然罗杰斯本人较多承认兰克的影响，较少提到弗洛伊德，但难保这不是罗杰斯的错觉。

存在主义

罗杰斯在20世纪50年代头些年里有一个经常困扰他的问题，就是我们在上一章提到的，作为科学心理学家的客观性和作为心理治疗师的主观性之间的矛盾。在这个背景下，芝加哥大学几位神学系的学生坚持向他推荐基尔凯郭尔和马丁·布伯的作品。学生们预言他一定会从这两个人的思想里找到共鸣。这个预言应验了。罗杰斯说："虽然对基尔凯郭尔的许多东西我完全无动于衷，但不时就有一些深邃的洞见和令人服膺的观点被漂亮地表达出来，而那正是我自己意中所有，语中所无的见解。虽说基尔凯郭尔生活于百年之前，我还是禁不住要把他看成一个敏感的知音。……阅读他的著作令我放下包袱，使我更能够信任也更愿意表达我自己的体验。"（Rogers, 1961, p. 199）

这些使罗杰斯产生深深的共鸣的东西是基尔凯郭尔关于人的存在、生命的目的和人生幸福的真义等问题的思想。其中最使罗杰斯震动的一句话是"to be that self which one truly is"（是其真我）。基尔凯郭尔以此为生命之最真确的目标。罗杰斯似乎感到他的一些不太明确、尚未成形的意向、感受或思索因了这句话一下子都清晰起来了。而如果我们深入分析罗杰斯的关于心理失调的概念、关于机能充分发挥的人的观点，以及关于心理治疗的要义和目标何在的观点，就会发现这个“是其真我”的思想的确可以把上述各点串联起来。或者说上述几个方面的思想都是围绕着这个观点来组织的。例如，在认识人的心理失调和障碍上，罗杰斯认为心理失调的本质就是一个人放弃了追求他真正的需要，而为一些外加的律令、义务、“美德”和角色所累，简单地说，是这个人放弃了做他自己，真实的自己。悲观绝望之真正、终极的原因，不是由于个人的欲望不能实现，而是由于个人追求与其本性不合的东西。结果这个人就永远也不会有真正的幸福感。机能充分发挥的人有不少特点，但核心一点，就是他们是按自己的本性、本相来活着，而不是戴着面具表演某个人生角色。心理治疗所要做的，无非是一种帮助人“去伪存真”的工作，使当事人发现和接受面具后面那真实的自己。这些思想的核心不都是“是其真我”吗?

至于马丁·布伯，罗杰斯不仅读了他的作品，还和他有过面对面的交往：他们在1957年4月有过一次公开对话（Kirschenbaum & Henderson, 1989b）[1]。布伯对罗杰斯发生重要影响的是他对所谓“我-你关系”（I-thou relationship）的性质和作用深刻的揭示。布伯的“关

1　这是一次公开的学术对话，由一位研究布伯的学者（Maurice Friedman）安排。于1957年4月18日在密歇根大学举行。

系”实际上是指个人与他的世界的联系的方式（Kohanski, 1975）。他所说的“我－你关系”是与“我－它关系”（I-it relationship）对举的。这是个人与其世界的两种很不相同的联系方式。布伯指出，以“我－它”的方式来看待身外的人和物，身外的人和物只是你知觉和经验中的对象，一个有其自己的时间和空间的独立的存在，与你的存在没有关系。简单地说，“它”的世界是一个与你无干的世界，一个异在的世界，“我”与“它”实际上并无“关系”。而以“我－你”方式来看待身外的世界，对方就是一个“对象”而不是一个“客体”。“你”的世界是一个与“我”有关的世界，是“我”的世界。作为“我”的对方的“你”是一个与“我”一样的整体，是不可以分割为不同的部分、成分的，因为与我相面对的只能是作为一个活生生整体的“你”，而不可能是“你”的某个部分，“你”的某个属性。“我－你关系”是一种相互的、双向的关系，双方是在对等的意义上存在，亦可以双向地交流（Kohanski, 1975）。

布伯强调，“我－你关系”是一种直接的关系。他用“会面”（meeting）一词来形容这一情形。所谓“会面”是说在两个人之间没有什么先存的概念、想象、意图和预期等等。这些东西乃是夹在两人之间的媒介。一旦有了媒介，两者之间的关系就不是直接会面而是透过媒介进行的交流了。布伯认为真正的“会面”具有治疗功能。在当今这个物质追求使人异化的时代里，人唯有与他的世界建立一种类似“会面”这样的“我－你关系”才能找到存在的幸福（Kohanski, 1975）。

在罗杰斯看来，科学取向的心理学家和传统的指导式治疗师，其与研究对象和当事人的关系就是一种“我－它关系”。而在以人为中心的治疗中，当治疗师真诚地做自己，对当事人“透明”，不将当事人看成一个求助者，专注于对方这个人的内在世界，没有障碍地与对方的现象世界进行交流时，这时的关系就非常类似布伯的“我－你关系”（Anderson & Cissna, 1997, pp. 29–31）。关系的双方是两个以其本相出现的，不戴角色面具的真实的个人，并且这两个人在非常深入的层面进行无障碍的交流。

不过，如果因了以上的介绍就以为罗杰斯的存在主义思想完全来自基尔凯郭尔和布伯，那是与事实不符的。正如迪卡瓦罗指出的，一些早期人本主义心理学家像奥尔波特（G. Allport）、马斯洛和罗杰斯等于20世纪50年代接触存在主义的时候，他们自己的理论体系都已经独立发展出来。他们和欧洲大陆存在主义的一致之处毋宁说是一种平行的演进和巧合，而非移植或引进（Decarvalho, 1991, p. 65, p.71）。在罗杰斯这方面，芝加哥大学那几位神学系学生之所以建议他读基尔凯郭尔和布伯，正是因为他们觉得罗杰斯的思想与这两位的思想非常近似。前面引述罗杰斯读基尔凯郭尔后的感受的那一段话，明确表明两人之间是一种印证关系，何况罗杰斯还说他对基尔凯郭尔的大部分东西无动于衷。而罗杰斯与布伯的对话，从当时组织者弗里德曼（Maurice Friedman）在对话开始时的介绍词得知，也是因为他觉得两人的思想非常相似，而特意组织一次对话来引起更深入的讨论（Anderson & Cissna,

1997, pp. 14–15）。也许从引致罗杰斯发生某种改变这个意义来说，布伯对罗杰斯的影响稍大一些。因为在二人的对话中，当罗杰斯询问布伯，以人为中心的治疗关系是否就是“我–你关系”时，布伯持非常保留的态度。他觉得治疗关系中，两方有点不对等，亦缺乏“相互性”（reciprocity），当事人未必能像治疗师一样地“会面”治疗师的内部世界。罗杰斯从中意识到，治疗师在会谈中的自我开放和自我揭示非常要紧。这导致在1957年以后，罗杰斯在谈及三项主要的治疗条件时，更强调真诚、内外一致和他喜欢的一个词——“透明”。

回到本题，总之，我们说罗杰斯体系中有些东西与存在主义哲学的见解一致，存在主义哲学家强化、加深了罗杰斯的相关思想，但罗杰斯的这些思想的主要来源，还真如他自己所讲，是他自己的经验。

现象学和格式塔心理学

迪卡瓦罗曾指出，人本心理学的诸位奠基人之所以对现象学发生兴趣，其实是把现象学当作一种研究个人主观直接经验的方法。他们很少真的去研究经典现象学者如布伦塔诺（Franz Brentano）、胡塞尔和海德格尔的著作。他们对于现象学在欧洲大陆的传统只有一知半解，而这很少一点知识也是透过二手介绍获得的（Decarvalho, 1991, p. 69）。这是事实，在罗杰斯也是如此。事实上，对于欧洲大陆上的存在主义和现象学这些非理性主义的思想传统，深受逻辑实证主义熏陶，对哲学心理学不感兴趣的美国人——不管他是哪个学派的——是没有几个人愿意下真功夫的。在我看来，现象学对罗杰斯的影响主要在于它和格式塔心理学一起，为罗杰斯的理论提供了一个方法论基础。集中反映这个基础的是罗杰斯的现象场概念。这也是我要把现象学和格式塔心理学放在一起来谈的原因[1]。格式塔心理学对罗杰斯的影响主要是通过勒温的“场论”。不过，在罗杰斯关于现象场的思想正在形成之时，斯尼格和卡姆斯[2]以现象学的立场写成的《个体的行为：以知觉取向研究行为》（Snygg & Combs, 1949）一书对罗杰斯后来系统地将现象学的思想整合到他的人格理论中去，提供了一个直接又便利的来源。罗杰斯在1951年出版的《当事人中心疗法》的最后一章“人格和行为理论”的开头，列出多位他认为对当事人中心治疗的人格理论有贡献的作家，其中有斯尼格和卡姆斯（Rogers, 1951, p. 481）。

现象学的心理学也可以称为“主观取向的心理学”，它是和传统的“客观取向的心理学”相对的。客观取向是以观察者的角

1　事实上，现象学与格式塔心理学本来就是相通的。二者都把个人的主观经验世界作为自己的起点。而且这个相通并非偶然，实是因为二者共有一个源头，那就是布伦塔诺。布伦塔诺提出，我们“内在知觉”中的对象是知识的逻辑起点。这个思想可说是现象学的“意识”和格式塔心理学的“直接经验”的共同基础。而从师承关系上讲，布伦塔诺既是胡塞尔（Edmund Husserl）的老师，又是斯顿夫（Carl Stumpf）的老师。胡塞尔是现象学的肇始人，而斯顿夫与格式塔心理学有直接的关系——他不仅直接参加了格式塔心理学理论的创建，而且几位最著名的格式塔心理学家如韦特海默（Max Wertheimer）、考夫卡（Kurt Koffka）、柯勒（Wolfgang Kohler）和勒温（Kurt Lewin）等人，都是他的学生（Ash, 1995）。

2　斯尼格和卡姆斯，尤其是卡姆斯，跟罗杰斯有密切的联系，他是罗杰斯在俄亥俄州立大学的学生。据卡姆斯回忆，罗杰斯在《个体的行为》一书还没有出版时就借了书稿看过，并在他当选美国心理学会主席（1947）的就职演讲中特别推荐了这本书（Combs, 1990）。

度研究人的行为。研究者观察在一特定情景中被试的反应，根据反应推断导致某一行为的原因或条件。这种心理学的一大特点是研究者不管被试头脑里发生的事情，只管外部刺激（S）和行为反应（R）之间的联系，故被称为S-R心理学。而主观取向的心理学主张从行为人内部发生的事情来解释行为。现象学的心理学家都接受一句名言：心理的现实是人的直接现实。这句话的意思是：人的行为不是取决于别人的看法，而是取决于他自己如何看待、理解当前的处境。一个人如何看自己，如何看世界，对所发生的事情赋予何种意义等等，这些才是决定当事人行为的直接原因（Snygg & Combs, 1959）。为了用一个概念来表征现象学家所指的人的这个主观现实，格式塔心理学家借用了物理学“场”的概念，勒温称之为“心理场”，后来斯尼格与卡姆斯又根据现象学家的说法，称为“现象场”或“知觉场”。

罗杰斯衷心赞成现象学的心理学的这一见解，并采用了现象场这个概念（参见第三章）。这实在是一件顺理成章的事。其实，以笔者之见，即令是标榜客观主义的心理学家，例如弗洛伊德，也无法脱离当事人的现象场。你可以不相信当事人所说为真，你可以从当事人所说中“洞察”出你认为的真，但你没法不受当事人的影响，因为你“客观地”观察的，还是当事人现象世界的外化表现。换从心理治疗实践角度来说，如果我们坚持忽视当事人的现象世界，坚持用一般性行为规律来解释或预测他的行为，这解释或预测“命中”的概率往往很低。

罗杰斯从现象学和格式塔心理学接受的理念主要有两点:（1）心理的现实是个人的直接现实。任何行为，包括心理病理性的行为，只有从当事人的角度才能得到最恰当的理解。（2）现象世界是一个整体的世界，其中任何部分都只有从其与整体的联系中，才能得到解释。任何一个部分的改变，总是会造成整体的改变。但是，罗杰斯在接受这两条基础假定后，联系自己的治疗经验，对这种主观心理学有所发扬光大。本书第三章对罗杰斯关于现象场的概念有较为详尽的介绍，这里不赘。

实现趋向

至此，对罗杰斯产生影响的一些主要来源已经谈到了。但还有一个比较重要的概念——实现趋向——的来历值得一提。“实现趋向”或“自我实现的趋向”这个概念是人本心理学家共同支持的核心概念之一，但这个概念很难进行专利认证。马斯洛就“自我实现的动机”做的研究和发表的言论最多，但他一面谈到他自己的看法，一面提到许多有份分享这个思想的人，其中也包括罗杰斯和他的学生所做的研究（马斯洛，1987b）。所以真实的情况可能是一个皆大欢喜的结论：实现趋向或自我实现趋向概念的产生，是一个由四面八方的独唱汇合成合唱的过程。很多人从不同的领域和不同的地方，发现了或想到了差不多同样的东西，最后成为人本心理学的一个核心的概念。就罗杰斯个人来说，他觉得他的这个思想主要来自他和他的心理治疗的同事的治疗经验（Rogers,

1951, p. 489)。但他也像马斯洛一样开出了很长一串名单，以表示承认这些作者的影响。其中有神经心理学家戈尔德斯坦（K. Goldstein），心理治疗师沙利文（H. S. Sullivan）和霍妮（K. Horney），以及人格理论家安吉尔（A. Angyal）等。而他所用的“实现趋向”这个名词，则是采用自斯尼格和卡姆斯。显然，罗杰斯的情况也符合我们的结论，他也是一名独唱者，然后汇入了合唱队。虽然他是唱得比较早，声音也比较洪亮的一个。

批评和辩护

罗杰斯生前和身后都遭到心理学和心理治疗领域内外的人士的批评。对于这些批评，罗杰斯大都有所回应。本节我们集中于这些批评和回应，同时也对一些问题给出笔者的评论。

权力问题

在心理治疗师与当事人的关系中，治疗师是否合法合理地享有权威？对于传统的心理治疗，这不是个问题，治疗师理所当然地享有权威。但罗杰斯坚持认为，治疗师的效能并不取决于他的专业知识与技能，而取决于他有没有能力在他和当事人之间发展起一种特定的关系，使得当事人能够在这种关系氛围里自我探索和发现。罗杰斯还反对或者贬低治疗中一些象征着专业身份的活动。例如他抵制诊断，认为如果不是为了研究，临床心理诊断对帮助当事人毫无用处；他宣称是当事人而不是治疗师最了解当事人的问题所在，是当事人自己最知道他要往何处去，如此等等。罗杰斯阵营的人认为，在治疗关系问题上对以人为中心理论的批评，看似因学术而起，实则与学术无关。至少有部分批评，虽然以学术问题为诉求，背后的因由却涉及权力问题（Thorne, 1992, p. 65），因为当事人中心理论的观点动摇了心理治疗领域内专家们的权力基础。他们的身份系于他们所受多年的训练，以及诸如临床评估、测验等等象征着专业能力的活动。罗杰斯革命性的见解尤其触怒了高高在上的精神科医生，特别是从事心理分析式治疗的医生。在精神卫生领域，他们的地位最高。这些人士觉得罗杰斯简直是把神圣的心理治疗给亵渎了。他们嘲笑罗杰斯天真地以为心理治疗仅仅就是一道爱的处方，似乎没有心理学专业训练的人都能为之。他们责难罗杰斯有误导大众之嫌。

这些攻击在一定程度上误解了罗杰斯。事实上罗杰斯一点也没有贬低治疗师的专业身份和专业训练的价值。相反，罗杰斯非常强调心理治疗师的专业素养。只不过他所重视的专业素养和传统的观念很不相同罢了。罗杰斯更重视的是治疗师个人人格的统合程度，治疗师的自知，治疗师对人的基本态度取向及其人性观。他强调治疗师要能够愿意并且“投身”于与当事人“结伴而行”，在这一探险一样的旅行中保持开放的胸怀、同感理解和积极关注。罗杰斯及其拥戴者辩解说，要达到这样的水准，对治疗师的专业要求不是低了而是高了。除了心理学和心理治疗的一般知识而外，治疗师个人的自我分析式的训练和个人成长也是其专业养成的重要的组成部分（Thorne, 1992）。

人性论

关于罗杰斯的人性观，我们在第二章做了较为详细的阐述。这里简单重复一下罗杰斯的核心论点以便进行下面的讨论。罗杰斯认为，人在某种程度上有其天生之性，且这种有着生物学基础的先天之性是好的，值得信赖的。这个核心论点集中体现在罗杰斯的“内在评价定位”（internal locus of evaluation）这个思想上面。所谓“内在评价定位”是说，人类个体对于自己的体验或经验，有一种天生、内在的机制或者手段，对这些经验进行评估，而不必外求诸权威、规范等等。罗杰斯经常用“机体评价过程”“机体智慧”等语表述他这个思想。罗杰斯进一步认为，个体如果依据内在评价定位对经验进行处理，并以此来引导自己的行为，这些行为并非反社会、具破坏性，反而是亲社会、具建设性的。

如第二章已经提及的，罗杰斯的这套人性思想受到了来自不同方向的批评和攻击，主要是心理分析派、行为主义派的心理学家以及部分神学家。

行为主义者不是在人性的善恶好坏上与以人为中心理论争辩，他们根本就不承认人有所谓天生之性。行为主义者同时也都是逻辑实证主义者。他们认为，人本主义者所宣称的人有先天的倾向的说法就像上帝的存在一样难以证明。人，从终极的意义上讲，是环境的产物，其行为是受当时和历史的环境条件决定的。当人们说人的行为受其动机、需要和意图这样一些不可观察的内部原因决定的时候，即使人们是正确的，真有这些内部的东西存在，这些东西也无非是过去经验的产物，是个人生活史中的环境条件的反映。所以，人本主义者关于人性的议论是无根无据的臆测。

亦如第二章所述及，心理分析派学者与人本主义者都认为人的行为倾向有其生物学的基础。换言之，人是有天生之性的。在这点上他们与人本主义者立场一致。但在对这种先天之性的特点和属性的认识和评价上，他们持与人本主义完全相反的观点。弗洛伊德在《文明及其缺陷》一书中为人性勾画了一幅黑色的图景。人的攻击冲动、性冲动是人存在的天然的组成成分。由于这种成分与人类文明的矛盾是不可调和的，故人在行为上不时被非理性、暴力和狂乱所控制，也是不可避免的。

在心理分析派学者眼里，以人为中心理论浅薄、理想化，是取悦于无知无识的头脑的劣等货色。他们特别批判罗杰斯忽视了无意识。按照心理分析的理论，即使罗杰斯在这里那里触及一点无意识，他看到的也是无意识之伪装了的假象。

除了心理分析学派之外，罗杰斯自己阵营——人本主义阵营——里也有不同的意见，其中一个代表是罗洛·梅。罗洛·梅认为人性有善亦有恶，而不是只有善，因而与罗杰斯发生争论，这也是罗杰斯就人性问题与人进行的一次最为正式的辩论。这次讨论我在第二章已经做了详细介绍，这里不再重复。

有趣的是宗教和神学方面的人士也加入了反对人本心理学的行列，罗杰斯作为人本心理学的代表人物之一，自然成了理想的靶子。对宗教人士而言，罗杰斯的心理学有两个地方触怒了他们。

一是他宣称人皆有内在的评价定位。这意味着个人是自己的真正主人，而不必求助于上帝。人是自己的创造者，个体的行为取决于个人自己，他既是运动员又是裁判员。这便把上帝挤出了游戏场。由于罗杰斯极言自我在个人心理生活中的作用，一位宗教心理学家威茨（Paul Vitz）便攻击罗杰斯通过对人的本性的界定倡导了一种新的崇拜——自我崇拜（Thorne, 1992, p. 68）。宗教人士反对人本心理学的另一理由，是人本心理学宣称人本质上是亲社会、积极、理性和具建设性的，人有自我成长的天生动机，这和基督教的原罪说相抵触。人生而有罪，得靠信仰上帝获救，是基督教的根本教义。现在人本心理学声称人生而向善，等于取消了人类获救的必要，因而也不需要信仰上帝了。

对于冲着他的人性观而来的责难，罗杰斯一以贯之求助于他的心理治疗的经验（Rogers, 1957, 1982b）。本书第二章引述的回答是罗杰斯标准的回答。这里不再重复罗杰斯对于诘难的答辩。但我想对罗杰斯的人性论思想做一点评论。

这里我们简化对人性的界定上的争论，只简单地把人性限定为人类社会性行为的生物学基础（江光荣，1993）。在思想史上，人性论问题曾令无数睿智的头脑为之憔悴。而在心理治疗领域里，人性观又是每一个治疗师必须有清醒的自我意识的问题，因为它直接决定或影响着治疗师的实践取向（江光荣，林孟平，2003）。人本心理学家谈论人性的时候，有一个好的传统：他们总是从实际观察，从事实资料中来概括、推论人性的模样，很少陷入玄学思辨（如马斯洛，1987a）。罗杰斯也是这样。但是我们在阅读罗杰斯关于人性的议论的时候，总有一种证据太单薄，结论太主观的感觉。因为罗杰斯很少像马斯洛那样从多个学科领域搜罗证据，而只是单纯依赖自己的临床治疗经验。他总是说，当让个人在没有威胁、感受到真正的自由的情境下进行行为选择，个体总是会选择积极的、亲社会的、具建设性和创意的行为；而这种自由选择情境下的行为倾向，能够代表人性的真正本质。这听起来有道理，实际上有不少疑问。首先，“真正的自由”的情境很难界定，更难客观操作化，因此你可以宣称在你的“自由情境”中个体选择建设，而另一人也可以宣称在他的“自由情境”中个体选择了破坏。其次，正如罗洛·梅质疑罗杰斯的（参见第二章）：如果人性本善，我们文化中的恶的源头何在？大量由人做出的邪恶行为从根源上如何解释？第三，仅仅从心理治疗的经验中得到的印象能够在多大程度上对普遍的人性做推论？许多批评者曾批评弗洛伊德人性恶的观点来自他对有心理障碍的人的观察，因而不能代表正常人[1]。这个批评不是同样适用于罗杰斯吗？依笔者之见，对人性的完全的理解必定得采取一种综合的途径：从人的生物学进化和人类的文化进化相互作用的立场，结合不同学科的实际证据，方有可能寻找到对人性的正确理解（江光荣，1988，1993）。历史和文化的考察在人性探索中是必不可少的。从这一立场而言，罗杰斯对人性的谈论不仅不及弗洛伊德，也没有达

1　罗杰斯也对弗洛伊德之所以有“性恶观”提出一个有趣的猜想，指弗洛伊德的人性观来自他的自我分析（为了了解无意识，弗洛伊德做了大量的自我分析），而弗洛伊德的成长过程中缺乏接纳和关爱，这使他发现了自己无意识中的敌意、冲动，并认为这种无意识内容有普遍性（Rogers, 1957）。

到他同辈的人本心理学家如马斯洛、罗洛·梅等人的高度。罗杰斯的视野有较大的局限。

机体评价过程及其相关理念

在罗杰斯的人格理论里，“机能充分发挥的人”是“内在评价定位”的，而在这种内在评价中，这个人经常依赖“机体评价过程”。“内在评价定位”和“机体评价过程”是两个颇独特但又费解的概念。这两个概念及与之相联系的观点确当与否，非常值得评论一番。

所谓内在评价定位（internal locus of evaluation）是与外在评价定位（external locus of evaluation）相对而言的。在罗杰斯看来，外在评价定位者在判断经验，做出行为取舍时，是根据外部、他人、社会的价值标准或行为规范来做决定。而内在评价定位，则是根据个人内部的标准来评价。如果只到此为止，内在评价的意思是明白的。但如果进一步问，什么是罗杰斯心目中内在评价所依据的标准？它们的内容、特性如何？不明白的地方就显现出来了。罗杰斯认为内在的标准是实现趋向，但是实现趋向是总的、非常一般的趋向，而经验总是具体、个别的经验，这个一般性的标准要处理个别的经验，按理须得有一个代理人一样的机构。那么，这些较为具体一些且又反映着实现趋向的标准是什么？它们以什么心理形式存在？罗杰斯对这个问题一直没有清楚明白地回答过。罗杰斯常提到的是“机体评价过程”，但罗杰斯没有说明机体评价是所谓内在评价方式的全部还是其中一种。

我们姑且将内部评价和机体评价画等号，如此一来，问题就集中于对机体评价过程的解读了。

有人曾指罗杰斯的有些概念不好捉摸（Patterson, 1973, p. 409），“机体评价过程”就是一个不易捉摸的概念，为了讨论方便，这里干脆把罗杰斯对它的定义转录出来，另外，在第三章我对机体评价过程的特点做了一番解释，可以跟罗杰斯的原话互参：

> 这个概念描述一个进行性的过程，在这个过程中，价值从来不是固定或者僵硬不变的，而经验一方面被准确地符号化，同时又源源不断地根据机体所体验到的满足程度被评价；当下和长远的时间里对于有机体有维持和增强作用的刺激或者行为，有机体会体验到满足。因之实现趋向是评价的标准。最简单的例子是婴儿，他一时对食物有高的评价，而当他饱足之时，他又会厌恶食物；他一时会喜欢刺激，过一会儿又只想要睡觉；婴儿会“发现”那从长远来说最有利于其成长的饮食令其感到满足。（Rogers, 1959, p. 210）

正如我们在第三章看到的，罗杰斯似乎对机体评价特别钟情。他似乎觉得机体评价是一种最理想的评估经验的方式。他坚定地相信，机体评价过程是值得信赖的。但仔细想来，这里有不少疑问：首先，机体评价的运作形式是怎样的？罗杰斯常用“整个有机体的反应”这样一句话。什么是整个有机体的反应，似乎只能意会不易言传。笔者能够联想到的是直觉、冲动、感受和感觉等等，而这些也许的确就是罗杰斯心目中的所指。一个经验发生后，个体直接产生直觉、冲动、第一个念头等等，这些就是机体评价的活动。其次，这个过程中理性有何作用？看来没有什么作用。机体评价的一大特点是“无须用脑”。婴儿饿了要吃，困了要睡，这种“智慧”，当然不需要上学读书才能掌握。问题是，成年人在现实生活中所遇到的经验，往往并非“饿了吃，困了睡”这种水平的“机体智慧”可以应付。虽说罗杰斯没有把大脑从“机能充分发挥的人”的头上削掉，虽然“整个有机体的反应”逻辑上也应该包括大脑的反应，但他轻视贬抑理性的作用的倾向是明显的。第三，把机体反应与理性对立起来，并把机体反应放在理性之上，这不是与人类进化方向相抵触吗？如果说婴儿比成年人较多使用机体评价过程，因而心理比较健康的话，那么是不是动物比人类更健康，因为它们对“机体智慧”的依赖比任何时期或地域的人类都大？即使这是真的，可惜人也无法做到像猪羊那样“信任自己的机体”，因为自从人进化出了自我意识，人就注定了要过一种以理性为最重要的适应手段的“人”的生活。

话说回来，罗杰斯之所以强调机体的价值而贬低理性的作用，是有他的道理的。这个道理来自他从心理治疗中对许许多多当事人深刻的了解。接受心理治疗的当事人，其价值和动机系统往往有太多的规限。他们对自己有不切实际的高要求，对自己的表现总是不能满意；他们脑子里装满了道德律条和价值规范，要求自己是圣人、贞女、贤妻良母或贤夫良父。一事当前，他们第一反应是“照道理应该如何做”。总之，道理、规矩、伦理、习俗等等是他们生活的指南。用罗杰斯体系的语言来讲，这些人有太多的“价值条件”，他们背负着沉重的包袱，过着过于理性化的生活。对于这些人，的确可以用上罗杰斯的概念，说他们迷失了自我，远离了人的本性。这些个体需要从这些内化但又是异己的力量中解放出来，而信任自己的机体、直觉等等的指导，不失为一条回复本性的道路。

舒尔茨曾批评罗杰斯的体系鼓励一种以自我为中心、率性而为的生活。他说，罗杰斯的体系“看来缺乏对他人的责任感和清楚明确的目标和目的。这一理论好像是鼓励个人过一种完全自私和率性而为的生活。它强调的是体验、感受，完全为自己而活着，而没有相应地强调对事业、目标或人——而不是‘我’和‘我在每时每刻的新鲜体验’——的爱、奉献和义务。……机能充分发挥的人……所关心的只是一己的存在，而不是促成他人的成长和发展”（Schultz, 1977）。这个批评有点过于严厉了，但它对罗杰斯是冤枉又不冤枉。冤枉者，罗杰斯的本意里从来不崇尚和鼓励那种以自我为中心的人生观；不冤枉者，罗杰斯的确鼓吹人应该顺从自己的本性、“机体智慧”的指引，去过一种合本性的生活。换句话说，罗杰斯鼓吹了本性至上，但没有鼓吹个人至上。但对有些人来说，本性至上就是个人至上，或者会导致个人至上。

笔者愿意为罗杰斯提出两点辩护：第一，如上述，从心理治疗的角度，对于有太多的“超我”而过于压抑其真我的人，来一点率性而为有治疗作用，有针对性。第二，罗杰斯之所以鼓吹人人都要率性而为，是他认为人性本善，人性在最无扭曲和压抑的状态下，是建设性、亲社会和积极的。在罗杰斯，率性而为才有真正的社会性。人们根本不必害怕人性，人应该信任人性，因为人性值得信任。

心理治疗实践

对当事人中心治疗在实践上的批评也不少，不过，总的来说在治疗实践方面当事人中心的治疗仍然受到尊重，仍然是当今占主导地位的治疗流派之一。一些对它的批评要么不是太有说服力，要么不能威胁到它的基干部分。还有一个有趣的地方是，对罗杰斯的批评大都是善意的，有一些是来自朋友和学生，即使是关系较远的学者，也没有激烈的攻击性的言辞。

让我们先谈一个与以人为中心治疗的治疗目标有关的批评。上文提及舒尔茨批评以人为中心宣扬个人至上。实际上在马丁·布伯跟罗杰斯的对话中，布伯也从一个不同的角度提到了同一问题。布伯不像舒尔茨从个人－社会的关系这个价值角度来观察，而是从人的存在方式这个哲学角度看问题。在他们的对话快结束的时候，布伯特别补充了一个观点，他对罗杰斯提到的“人”（person）这个概念与“个体”（individual）这个概念做了一番分辨。他说，“个体”是指人类中间的一个独特的存在；它强调独特性，强调跟别的存在的差别。他说他见过不少人变得越来越“个别”，但不是同时越来越富有“人”性（a human）。个体是存在于世界上的（in the world）。而“人”则是跟世界在一起（with the world）；他和这个世界是一种“相互”的“会面”的关系，而不是“相对”的关系。布伯认为“人”的存在方式才是一种健全的存在方式（Anderson & Cissna, 1997, pp. 103–104）。从布伯讲这段话的上下文背景来看，他是暗示以人为中心治疗有可能引导当事人变得越来越“个体”化，而不是越来越“人”化。索恩把布伯的话解读为：治疗有可能在使得当事人增强了个人独特的身份感的时候，不能相应地发展对他人存在的意识及社会责任感（Thorne, 1992, pp. 69–70）。其他也有人指以人为中心的治疗会促使当事人产生“自恋”或自我中心的倾向。罗洛·梅批评罗杰斯对人身上恶的力量疏于注意和处理，也间接地指向个人与社会的关系这个咨询目标的问题（参见第二章），而舒尔茨的批评更为直截了当。

索恩认为罗杰斯留意了这些批评并且有所改变（Thorne, 1992, p. 83）。比如，对于罗洛·梅批评其疏于处理恶——当事人的愤怒、敌意、攻击性和妒忌等消极情绪——的问题，罗杰斯坦率地承认他在较早以前的确是这样，但他认为之后他已经相当能够接受当事人对治疗师和对他人的愤怒了（Rogers, 1982b）[1]。范·拜伦认为布伯的评论对罗杰斯有很大影响，连同威斯康星研究项目[2]中得到的

1 在当事人中心治疗中，“接受”意味着正视这些消极情感，并处理它们。

2 即第一章提及的罗杰斯于1957年至1960年间在威斯康星大学领导的以精神病人为对象的治疗实验。

经验，罗杰斯在以后的治疗实践和著述中，都更多地强调治疗师的真诚、开放等表现。在三项基本治疗要件中，更重视真诚一致这一要件，并且又强调治疗师个人在治疗关系中的“涉入”和自我揭示（Van Balen, 1990）。布伯之所以批评心理治疗有可能使人个别化而不是人化，是因为他觉得心理治疗的客观情景局限了治疗师和当事人的关系，使这种关系不可能是真正平等、有相互性的关系，而始终是治疗师有更大权威、更为主动。在布伯的理论里，这样的关系不是“我-你关系”，因而不能使人更能获得“人性”的生活[1]。罗杰斯后来强调治疗师的涉入和对当事人开放，可看成是克服这种非平等、缺乏相互性的一种努力。

这一对以人为中心治疗目标的批评，对今天从事以人为中心路向治疗的治疗师来说，仍然是有意义的，尤其在中国这个非常重视社会责任的文化里。笔者觉得，如何在理论上说清楚人的共性（即布伯所说的“人”性的一部分）和个别性，个别性和社会性（即布伯所说“人”性的另一部分），人类的存在与宇宙的存在的关系，如何在实践上妥善处理“自利”“利他”与“治愈”三者的关系，仍然是心理治疗学科没有解决的问题。从业者至少需要对这些看似“玄学”的问题有所意识。

对以人为中心治疗最主要的质疑并不是针对它的治疗目标，而是针对它的核心理论——治疗关系，以及三项关系要件。学者

1　这里趁便说明一句，笔者读布伯和罗杰斯的对话后，认为布伯当时的批评并非针对罗杰斯的治疗，而是对所有的心理治疗。因为他指“心理治疗”——而不特指当事人中心治疗——存在缺乏相互性的天然局限。

一般都同意，在心理治疗的学术发展上，罗杰斯及以人为中心治疗理论最重要的贡献乃在于发现当事人与治疗师之间的关系的治疗价值，以及确定关系的性质和发展良好关系的基本条件。这一基本评价仍然得到认同。但是，几乎是从以人为中心治疗开始受人注意，就有对这一基本理论的质疑和批评。前述布伯的暗示之意，是指治疗关系的性质不是导向当事人“人化”的改变；另有人认为罗杰斯的说法——治疗师只是当事人成长的助长者（accelerator or facilitator）——不合适，这样的教条使得治疗师在治疗过程中太消极被动。治疗师在治疗中应该跟当事人做一个“合作者”，一起进行建设性的工作（Van Belle, 1980）；非常有力的一个挑战来自理性情绪疗法的创始人艾利斯（Albert Ellis），他曾直接质疑罗杰斯的核心假定——同感理解、无条件积极关注和真诚一致是心理治疗的充分必要条件。艾利斯认为这三项条件既非必要条件，也非充分条件。因为他从理性情绪治疗的经验中得到一个认识：即使当事人与治疗师没有面对面的接触，比如当事人只是阅读理性情绪治疗的读物，或者听录音，也可以发生治疗性的改变。他还举出一些例证，在这些例子中，治疗师要么自己有未处理的情绪问题，要么没有真诚一致的品质，还有一个治疗师对当事人没有积极关注，但这些个案都取得了积极的改变。在所有的条件中，艾利斯觉得同感理解较为有可能当选为重要的条件，但他也遇到过无同感而有改变的例子（Ellis, 1959）。

艾利斯的批评是从个人经验的角度提出的，到了20世纪80年代，范·贝尔又从作用机制的理论角度对同一问题提出质疑。他质疑罗杰斯的逻辑：当治疗师提供了治疗的充分必要条件后，当事人就会有自我表露，这之后就必然会发生人格上的改变。贝尔质疑，同感理解加上当事人的自我表露，是否能自动地导致当事人的领悟以及认知方面的澄清？即使有领悟，是否领悟又必定会引致行为上的改变（Van Belle, 1980）？除了这些批评外，还有人批评以人为中心治疗的治疗师在会谈过程中只按照当事人话语的表面意思去接受它们，有可能疏忽了后面潜藏的情绪或真正的问题，而且治疗师太容易被当事人所左右和诱导。也有人从逻辑的角度力图证明，罗杰斯所说的那种同感理解实际上是不可能做到的。

面对这方面的种种批评，罗杰斯在基本的方面，亦即坚持他的基本假设方面，从来没有动摇过。但有证据表明罗杰斯在有些问题上有所改变，其中一个比较明显的变化是他和当事人相处时的积极程度和自发性有变化。布罗德莉从录音资料分析比较罗杰斯前期（1944—1964）和晚期（1977—1986）在治疗会谈中的言语反应，发现罗杰斯根据自己的看法来讲话的反应从前期的4%增加到晚期的16%，而且这些增加的反应多为评论、解释和说明。另外，在后期的会谈中，罗杰斯的自我表露也增加了。当然，即令是从自己的角度说话，这些反应“依然是紧扣当事人的内在参考系，并且在表达上比较谨慎……”（Brodley, B. T. 2011, p. 326）

如前所述，依笔者的看法，这些对罗杰斯的批评有的并不构成严重挑战，而且有些批评本身不一定很有理据。如艾利斯的例证只是来自自己及同僚的治疗经验，并不是来自实证研究。他所指治疗条件的有无乃是根据他自己的主观判断，而根据罗杰斯的理论，那些充分必要条件须得被当事人知觉到才起作用，艾利斯不能说明当事人是否知觉到了。关于真诚一致和同感理解等治疗条件是否为充分必要条件的问题，现在在心理治疗领域占主导的看法，是认这些条件为必要条件而非充分条件。也就是说，有效的治疗一般都包含了这些条件，但不只是这些条件。在有些案例里，单有这些条件已经产生了改变，但在多数情况下，还有其他条件参与了其中。

以人为中心疗法的理论假设和实际疗效在罗杰斯生前身后都持续受到实证检验。这方面的情况我们在第十章详细介绍。

影响和贡献

罗杰斯长达近60年（1928—1987）的专业生涯，给他的时代带来独特的影响。在一个越来越难出现伟人的时代，这种成就已足以让人景仰了，而如果局限于心理学领域，罗杰斯就完全算得上伟大的人物。20世纪80年代初，有人曾对美国800名临床和咨询心理学家做了一次调查（Smith, 1982），对“谁是对当代心理治疗最有影响的心理学家”这一问题，被访者回答（回答者415名）的结果是，罗杰斯超过弗洛伊德名列第一。90年代初的一项类似的调查显示（Young, 1993），在心理咨询中最有影响的理论家、最有影响的著作和作者等调查项上，罗杰斯仍然遥遥领先。又过了若干年，库克等人于2007年再次做了同样一项调查（Cook,Biyanova,& Coyne, 2009），超过2000位心理治疗师接受了调查，罗杰斯居然还是排在首位！罗杰斯获得过美国心理学会的两个最高的奖励：杰出科学贡献奖（1956）和杰出专业贡献奖（1972）。在美国心理学历史上，一人兼获此二项殊荣者，至今仅他一人。

而在心理学领域之外，他的基本信念——人天生即有具建设性、向善的倾向，人有自我成长、自我完善、自我引导的力量，人类社会生活的各方面，应该利于人的成长，助人本质力量的实现——透过他和同道人的著作、他的工作坊、他的演讲，在教育、团体活动、家庭和社区以及国际事务等广大领域里传播；他的这些理念在他在世之日，就已经远播海外；他的著作被译成12种文字在25个国家发行（Cain, 1987b）。在一些国家，罗杰斯甚至比在他自己的国家更受崇敬。

不过，当比较冷静地面对这些炫目的成就，思索罗杰斯影响的究竟含义时，我倾向于认为，罗杰斯的影响还是一个人本主义倾向的心理治疗师的影响。

之所以用“人本主义倾向的心理治疗师”这样一个对于罗杰斯来说有所保留的称号，而不用“人本主义心理学家”这个大家都习以为常的名衔，出于这样几个考虑：第一，人本主义心理学作为一个大的心理学派别的存在，不像心理学历史上其他一些大的流派，如机能主义、行为主义等等，有自己独特且较为系统的理论体系、相对集中的学术圈子，以及较为专门的研究领域。在人本心理学的发展历程中，有多位重要的学者被人们视为人本心理学的创建者或者代表人物，如奥尔波特、马斯洛、罗杰斯和布根托（James Bugental）等。这些人只是在一些构成人本心理学特色的基本理念上有大致相同的见解，或者如某位研究者所言，他们唯一完全一致的地方，是对行为主义和心理分析的不满。他们各自的专长、研究兴趣和活动领域较为分散；在有些学术观点上意见也并不一致。总的来说，人本心理学作为心理学的第三力量，还没有完全成熟就开始衰落了。至于罗杰斯，虽然他被公认为人本主义心理学的代表人物之一，但他自己在人本主义运动中并不积极。出于他那种不喜欢羁绊，又不热衷交往的天性，罗杰斯一生对参加什么组织或成立什么组织抱抵触态度。他害怕归属于某个组织或圈子所要求的忠诚和责任，使自己不能自由地思想和表达。在20世纪60年代初人本心理学会筹组的过程中，他是许多人瞩目的领袖之一，可他既没有参加组织筹备的工作，更拒绝担任主席职务。罗杰斯甚至很少自我认同是一位人本主义心理学家。第二，相对于“心理学家”这一称谓，罗杰斯更愿意守住本分，当一个心理治疗师（psychotherapist）。即使到晚年他的兴趣转移到教育、团体活动乃至更广泛的人际关系运动的时候，他也还是以一个心理治疗师的身份自居。第三，这是最关键的，罗杰斯的贡献和影响，虽然也涉及心理学的某些基本问题，但总的说来，它们还是集中于心理咨询和治疗。

到底怎样来概括罗杰斯带给心理学和心理治疗的影响和贡献？这个问题绝对会言人人殊。在支持者眼里的“贡献”，很可能在反对者眼里成了“糟粕”。在罗杰斯去世之后，他的某些合作者或以人为中心阵营的人在不同场合对他的贡献做过归纳（如Cain, 1990a; Thorne, 1992）。下面的讨论会以他们的见解为本，结合一点他人以及笔者个人的看法。

凯恩把罗杰斯的主要贡献概括为十条（Cain, 1990a），而他的概括得到许多人的首肯。凯恩的结论如下：

1. 强调在心理治疗中，治疗关系作为一种有治疗作用的要素的重要性；

2. 阐明这样一个观点：人天生具有潜能，趋向自我实现；

3. 开创和发展倾听与理解的艺术，并证明它对于当事人的治疗效用；

4. 引入“当事人”一词而摒弃“病人”这个词，以维护求助者的尊严、平等，表达对求助者的尊重；

5. 首创将治疗会谈录音，以为学习和研究之用；

6. 开用科学方法研究心理治疗过程和结果之先河；

7. 为心理学家和其他非医学出身的专业人士从事心理治疗铺平道路；

8. 对“会心团体”运动的发展做出重要贡献；

9. 为教育领域的变革贡献一种激进的理念和实践；

10. 将以人为中心的理念和实践应用于化解冲突和世界和平。

凯恩的这篇文章是为纪念当事人中心治疗50周年而作，他接下来对罗杰斯更长远的影响予以展望，认为如果再过50年，罗杰斯仍然会被心理治疗界记住的东西很可能是两样：倾听和治疗关系（Cain, 1990a），也就是上面十条的第一和第三条。凯恩的预言已经过去整30年，现在看来，凯恩有些过于谨慎了。以笔者之见，前述十条贡献清单里，除了第十条之外，其余九条依然活着！

以笔者之见，尽管凯恩是罗杰斯生前的重要的合作者和追随者，他概括的这十条贡献对罗杰斯还是相当平实公允的。

罗杰斯对当代心理治疗的影响也许要联系他所处的历史背景来了解。20世纪40年代以前，心理治疗领域的局面大致是这样的：心理治疗的理论体系是心理分析（包括经典心理分析和所谓“新弗洛伊德主义”）一家独尊；心理治疗执业是精神科医生的专利，他们出身于医学背景而非心理学的背景，心理学家没有资格做治疗；在医患关系上，强调医生的权威和主导作用，医生是全能的，而病人是服从的；在实践取向上，依赖理性、解释和分析的治疗过程。总之，这种治疗模式是医学的、指导取向的。在罗杰斯提出当事人中心治疗之后，这种情况发生了根本性的改变。尽管在理论体系上当事人中心的理论没有征服其他理论而一家独尊，但在实践上，当事人中心的一些重点和特色实际上已经成了所有当代心理治疗的共同财富。正如凯恩（Cain, 1990a）和其他人（Rice & Greenberg, 1993）指出的，当事人中心的许多东西都被当代心理治疗的别的派别同化吸收了，以至不容易辨认出它们的来源。比如，当代心理治疗几乎没有不重视当事人与治疗师之间的“治疗关系”的，同感理解和倾听的技术（一些流派把它们当作技术）几乎成了所有流派在学生的基本技能训练中的关键内容；又如对当事人的尊重、平等相待也是大多数治疗流派的共同态度。桑德斯说得好：“今天，每一个人，即令是认知治疗师们，都想要自己是共情同感（以及尊重和真实）的。”（Sanders, 2004, p. i）

另外几条较为具体的贡献，如让心理学家取得做心理治疗的权利，首创对心理治疗的过程和效果进行实证研究等等，在今天看来理所当然，但在当年都是需要极大的勇气和创新精神的事情。罗杰斯在芝加哥大学设立心理咨询中心并带领同事和学生从事治疗工作时，芝大医学系的一位教授曾经要求学校关闭咨询中心，因为里面的人不是精神科医生却在做心理治疗。至于对心理治疗过程和效果进行实证研究，在罗杰斯之前，多数人认为是不可能的事情。虽然罗杰斯本人在20世纪60年代以后，尤其是1963年他离开大学以后，逐渐离开了科学研究，但他对科学研究的价值从来也没有动摇。在去世前两年的一篇文章中，罗杰斯还语重心长地说："关键是要有过硬的研究。"（Rogers, 1985）

凯恩的概括恐怕有一点严重的遗漏，那就是罗杰斯对现象学取向的重视，以及跟另一些人本心理学家一起努力，将现象学方法论引入心理学。我们知道，在人本心理学以前，心理学里原有的两大力量是精神分析和行为主义。这两家虽然在理论和实践上针锋相对，但在哲学方法论上却完全一致，都属逻辑实证主义一脉。虽然如前述，罗杰斯之了解现象学也是受了别人的影响，但我们应记住两点：其一，他是先从自己的经验中有所悟，然后才找到现象学理论，得到印证并取而用之；其二，他是心理学界（尤其在临床心理学领域）较早倡导并且着力坚持现象学方法论的人之一。之所以要提出这一贡献，乃是因为现象学的观点不仅对于心理治疗实践是一个影响深远的观点，它在主流心理学的理论领域，也是一个有影响的方法论取向，它是人本心理学对于当代心理学的主要贡献之一。当然这个功劳不能记在罗杰斯一个人头上。

罗杰斯对心理治疗的影响，还可以从他去世之后以人为中心理论的发展来认识。下一章将集中介绍罗杰斯身后以人为中心理论的发展情况。

十

后罗杰斯时代

本章将分三个部分来介绍罗杰斯身后以人为中心理论体系的发展演变。一是整体情况，二是理论和实践派别的发展演变，三是相关研究的情况。最后，将对以人为中心取向未来的发展做一点展望。在开始介绍之前，需要先谈谈以人为中心取向的名称问题。罗杰斯离世后，出现了一些基于或源于以人为中心理论而发展起来的新的疗法。学界因之对属于这个大阵营的各种疗法需要一个新的总名称。这些年来，在不同出版物里学者们使用了多个不同的名称，例如“以人为中心取向”“人本－存在取向”“人本－体验心理疗法”等等，但一直没有统一起来。本章里，在需要使用一个总名的地方，将采用埃里奥特等在《心理治疗与行为改变手册》里使用的名称，叫“人本－体验心理疗法”（Elliott, Greenberg, Watson, Timulak, & Freire, 2013），或者径直简称为“人本取向”。

当代人本–体验心理治疗整体发展情况

埃里奥特和弗雷尔在其纪念罗杰斯1957年《治疗性人格改变的充分必要条件》发表50周年一文中，对1957年以后以人为中心疗法发展历程给出这样一个概括：

> 简单说来，以人为中心路向50年的发展历程呈现出奇妙的矛盾。80年代，它在美国主流心理学里黯然失色，在英国等欧洲地区却葆有持续的吸引力。到90年代和新世纪的第一个十年，以人为中心路向呈现复兴和重新形成之势。（Elliott & Freire, 2007）

我们先看看人本主义心理学走向衰落的情况，然后再介绍以人为中心理论取向在当代发展的基本情况。

人本主义心理学的式微及其原因

以人为中心治疗在美国由盛转衰，并不是一个独立事件。它跟美国人本主义心理学整体的式微是平行的，更恰当地说，它是人本主义心理学衰落的一部分。

在主流心理学领域，从20世纪80年代起人本主义心理学即趋向衰落。关于人本主义心理学的衰落，已经有不少研究者做过探讨。一些人从科学社会学角度看待之，认为这与20世纪60年代末70年代初席卷美国的反文化运动中人本主义的作用有关。这个运动以反传统、鼓吹个人解放相号召（赵梅，2000），而人本主义心理学在一定程度上为这个运动提供了思想上的支持[1]。随着后来美国主流社会对这个运动的批判，人本主义心理学也就跟着失去了光彩。另一些人，例如乔治（A. Giorgi），则从科学进化史角度，对人本主义心理学的衰微提出了另一种解释。乔治（1987）指出，在心理学发展的历史上，研究现象（意识）的主观性特征与科学所要求的客观性之间的张力，始终是决定学术创新之存废进退的关键力量。他认为在20世纪五六十年代心理学科中出现的一些新流派的学术竞争中，之所以是认知心理学而不是人本主义心理学后来占了主导地位，主要是因为人本主义心理学在其发展过程中，偏重了前者（研究现象的主观性）而“慢待”了后者（研究程序的客观性），结果被挤出主流。高申春和王栋也以同样的视角对人本主义心理学的衰落做出了分析。他们说了乔治没有说的另一面：认知心理学因为继承和“厚待”了学院心理学的科学传统，因而胜过了人本主义心理学而成为新的主流（高申春，王栋，2013）。这些分析是有说服力的。在人本主义心理学后期的发展中，一些早期曾是它的开拓者的著名学者如奥尔波特（Gordon Allport）、梅瑞（Henry Murray）、梅菲（Gardner Murphy）、

1 一位当年运动的参与者说：“我们那时的信条是，‘觉得好，就去做！’(If you feel good, do it!)”（赵梅，2000）这与罗杰斯的“机体智慧”概念该是多么契合！

凯利（George Kelly）后来纷纷退出或疏远它，就是因为这些学者不满人本主义心理学越来越远离心理学的科学属性，陷入媚俗。

应该说，在人本主义心理学诸领袖的学术实践中，罗杰斯对科学传统的尊重，以及在科学研究上取得的成就，都是当得起学院心理学的“科学”标准的。美国心理学会授予他“杰出科学贡献奖”（见第九章），就是一个确证。但是，一则，罗杰斯的主场是临床心理学，并不是学院心理学里向来话语权最大的基础心理学。这部分即令有点作为，也无补于人本主义心理学式微的大势。再则，罗杰斯早早就离开大学，从而放弃了科学研究。这一自我“离场”行为无异于在竞赛中主动认输。三则，罗杰斯的激进的人本主义心理学立场，例如关于教育和会心团体的主张和实践（凯恩，2012），在主流学者眼中也是非科学的、媚俗的。所以，以人为中心理论与人本心理学“共命运”，当在情理之中。

以人为中心取向在美国的发展

总体来说，在美国，人本的或以人为中心的心理治疗取向在罗杰斯身后走出了一条缓慢的下行线，但它今天仍然是主流的心理治疗取向之一。

心理咨询与治疗专业组织的成员自陈其理论取向归属的情况，是把握各个理论取向受拥护情况的一个公认指标。笔者将美国心理学会（APA）第17分会会员（以咨询心理学家为主，调查年份为2014年；Lichtenberg, Hutman, & Goodyear, 2018）、第29分会会员（调查年份为2012年；Norcross & Rogan, 2013），以及第12分会会员（以临床心理学家为主，调查年份为2010年；Norcross & Karpiak, 2012）的理论取向归并总结[1]，以排序方式比较受调查者中以人为中心取向与其他取向的归属情况。结果发现，如果将以人为中心疗法与其他人本–存在主义疗法合并为人本–存在主义疗法（两部分大约各占一半），则其在三个调查中占比依次为11.8%、12%和4%，相应的排序依次为第三、第四和第六。如果不计整合/折中取向，则排序还要相应前进一位。可以看出，人本–存在主义疗法仍然在美国心理咨询与治疗领域占有一席之地。笔者再把这三个分会1960年以来历年的调查结果（Lichtenberg et al., 2018; Norcross & Rogan, 2013; Norcross & Karpiak, 2012）中人本–体验疗法的归属百分比按年序排列，结果发现，最高百分比大约出现在20世纪80年代中期，其后缓慢下降，2000年以后又略有上升。这跟本章开头埃里奥特和弗雷尔的说法非常吻合。

另一个反映不同治疗取向"红火"程度的指标，是相关出版物和文章的数量。克欣鲍姆和乔丹（Kirschenbaum & Jourdan, 2005）曾以1987年为分界线[2]，以"Carl Rogers or client-centered therapy or person-centered therapy"（意为"罗杰斯或当事人中心疗法或以人为中心疗法"）为检索词，在PsycINFO[3]检索罗杰斯及以人为中心疗

1　三个调查的基本情况：收到第17分会会员问卷350份，该调查还涵盖了APA内非17分会的咨询心理学家，总回收率为19%(Lichtenberg et al., 2018)；收到第29分会会员问卷428份，回收率为43%，其中有效问卷401份(Norcross & Rogan, 2013)；收到第12分会会员问卷588份，回收率为46%，其中有效问卷549份(Norcross & Karpiak, 2012)。

2　罗杰斯去世于1987年。

3　一个知名的心理学文献数据库。

法自1946年1月1日至1986年12月31日（共40年）与1987年1月1日至2004年9月6日（共17年）的出版物（不计入罗杰斯个人所著），结果发现，1987年前的相关书籍、章节、期刊文章的数目分别为84、64、456，1987年后的相关书籍、章节、期刊文章的数目分别为141、174、462。作为比较，他们还检索了另外13种主流心理疗法的出版物数量。为了了解更晚近的情况，笔者于2017年12月6日再次用克欣鲍姆和乔丹的检索条件，在PsycINFO检索1987年至2017年的出版物数量。结果发现，新的排序与克欣鲍姆和乔丹（2005）的排序完全一致，以人为中心疗法在14种疗法中排在第6位。排在前面的5种疗法分别是：心理分析、家庭治疗、认知疗法、行为疗法、认知行为疗法。不过，以人为中心疗法相关出版物数量较前5种疗法存在很大差距。

1986年9月，在凯恩（David Cain）等人的推动和努力下，“以人为中心路向发展协会”（The Association for the Development of the Person-Centered Approach，ADPCA）在芝加哥大学举行成立大会，罗杰斯出席了此次会议[1]。ADPCA每年开一次大会，已举办34届。第35届大会将于2020年7月在芝加哥召开。在1986年ADPCA成立大会上，还创办了期刊《以人为中心评论》，由凯恩任主编。遗憾的是，该刊在1990年因订户太少又缺乏资助而停刊。从1992年起，ADPCA开始资助发行期刊《以人为中心杂志》，一年出版两期。

---

1 这是他生前最后一次出席会议。5个月后，罗杰斯去世。

人本-体验治疗取向在世界范围的发展

与在美国江河日下的境况相反，人本-体验治疗取向在世界其他地方的发展情况要好得多。

根据克欣鲍姆和乔丹的统计（Kirschenbaum & Jourdan, 2005），世界上有200多个组织和训练中心致力于研究和应用人本-体验治疗取向，分布在阿根廷、澳大利亚、比利时、巴西、加拿大、捷克、法国、德国、希腊、匈牙利、意大利、荷兰、葡萄牙、南非、瑞士、英国、美国等地。其中德国、英国和比利时三国的组织规模比较大，英国和比利时成员达到1000人以上，德国则有4300多人；比较起来，美国的"以人为中心路向发展协会"成员只有几百人。在培训方面，美国只有芝加哥大学中心一家提供以人为中心培训项目，在英国则有大约35个培训项目（Sharf, 2008/2009）。可以看出，欧洲是当今世界上人本-体验治疗取向最活跃的地区，是研究、训练和实践的中心。以人为中心方法也是欧洲各国普遍认可的主流心理治疗方法之一[1]。

人本-体验治疗取向的世界性组织叫"世界以人为中心与体验心理治疗和咨询协会"（The World Association for Person-Centered and Experiential Psychotherapy and Counseling，WAPCEPC）。下面简要介绍一下这个组织的情况。

2000年以前，人本-体验治疗取向并没有国际组织，只

---

1 中国人本心理咨询与治疗在组织和培训方面的发展，是2009年以后的事，所以这几个调查都没有提到中国。

有一个国际会议，叫“当事人中心和体验心理治疗国际会议”（International Conference on Client-Centered and Experiential Psychotherapy，ICCCEP）。这个例行会议从1988年至2000年已召开五届。2000年，在葡萄牙里斯本召开了一个“以人为中心路向国际论坛”。会上成立了“世界以人为中心与体验心理治疗和咨询协会”2003年，“当事人中心和体验心理治疗国际会议”转成WAPCEPC的年会，并废止原名称。该会议从2006年起每两年召开一次，先后在比利时、奥地利、葡萄牙、美国、荷兰、德国、英国、意大利、阿根廷等国家举办，算上2003年之前的ICCCEP，已举办13届。WAPCEPC主办有一份期刊，刊名为《以人为中心与体验疗法》（*Person-Centered and Experiential Psychotherapies*），于2002年出版，一年出四期，至今发行正常。

世界范围内出版了多种人本－体验治疗取向的学术期刊。施米德曾列出50种以人为中心或体验治疗的期刊，分别在葡萄牙、德国、法国、英国、墨西哥、日本、荷兰、比利时、加拿大和美国等国家出版。其中还包括像《人》（*Person*）这样由德国、澳大利亚和瑞士的协会合办的区域性期刊（Schmid, 2003；转引自Kirschenbaum & Jourdan, 2005）。

人本心理咨询与治疗在中国的发展

之所以用“人本”或“人本主义”，而不用“以人为中心”或“当事人中心”，冠于中国人本取向心理咨询与治疗前，主要基于两个考虑。一是"以人为中心"或"当事人中心"疗法在国际上通常是指较严格地遵循罗杰斯的理论和实务范式的治疗，而中国人本取向的咨询与治疗大部分不符合这种经典范式。二是中国人本取向的咨询和治疗师很少自称"以人为中心"或"当事人中心"，他们似乎更青睐"人本"这个冠名。

人本取向心理咨询与治疗在中国的传播与发展，与香港中文大学林孟平教授有重要关系。林孟平是帕特森（Cecil H.Patterson）的第一个华人弟子；而帕特森是伊利诺伊大学香槟分校教授，早期当事人中心疗法的核心人物之一，常被视为当事人中心疗法的发言人（Goodyear & Watkins，1983）。林孟平出生于内地，成长于香港，自幼受父亲家国情怀熏陶，夙怀报国之志。20世纪90年代中期，她开始在内地传播现代心理咨询的理念和技术。1998年至2001年间，林孟平教授与北京师范大学合作，分别举办了一个"心理咨询学硕士研修班"和一个"心理咨询学博士研修班"[1]。这两个研修班一共有50余人，采取脱产学习形式（硕士班一年制，博士班二年制）。林孟平亲自主讲咨询理论与实务方面的核心课程，采取一种阅读、研讨、体验、演练结合的教学形式，使学员受到较扎实的训练。这批学员日后成了中国人本取向咨询的骨干。

2009年，以林孟平培养的这批人本取向心理咨询学者为主，成立了中国心理学会临床与咨询心理学专业委员会人本心理咨询

1　有关林孟平教授当年在内地撒播心理咨询"火种"的事迹，林孟平在为毕淑敏所著《与自我狭路相逢》所写序言中，有系统记述（林孟平，2019）。

与治疗学组，推举江光荣[1]任组长。这个学组是中国人本取向心理咨询的基本学术组织。该组织每两年召开一次全国性大会，自成立以来，先后在武汉（2009）、青岛（2011）、桂林（2013）、成都（2015）、珠海（2017）和北京（2019）举办了六届全国人本心理咨询与治疗学术大会。

人本学组举办了一个经常性但不定期的培训项目，名叫“人本主义心理咨询与治疗连续培训项目”。这是一个系统、长程的在职培训课程，每期两年，基本沿袭了林孟平当年的教学特点，理论和实务并重，阅读、讲授、体验和演练结合。截至2019年底，该培训项目已经举办七期，参训学员约300人，培训组织工作先后由几家大学或专业机构承担，其中一家主要机构在武汉市，名叫“湖北东方明见心理健康研究所”。除此而外，近年国内还引入和发展了数个聚焦取向的培训。情绪聚焦疗法的创始人格林伯格（L. S. Greenberg）和埃里奥特都曾受邀来华做培训。

在学历教育方面，目前中国设有临床与咨询专业的高等学校，有多位学术带头人或学术骨干系人本取向的学者，例如华中师范大学的江光荣，清华大学的樊富珉，北京理工大学的贾晓明，南京大学的桑志芹，北京师范大学的伍新春，西南民族大学的陈秋燕，南京晓庄学院的陶勑恒等。这些人的临床与咨询心理学的教学、训练，自然会带有人本色彩。从这些单位历年所培养学生毕业后的实践取向看，不少人自觉地成为了人本取向的治疗师。

1 江光荣毕业于香港中文大学，亦师从林孟平教授。

在中国，人本取向的心理咨询与治疗向来被接纳为传统且主流的心理疗法。在二十多年前的一个全国性调查中，“患者中心”疗法即已出现于被使用的疗法清单之中（龚耀先，李庆珠，1996）。在较近的两个全国性调查中，以人为中心疗法的使用频率分别排在第四位（吴波，2012）和第五位（刘晓敏等，2013），排在认知疗法、认知行为疗法、理性情绪疗法和精神分析疗法之后。另外，笔者个人的印象是，近年来中国人本取向心理咨询和治疗的影响力和受欢迎程度正在稳步上升。

2000年，本书发行第一版时，中国尚无罗杰斯的或以人为中心疗法相关的著作出版，今天的情况完全不同了。罗杰斯的主要著作都已经译成中文出版，共有六种：《个人形成论：我的心理治疗观》（2004/2014）、《当事人中心治疗：实践、运用和理论》（2004/2013）、《卡尔·罗杰斯论会心团体》（2006）、《罗杰斯著作精粹》（2006）、《卡尔·罗杰斯：对话录》（2008），以及《自由学习》（2015）[1]。还有多种介绍以人为中心疗法的著作，以及几种介绍和研究罗杰斯的著作。这些书籍以翻译为主，国内作者的著作有两种，分别是《罗杰斯心理健康思想解析》（李洋，雷雳，2013/2015）、《罗杰斯》（李强，谭华，2017）。

1　这里列出的都是在中国出版的翻译版本，书名按中文版书名照录。本书中所用书名，是作者习用的英文译名：《论成为一个人》（《个人形成论：我的心理治疗观》）、《当事人中心疗法》（《当事人中心治疗：实践、运用和理论》）。

王国和部落

“原教旨主义”与“修正主义”的争论

现代心理治疗的历史就是一部宗派史。当代心理治疗流派有很浓的宗派色彩，比如它们都有公认的创始人、组织、“教义”（人格和治疗理论），以及对创始人和教义的忠诚[1]。从流派创始人方面来说，弗洛伊德是自觉地使心理分析宗派化，罗杰斯是自觉地反对使当事人中心治疗宗派化。尽管如此，罗杰斯去世之后，以人为中心流派的宗派色彩还是变得相当明显。

一个宗教领袖去世后，门下总是会出现“正统”和“异端”，“卫道”和“叛教”的争端，这几乎是不变的规律。罗杰斯去世以后，以人为中心运动很快就出现了“原教旨主义”和“修正主义”的矛盾。这是了解罗杰斯身后以人为中心流派发展演变的一条恰当的线索。

“原教旨主义”的声音主要由佐治亚大学的波扎斯教授

1　20世纪80年代以后，随着一些主要流派的创始人离世，更由于在整个领域里所谓折中主义取向的崛起，宗派色彩有所淡化。

（Jerold Bozarth），伊利诺伊大学的布罗德莉教授（Barbara T. Brodley）（Thorne, 1992），还有芝加哥大学的施林教授（John Shlien）（凯恩，2012）等人代表。他们坚持有一种“纯正的”“经典的”以人为中心治疗。他们通过研究罗杰斯不同时期的作品、录音和电影，认为罗杰斯在其整个专业生涯中，从未改变当事人中心治疗的基础理念［尽管布罗德莉发现罗杰斯后期在会谈中比早前要积极主动一些（Brodley, 2011）］。因此他们提出一个判别标准——他们称为“功能性前提”——“当事人中心或以人为中心治疗的要旨是：治疗师完全投身于以当事人的步幅、按当事人独特的存在方式、跟着当事人的方向走。”（Thorne, 1992, p. 92）他们说明这个“功能性前提”不是要排除每个治疗师的独特性和个人风格，而是为了防止治疗师从别的疗法中搬来一些“技术”，来“发展和补充”当事人中心治疗的“不足”。他们关切的是当事人中心治疗的独特性，担心一旦引进或渗入别的东西，这独特性就将丧失，最后会不知什么是当事人中心治疗。

芝加哥大学的金林（Eugence T. Gendlin），德国汉堡大学的陶希（Reinhard Tausch）等人则是“修正主义者”的代表。他们认为以人为中心治疗在帮助当事人的手段上的确有不足，因此有必要从其他流派和疗法中引进一些技术，以作为以人为中心治疗之“有益的补充”（Thorne, 1992, p. 93）。陶希认为像放松技术、非系统的行为咨询、问题分析、医学治疗，以及布置阅读作业等，都可以引进。“陶希是实用主义的以人为中心主义者，任何可能有效的东西都是他所追寻的”（凯恩，2012，第72页）。

除了要不要坚持“纯正性”外，矛盾的另一点是“什么是以人为中心的根本特性”。这个矛盾点似乎聚焦在“非指导性”上面，《以人为中心评论》1990年第一期就有三篇文章讨论这个主题（Thorne, 1992）。“原教旨主义”阵营认为“非指导性”是以人为中心的根本特性，“修正主义”阵营认为不是。

双方的冲突在1988年比利时鲁汶大学（University of Leuven）举行的“当事人中心和体验心理治疗国际会议”上正式爆发。布罗德莉对金林的治疗的正统性提出质疑，她认为“体验疗法”（金林当时自己取的名字）与当事人中心治疗是“两种不同的疗法”。当事人中心的信念是相信当事人有能力自己去发现适合自己的前进方式，因而在实践上坚持非指导；而体验疗法相信“聚焦”于体验是当事人改变的必要条件，因而把促进当事人的体验过程放在首位，直接地指导当事人做什么和怎么做。这不合于当事人治疗的基本信条（Brodley, 1990, 2011）。但金林则在答辩文章中称，“聚焦”只是一种方法，一种促使当事人达到“我在倾听它”的状态的特殊方法，治疗师和当事人的关系才是治疗，前者附属于后者。两者并不矛盾。

对经典以人为中心的背离在罗杰斯在世时就已经出现。罗杰斯本人的态度非常有趣。一方面他从来都反对故步自封，鼓励发展和创新。他在许多演讲和文章中都明确表达了这种态度。但另一方面，正如凯恩指出的，罗杰斯从1959年系统化他的理论之后，直至去世，除了“在场”这个概念而外，他的基本观点，治疗方法和风格，都没有改变（凯恩，2012）。他看到了金林、陶希，还有他女儿娜塔莉（Natalie Rogers）等人的创新，他承认这些是创新，但没有接纳它们[1]。

这个矛盾冲突在新世纪趋于缓和。“修正主义”或创新已经足够强大，同时“经典的”以人为中心疗法还保持了它的活力，但以人为中心早已不再是一个统一的“王国”了。

王国里的部落

玛格丽特·沃纳在2000年发表了一篇论文——《以人为中心心理治疗：一个王国，多个部落》（Warner, 2000），概述以人为中心疗法的发展情况。这个精彩的题目自此成了人们概括以人为中心疗法现状的经典用语（例如，Sanders, 2004）。当前人本主义的/以人为中心的心理治疗的确就是这样一个状态：有一小部分人继续着“经典的”以人为中心疗法，与此同时，许多基于或源于以人为中心理论的新疗法已经站在舞台中央。凯恩这样描述以人为中心治疗的现状：

> （当前）以人为中心治疗取向有许多流派，其理论与实践构念各不相同。许多较现代的以人为中心治疗的实践风格更具创意、更为复杂，其针对的当事人与问题更为广泛，也更

1　娜塔莉在怀念父亲的文章中提到，罗杰斯对娜塔莉在带领团体时的“指导的”风格不表赞成，却仍能理解她并支持她（Natalie Rogers, 1987）。

为有效。（凯恩，2012，第45页）

好几位作者对这些以人为中心“部落”做出了介绍（如，凯恩，2010/2012；吉伦，2007/2016；Sanders, 2004）。不过，笔者更感兴趣的，是这些作者确定“部落”成员资格的标准，因为透过这些标准，我们可以知道以人为中心“王国”的人们对于“什么才是以人为中心取向的心理治疗”这个问题的共识；而了解这个共识，对于中国的同行，是有启发的。

比较公认的是桑德斯提出的三条标准（Sanders, 2000）:

（1）相信当事人有自我实现的倾向；

（2）认可助长条件在心理治疗中的重要作用；

（3）对当事人采取非指导的态度，至少不对当事人表述的话题或内容进行指导。

笔者相信桑德斯这三条标准还是过于从经典的以人为中心传统出发。如果严格按这套标准来选择“部落”的话，结果只怕还是“经典的以人为中心疗法”合格，其他候选人要么不符合其中一条或两条，要么是符合得不够好。

综合几位作者对“部落”的选择和介绍（Sanders, 2004；凯恩，2010/2012；吉伦，2007/2016），笔者觉得吉伦的划分可能是把握当今人本－体验治疗“王国”较合适的框架。他大体上把人本－体验治疗王国一分为三，前二者就是经典的人为中心疗法和以体验为主要特色的（也是当今影响较大的）疗法，第三是更晚近出现的若干探索（吉伦，2007/2016）。上一节所介绍的“原教旨主义”与“修正主义”的冲突，实际上发生于前二者之间。鉴于体验特色的部分今天已经被心理治疗大家庭接纳为主流心理疗法，并且毫无疑问地与经典以人为中心等疗法放在一起考虑[1]，下面我们对其做点简略介绍。

聚焦取向的心理治疗（Focusing-Oriented Psychotherapy）· 金林是聚焦取向心理治疗的创始人。他在芝加哥大学读哲学博士时开始与罗杰斯合作，后来追随罗杰斯到威斯康星大学，并参与了罗杰斯团队的精神分裂症项目。他在跟精神病人的接触中有了一个认识，即精神病人是跟着他们的体验走的。金林因此把治疗过程的焦点放在对有机体感受（注意，不单指身体方面的，而是全人的）的经验上，即重视“体验”（experiencing）过程。金林关于体验有一套较系统化的理论。但他真正重要的贡献还是发展出了一套具体、可操作性的方法，在治疗过程帮助当事人更好地聚焦在体验上（Gendlin, 1996）。这套方法的功能在于它给当事人提供了一种过程操作上的指导，这种指导使得当事人可以去接触、捕捉感受，使感受清晰，扩展感受到意义或认知层面，从而促进改变过程。正如前面介绍他和布罗德莉争论时提及的，金林从来不认为他的疗法是一个独立于以人为中心体系的新疗法，他只是认为“聚焦”于体验的方法可以很好地补充经典以人为中心在帮助当事人技术上的不足。凯恩认为，金林的方法可以很方便地整合于以人为中

1　一个比较有说服力的事情，是心理治疗领域权威的学术研究著作《心理治疗和行为改变手册》（Lambert, 2013）中关于人本－体验的心理疗法一章，从第4版到第6版，都把情绪聚焦、聚焦取向纳入其中，且该章第一作者一直是埃里奥特——情绪聚焦的创始人之一。

心治疗甚至许多不同的疗法之中（凯恩，2010/2012）。

情绪聚焦疗法（Emotion-Focused Therapy）· 情绪聚焦疗法始于罗杰斯在芝加哥大学的同事赖斯（Laura Rice）的唤醒式反映（evocative reflecting）。后来，格林伯格和埃里奥特联合其他人，在助长条件的基础上，吸纳了金林聚焦取向的方法、格式塔疗法促进体验的方法、存在主义疗法的人性观、过程－效果研究的发现，以及情绪心理学的理论，发展出一种疗法，叫作“情绪聚焦疗法”，有时也叫“过程体验疗法”。这个疗法与金林的方法有共同之处，都是强调对情绪感受的聚焦，但它显然更系统一些。它的基础是一种自成一体的情绪理论，对情绪的本质及其在人类心理生活中的角色的认识与传统以人为中心有所不同。它认为人类最深层的情绪感受与人最重要的需要相联系，因而能够独立于理智认识，甚至不受理智认识的影响。因此，在实践上，情绪聚焦疗法把关注点集中于情绪（这正是“情绪聚焦”名称的由来），并在前人基础上发展出一套程序和方法来唤起和处理情绪。情绪聚焦疗法包括三个阶段：（1）关系与觉察阶段。主要任务是建立安全、信任的治疗关系，提高当事人对内部体验的觉察。（2）唤醒与探索阶段。主要任务是唤醒情绪感受并帮助当事人由浅入深地到达原始的情绪。（3）转化并产生新选择阶段。主要任务是生成并反思新体验，创造新的叙事意义，以及新的应对方式（Greenberg, 2011；Raskin et al., 2013；参见凯恩，2010/2012；吉伦，2007/2016）。值得注意的是，格林伯格和埃里奥特等人做了一些严谨的研究，表明情绪聚焦疗法是有效的。情绪聚焦疗法目前已被APA第12分会（临床心理学分会）列为抑郁症的“受研究支持疗法”（Goldman, Angus, & Safran, 2010; Partyka, 2010；参见https://www.div12.org/treatments/）。

聚焦取向和情绪聚焦还属于人本/以人为中心王国吗？我们可以用桑德斯的标准来衡量一下。第一条，相信人有实现趋向和潜能，应该没有问题。第二条，认可助长条件的作用，就有些复杂了。由于后来的研究表明，助长条件是当事人改变的重要条件，而非如罗杰斯所宣称的是充分必要条件，所以聚焦疗法一派大致是这样的：一方面在其实际治疗中提供助长条件，另一方面又认为这不足够。第三条，非指导，也有些复杂。且让我们回到金林等人跟“原教旨主义者”的争论。当时的争论焦点就是指导还是非指导。笔者以为，关于指导与非指导的争论，有一个问题虽然被涉及，但较少被认真、确切地讨论。这问题是：指导在概念上是可以区分为内容指导和过程指导的，那在实践上，是否也是可以分开的？当我们说指导或非指导时，到底在说什么？是内容指导、过程指导，还是二者不分的指导？我们读双方的文章时，很少见到对这个问题——指导是否可以分为内容指导和过程指导——有清晰地界定（例如，Brodley, 2011）。为了不使介绍太冗长，笔者这里只想指出一点，聚焦疗法的指导，基本都属于过程指导，指导当事人如何捕捉、觉察情绪感受，对自己的情绪感受进行某种“技术性的”操作。如果涉及对情绪的接纳或排斥，情绪后面的意义的处理，这些涉及内容范畴的东西，聚焦疗法咨询师还是保持着对当事人的尊重，保持着中立的态度。因此可以说，他们是过程上的指导，内容上的非指导。如此一来，我们的分析对照结果是，聚焦取向和情绪聚焦疗法还是应该被归入人本/以人为中心阵营的。当然，这个结论是马后炮——事实上聚焦取向和情绪聚焦不仅早已被公认为人本取向的咨询，而且其影响力盖过了经典以人为中心疗法。

至于较晚近出现的若干理论和实践上的新探索，这里仅简单地提一提其中几个（凯恩，2010/2012；吉伦，2007/2016；Sanders, 2004）。

前治疗（Pre-Therapy）· 由盖瑞·普劳蒂发展出的一种方法，受到罗杰斯心理治疗条件中“心理接触”概念的影响，主要应用于人际活动中心理接触功能受损的服务对象（主要是精神病人）（Prouty, Van Werde, & Pörtner, 2002）。

深度关系 · 米尔斯和库帕（Mearns & Cooper，2005；转引自凯恩，2010/2012）发展出的概念和实践。“深度关系”对罗杰斯原有的关系概念做了扩展，更强调关系的质量（深度）[1]，同时重视关系的双向性（主体间性）。

多元自我 · 多元自我概念也是对罗杰斯自我概念的一种扩展。罗杰斯的自我是一个单一、整体性的心理结构。多元自我理论则把自我概念从单数变为复数，不是一个自我，而是多元自

1 其实罗杰斯晚年也越来越重视关系质量，尤其是对“在场”的强调。

我。它们之间可能会有一些冲突。比如有人一方面厌恶自己，一方面又心疼自己；一方面渴望和别人建立亲密的联系，一方面又担心被束缚。斯泰尔斯（William Stiles）将这些不同的部分形象地隐喻为“声音”，来表明不同部分的状态及其互动（Honos-Webb & Stiles, 1998; Stiles, 2011）。他提出一个概念化心理治疗过程的理论模型——同化模型，认为心理治疗实质上是主体内部不同声音交互和对话的过程（鲁艳桦，江光荣，2012）。

人本 – 体验疗法的研究进展

> 事实总是友好的。在任何一个领域，你所能得到的每一点证据，都会引导你最大限度地接近真实。（Rogers, 1961, p. 23）

罗杰斯用实证研究检验当事人中心疗法的效果，以及他所提出的治疗条件假设，是心理治疗研究领域当之无愧的先锋。他率先开启心理治疗的过程研究、系统的效果对照研究和过程 – 效果研究，在其晚年甚至展现出质性研究的迹象（Elliott & Farber, 2010）[1]。罗杰斯在世的时候，当事人中心疗法曾经是最有研究支持的疗法。然而到20世纪60年代中后期，由于威斯康星项目的失败，更由于罗杰斯越来越怀疑“硬科学”方法不适用于人类主观的、意义领域的现象（参见第八章），他越来越远离了学术研究。罗杰斯离开学术圈以后，当事人中心的科学研究骤然下降。80年代以后，一些新的关于以人为中心疗法效果和治疗条件的研究得出了跟早期研究不一样的结果，这使得以人为中心疗法的影响迅速衰落。但新

1　这里提到的几种研究，是心理治疗研究领域一些基本的研究范式或类型。大量的心理治疗科学问题，被按其属性划分到上述几类研究范式之中。

千年以后，一些新的研究，尤其是高质量的研究又有出来，大大增进了我们关于人本取向心理治疗的了解。

有关治疗效果的研究

自新千年以来，心理治疗领域的研究日益医学化。这带来一系列的变化。例如，传统心理治疗的对象是人，医学的治疗对象是病，传统心理治疗的目标是人格改变，医学治疗的目标是症状消除，等等。另外，新的研究设计对实验控制的要求提高了，随机临床试验（random clinical trials，RCTs）成了基本范式。这些新要求与以人为中心理论形成较大冲突，如果完全按新的研究规范做研究，势必需要削足适履。在这样的改变面前，人本－体验的治疗取向的科学研究在一段下挫之后，逐渐跟了上来。我们先看新千年以来对人本－体验心理治疗效果的研究。

格林伯格等人对经典以人为中心疗法（PCT）和情绪聚焦疗法（EFT）治疗抑郁症的效果进行了一系列比较研究（Greenberg & Watson，1998；Goldman, Greenberg & Angus，2006；Goldman et al., 2010）。总体来说，两种疗法对抑郁症都有确定的疗效，而情绪聚焦疗法在某些疗效指标上较以人为中心疗法更好一些[1]。这几个研究都是小样本实验研究，在自然设置下采用大样本对不同疗法进行比较时，情况怎样呢？斯泰尔斯等人（Stiles, Barkham, Mellor-Clark & Connell,

1　需要指出的是，格林伯格和几位研究者都是EFT的支持者。不能排除“研究者忠诚度”的影响（Wampold & Imel, 2015）。

2008）对接受英国国家卫生服务系统（UK National Health Service）基础医疗服务提供的心理咨询和治疗的5613名成年病人的数据进行分析，结果表明：以人为中心疗法、认知行为疗法、心理动力疗法及其分别与一种疗法的结合的治疗具有同等大小的效果。具体来说，以人为中心疗法（n=1709）的前后测效应量d达到1.39，而以人为中心疗法与一种其他疗法结合（n=1033）的前后测效应量d达到1.43。这两个效应量都是大效应量[1]。

到目前为止，人本–体验取向心理疗法效果最全面且可靠的证据来自埃里奥特等对人本主义疗法效果的元分析（Elliott et al., 2013）[2]。该元分析是迄今关于人本–体验心理治疗效果规模最大的一个元分析，时间跨度从1970年到2008年，包含了199个样本，186个研究，14206名当事人。因为详述研究结果涉及许多技术性概念，这里只简单说说主要结论。(1) 接受人本–体验治疗的当事人，治疗前后有显著改善，而且追踪测量表明，这改善在治疗结束后还有轻微增长；(2) 与未接受任何治疗的当事人比较，人本–体验治疗的当事人明显更有改善；(3) 人本–体验疗法跟其他主要心理疗法（如认知行为疗法）的效果基本没有差别；(4) 当分别专门考察抑郁症和焦虑症时，上述结果基本不变，只是在焦虑症的效果上，人本–体验疗法略逊于其他疗法。

1　在这里，效应量d是一个衡量改变大小的指标。根据Cohen（1988）的规定，0.2<d<0.5为小效应量，0.5<d<0.8为中等效应量，d>0.8为大效应量。

2　元分析是一种定量研究方法，是对某个科学问题现有的多个个别研究进行集合的定量分析。通常认为，元分析结果较个别研究结果更为可靠。

除了上面这项定量的元分析外，还有一项对人本－体验疗法效果的质性研究的元分析（Timulak & Creaner，2010）。质性元分析，即以质性分析的方法对原始质性研究的结果进行汇总、整理和分析。这项元分析共纳入8个原始质性研究，包括106名当事人，全部是个别治疗。这些质性研究调查了当事人在治疗过程中和治疗结束后的主观感受和评价。这些可看成是当事人眼里的效果。这项元分析的结果表明，当事人从人本－体验心理治疗得到的感受非常丰富。其中三个主要的效果范畴分别是：（1）欣赏自己。这包括更积极的情绪体验，接纳和欣赏人生，更有力量和信心，等等。（2）欣赏人际关系中自己的感受。包括更能感受到被支持，享受人际接触和关系，等等。（3）改变了对自己和对他人的看法。当事人对自己有更多觉察和领悟，更能了解他人的感受和想法。有一点值得注意，这项元分析中有两个原始研究报告了一些负效应，如被湮没了、感觉被治疗师伤害等（Timulak & Creaner, 2010）。这警示了人本－体验疗法可能带来的伤害和风险。当然，这还需要进一步研究。

有关治疗条件的研究

罗杰斯于1957年提出那个著名的心理治疗公式（参见第四章）之后，学界对这个公式中所提出的真诚、无条件积极关注和同感三个条件的研究持续了很长时间。罗杰斯宣称这些是充分必要条件。他在世的时间里所做的研究——大部分出自以人为中心阵营——基本上是支持罗杰斯的假设的。但20世纪80年代以后，出现了一些不一致的结果，然后又出现了对这些结果的不一致的解读。一个有趣的例子是兰伯特。他与合作者在1978年的综述中说“20年的研究仅发现所谓的助长条件与治疗效果之间存在轻微的关系”（Lambert, Dejulio, & Stein, 1978）；而在2011年的文章中，他又指出，“在所研究的心理治疗共同要素之中，没有一个要素受到的关注与证实可与助长性治疗关系相提并论”（Lambert, 2011）。

出现矛盾结果和矛盾解读，可能有两方面的原因。一方面是心理治疗的过程–效果研究共有的方法学问题，使得设计和实施高水平的实验研究来检验罗杰斯的假设比较困难。据克欣鲍姆和乔丹的归纳，评论者指出的方法学上的主要问题是：（1）相关研究中的治疗师常常只提供了最低水平的核心条件；（2）罗杰斯的假设是三个条件都必须被当事人知觉到，只研究一个或两个条件，或者只使用观察者或治疗师的评估，均是不恰当的检验（Kirschenbaum & Jourdan，2005）。另一方面的原因可能是评论者的偏见。帕特森曾指出（Patterson，1984），评论者在偏见的支配下有选择性地强调一些证据，而忽视另一些证据。

治疗关系的作用实在是一个太重要的问题。美国心理学会的几个相关分会在过去20年里先后三次任命专门工作组，以系统整理一段时间内学界取得的实证研究资料的方式，试图得到最权威可靠的回答（Norcross, 2002, 2011; Norcross & Lambert, 2018）。1999年，美国心理学会的第29分会（心理治疗分会）任命“实证支持的治疗关系”（Empirically Supported Therapy Relationships）工作组；2009年，第29分会和第12分会（临床心理学分会）合作，任命“循证治疗关系”（Evidence-based Therapy Relationships）工作组；最近，第29分会和第17分会（咨询心理学分会）又合作组建“循证治疗关系与回应性”（Evidence-based Relationships and Responsiveness）工作组。每次的结果都分别发表在《心理治疗》（*Psychotherapy*）杂志和一部专著《有效的治疗关系》（*Psychotherapy relationships that work*）[1]中。

最新一次的工作组报告发表在2018年第四期《心理治疗》上。从结果来看，同感、无条件积极关注、真诚一致分别可解释治疗效果变异量的8%、2%和5%（2011年的相应的结果分别为9%、7%和6%）（Elliott, Bohart, Watson, & Greenberg, 2011; Elliott, Bohart, Watson, & Murphy, 2018）。

此外，有一项质性元分析（Levitt, Pomerville, & Surace, 2016）提供了对助长条件作用机制的理解。这项元分析包括109个对当事人体验的质性研究。这项元分析的结果之一是，发现关怀、理解、接纳（积极关注）的治疗师使得当事人能产生一系列改变，共有

1 三版书的书名略有不同。

四个方面：真诚的关怀使当事人感到被肯定并积极表露脆弱的感受，而过度卷入会限制其自主感；被深深地理解和接纳（共情、积极关注）有助于当事人无防御地投入于自我反思之中，提升自我觉察；当事人内化了接纳（积极关注）的治疗师，不仅在治疗中发生改变，而且在治疗外的人际关系中创造改变；当事人未被倾听到、被误解或不被欣赏的感受会威胁到治疗同盟。

心理治疗研究中，一个非常受关注的领域是所谓“共同要素”的研究。共同要素理论建立在一个假说上：不同心理疗法都是有效的，这是因为它们存在一些共同要素。正是这些共同要素导致了当事人的改变（江光荣，2012）。在目前已知的心理治疗共同要素中，治疗关系得到了最多的研究支持，而助长条件又是治疗关系中得到最多实证支持的因素（Lambert, 2011; Wampold & Imel, 2015）。

总的来说，多于半个世纪的研究证据表明，虽然罗杰斯的条件公式因为研究设计和实施上的困难而无法理想化地做出检验，因而无法回答是否为充分必要条件，但毫无疑问，它们是导致当事人改变的极为重要的条件！

人本取向心理咨询与治疗的未来：世界和中国

美国人本取向心理治疗衰微原因再探

要预测人本取向心理治疗的未来，须先理解它的过去和现在。人本取向治疗在美国的衰微，是过去30年间的一个重要事实。笔者觉得，学界对这个事实一直缺乏正面、系统的解读。本章第一节，我们谈到人本主义心理学的衰落，谈到以人为中心治疗作为人本主义心理学衰落的一部分。这个角度提示了一个社会思潮方面的原因：人本主义作为一种不合时宜的思潮，连累以人为中心心理治疗遭到冷遇。但这个角度只是原因之一，甚至未必是主要原因。除此而外，笔者认为人本取向心理治疗的衰微还有三大原因。

第一个原因是整合、折中主义流行的影响。心理治疗领域流派纷呈的局面到20世纪70年代达到顶峰，80年代至90年代以后，虽然还有零星的新疗法出现，但潮流已经从“分”转为“合”了。整合、折中治疗对传统理论流派其实是一种寄生关系。一方面整合、折中吸走了大百分比的心理治疗师，这使得纯粹的传统疗法治疗师大幅减少；另一方面整合和折中治疗本身的创新性较弱，尤其是所谓折中主义，离开“寄主”流派的理论和实践，它就成了无本之木。笔者有个比较极端的揣测：过去30多年来心理治疗领域“无破无立”，守旧沉闷的局面，大半跟整合、折中盛行有关。话说回来，整合、折中潮流影响的不是人本取向一家，人本取向只是“与有损焉”。从美国心理学会历年的从业者理论取向统计可看出，在20世纪80年代到新千年后一段时间里，所有单一理论取向的选择百分比不断下降，只有折中取向不断上升（Lichtenberg et al., 2018; Norcross &Karpiak, 2012; Norcross & Rogan, 2013），这便是明证。

第二个原因是循证心理治疗的影响。循证心理治疗[1]起于20世纪90年代。它的出现受了美国“管理医疗”运动的影响（杨文登，2010）。管理医疗从制度上收回了对医生的信任，改变了传统医疗中一切医生说了算的旧例。其核心特点有二：一是“循证”，要求治疗应基于有科学证据支持的优选方案；二是标准化，每个病的治疗方案由业内取得共识的手册或指南载明。循证心理治疗是在心理治疗服务纳入普通医疗保健体系的背景下，心理治疗界不得不从的选择。但循证治疗对传统心理治疗的诸多特性构成挑战。其中最根本的是从“人”的服务，转到治“病”。这一转变使得许多心理治疗师觉得别扭，觉得削足适履。说到以人为中心治疗，

1　这个汉语名称对应着多个英文版本，例如，Empirically Supported Treatment(EST), Evidence-Based Treatment(EBT), Evidence-Based Practice(EBP)，等等（Kazdin, 2004）。当前，美国心理学会的正式叫法是“Evidence-Based Practice in Psychology”(EBPP)，直译应为“循证心理实践”。

在适应循证治疗新形势时，它明显落后于其他疗法。以人为中心疗法的反医学化，拒绝诊断，在治疗关系中摒斥权威主义，反技术，这些基因在在都跟循证治疗"对着干"。这使得它落落寡合地掉在"循证"队伍的后头。例如，在美国心理学会临床心理学分会公布的循证疗法清单里，至今找不到冠有"当事人中心"或"以人为中心"的疗法。幸亏有两项情绪聚焦疗法（"抑郁症情绪聚焦疗法"和"情绪聚焦夫妻治疗"）厕身其中[1]，不然人本－体验阵营就剃光头了。

第三个原因是以人为中心取向在政治和组织策略上的失误。一个学术领域的发展，并不纯粹由科学事件组成，其间社会学甚至政治学因素往往扮演重要角色。以此角度观察心理治疗领域，你会发现成立学术组织，发展会员，树立品牌形象，组织例行国内国际会议，出版学术刊物，游说公共部门，是良好发展的理论流派的共同特征。与所有现代心理治疗流派不同，以人为中心流派在罗杰斯在世的大部分时间里，严重忽视了这些学术经营工作，直到1986年，才在凯恩等人的推动下，开始组织学术会议（数月后罗杰斯就去世了），出版学术刊物（见前）。有鉴于此，一些学者对人本取向的发展提出建议（Angus, Watson, Elliott, Schneider, & Timulak, 2015）：（1）人本主义取向各流派的研究者建立同盟；（2）与心理动力取向、系统取向的同行，以及心理健康服务方面其他可能的同盟者建立良好关系；（3）与认知行为疗法的研究者建立联系；

1 https://www.div12.org/treatments/

(4) 以强有力的科学依据游说科学基金评审组织和主持发展全国心理健康治疗指南的小组。

人本取向心理治疗发展预期

依以上对人本取向心理治疗衰微原因的探析，结合前述人本取向在美国和世界范围的发展现状，我们对人本取向心理治疗未来的发展可以有怎样一个预期呢？以下是笔者的几点看法：

首先，以人为中心理论的基础理论，尤其是关于人的成长潜能的信念，关于助长条件及其作用的理论，将继续保持影响力。而另有一些理念和实践特点将失去吸引力。

不计入折中主义，当代心理治疗在基本取向上呈现一种三足鼎立的局面，分别是心理动力学阵营、人本–存在阵营，以及认知–行为阵营。这局面已经存在超过半个世纪，至今没有改变的迹象。各阵营的理论基础其实是一些公理性的假设，并非科学事实。其中最核心者，是关于人性的假定。奥尔波特曾经提炼三家的人性假定为：反应性的存在——行为主义取向，深层的反应性存在——心理动力学取向，以及自发自主的存在——人本主义取向（Allport, 1968；江光荣，林孟平，2003）。依笔者的看法，人是复杂、多面的存在，三家所见，各有得失，如果综采三家之说，庶几更接近真相。如果这个认识不错，那么人本–存在取向的人性假定，以及基于假定的理念和主张，就会继续保持其对大量实践者和研究者的吸引力；并且在助人理论与实务的创新上，持续提供灵感的源泉。具体一些来说，笔者认为，在三家理论中，唯人本理论强调人内在的、指向成长和发展的潜能。正是这一条，使得人本理论不能被取消，不会被替代；也正是这一条，使得它成为已有创新的依恃，未来创新的源泉。

与此同时，经典以人为中心疗法的某些理念和实践特点将渐渐失去吸引力，仅由少数经典以人为中心疗法实践者所保有。其中最主要的两点，就是非指导和非结构。从前面笔者关于指导和非指导争论中存在的问题的分析可知，指导未必一定妨碍当事人自主性和内在潜能的发挥。结构性也是同一个道理。换个角度来看，对非指导非结构的机械坚持，严重地束缚了咨询师的手脚，使得任何有所作为成为不可能，其中也包括那些促进当事人内在潜力发挥的策略。

其次，人本－体验阵营将在大致保持当前格局的前提下，继续稳定地存在，在较近的一段时间内，还会有所成长，尤其是在此阵营原来发展比较落后的国家和地区（比如中国）。其中，经典以人为中心疗法将继续萎缩，但会维持一个小比例的存在；以情绪聚焦疗法为首的体验疗法将继续扩大领土；更新一些的创造将陆续出现。但人本阵营出现大一统的整合或者新的“中心”的可能性很小。

对人本阵营整体发展做出这个比较保守的估计，是基于对整个心理治疗行业的判断。事实上，笔者认为这个估计不仅适用于人本取向，也适用于所有心理治疗流派。这是因为当代心理治疗从进入新千年以后，就一直在悄悄出现一个“去流派化”的趋势。请看看以下现象：严格自守在某个传统疗法中的咨询师越来越少；许多新创的小型疗法没有“流派标签”；学院里早已把理论流派列为选修课；基于理论流派的研究越来越让位于基于障碍或人群的研究……是不是感觉到了“去流派化”的脉动？

第三，各种人本取向的疗法会逐渐跟上循证治疗的潮流，用实证研究表明自己对一个个具体疾病的疗效。循证治疗的研究投入较大，而且需要合作。因此，这方面落后的局面不会出现戏剧性的改变，但随着积累的增加，尤其是执业压力的增大，研究是会跟上去的。另一方面，在人本咨询的过程－效果研究领域，会有新一代的研究揭示治疗关系的疗效成分和作用机制，而这些研究会持续地从罗杰斯的思想中获得灵感或刺激。

第四，人本阵营的国际性交流和合作会有所加强。由于当前人本取向的主阵地在欧洲尤其是英国，未来各种有关人本取向的学术活动也会集中在欧洲。

人本取向心理咨询在中国的发展展望

人本取向心理咨询在中国会有发展空间吗？老实说，这是一个挺不容易回答的问题。笔者捋出来几条线索，看看我们会有什么答案。

首先，我们看看心理服务市场的情况。中国在未来一段时间内，心理健康服务的需求会是一个持续释放、市场巨大的局面。

这决定了各种心理咨询与治疗体系都有较大发展空间，相互之间的竞争压力比较小。因此，某个特定理论流派是否有发展现实性，主要不取决于竞争，而取决于它是否适应中国市场的需求。

其次，我们看看人本取向在中国文化中的契合性。笔者个人的意见是，以人为中心理论与中国文化之间，存在一种比较奇特的契合情况：一方面，以人为中心的基本理念和方法，与中国文化的一致性比较低。例如，中国文化对人的本性的看法，虽然有所谓性善说，但实际上缺乏信任，因此非常强调教化；中国文化重视的是社会价值，排斥个人主义；中国文化下比较容易接受有等级的社会关系，不习惯平等的人际文化；中国文化非常能够接受指导、教育，比较不习惯放任受教育者自我选择。所有这些，都暗示着以人为中心的理念和态度与中国文化格格不入。但另一方面，中国当事人的心理问题和在治疗关系中的反应倾向，例如过度的“超我”“心口不一”的人格特点，“求教”式的咨询态度等等，又往往正是由这种集体主义文化孕育出来。因而人本主义治疗的风格和作用力，又正跟中国当事人的心理问题和求助倾向形成对冲。例如人本理论强调回归人的本性，重视接纳自己真实经验的治疗取向，很可能是治疗中国人人格异化的一剂良药。这种矛盾的契合情况，逻辑上难以预测人本取向在中国的“疗愈力”。

因此再来看第三点，实践中人本取向咨询和治疗的被认可度。我们从咨询师和当事人两方面分别来看。本章前面介绍人本取向在中国的发展情况时，提到在两个全国性调查中，以人为中心疗法的使用频率分别排在第四位（吴波，2012）和第五位（刘晓敏等，2013），排在认知疗法、认知行为疗法、理性情绪疗法和精神分析疗法之后。看起来这跟国际上的排序情况差不多。如果考虑到另一个情况——人本取向治疗在中国起步晚，规模小，我们的估计还可乐观一些。至于当事人方面的认可度，我们目前没有相关的数据。有一个非系统的观察，笔者了解国内一所大学咨询中心，该中心人本取向咨询师约占50%，中心的个案平均咨询次数为4.6（该中心主要为本校学生服务，限定免费咨询次数为6次）。这个数值高于全国高校的平均值，提示该中心的咨询（含人本取向）是受欢迎的。

最后，还可从学习者对人本取向的选择意愿来看看人本取向的发展前景。中国心理学会临床与咨询心理学专业委员会人本学组所举办的“人本主义心理咨询与治疗连续培训项目”，可能是国内目前最有代表性的培训项目。这个培训课程自2016年开办以来，报名学习者相当踊跃。原计划每年开办一期，到2018年已经改为每年开办两期。

所以，综合以上分析，笔者推测，人本取向心理咨询在中国将会迎来一段比较快速的成长期，无论在专业水平，体量规模，还是业界影响力，都会出现加速上升的态势。

现在该给我们这个探索罗杰斯和人本心理治疗的旅程画上句

号了。本版修订一开始，就决定要保留第一版的结尾，因为它是罗杰斯最后的文章中的一段，今天读来，我仍然觉得感动：

> 我打开录像机，观看一个月前那次示范会谈的录像。我发现自己又置身于那动人心魄的关系之中。那种近乎神秘的“结对”，那种令人敬畏的过程，它让当事人挣扎着奋起，去实现，去“是”他那潜藏的陌生的真我。它让我进入一个受困的灵魂，倾听那由衷又陌生，有泪又有笑的倾诉，它让我执着他的手，合着他的步子，伴他认识他是谁。……呵，做一个治疗师真好！（Rogers, 1987）

后记

写这本有关罗杰斯的书，本为应命而作。接下任务后，放了很长时间一直没有动笔。其中原因，除了搜求资料和其他事情耽搁之外，在如何组织、安排重点及写作角度方面也很费踌躇。以下交代当时的两点主要考虑。

此套丛书冠名“20世纪西方心理学大师述评”，顾名思义，该书的写法该是“述”和“评”。“述”比较好办，费思量的是“评”以及“评”和“述”的关系。最后决定采取现在的处理方式，即在前面各章以述为主，夹以少量评议。以述为主是为了介绍一个原原本本的罗杰斯，夹以评议是为了让读者对所涉的某些主题扩宽或加深一些了解，最好是能够超出读罗杰斯原著时从表面上所得到者。然后在最后安排一章专门的评论[1]。事实上这一章又分为两部分，一部分是对罗杰斯学术思想的渊源关系做一番考察，另一

1 初版最后一章主要内容在现版第九章。

部分是对以人为中心理论的评论和评价。中国古人读经，有所谓“我注六经”和“六经注我”两种做法。“六经注我”者，非大学问、有主张者不能为也。所以全书无论是“述”是“评”，都还是取“我注罗杰斯”的态度。

第二个考虑的问题是如何既突出罗杰斯的主要贡献，又勾画出一个完整的罗杰斯。罗杰斯的学术和思想涉及人性观、人格理论、人际关系理论、心理治疗理论，以及家庭、教育、社会团体等多个方面。但我以为他的主要建树还是在心理治疗领域。所以内容的组织上把治疗理论放在了中心地位。好在罗杰斯的体系有很强的内在逻辑，并且治疗理论的确也是罗杰斯本人最为着重的地方，所以现在全书的安排看来还算连贯和紧凑。突出治疗部分的另一个用意是希望它能够对研习心理治疗，尤其是研习当事人中心治疗的读者有较多的帮助。

写作过程相当顺利。这得感谢香港中文大学丰富的藏书和文献，以及可以心无旁骛读书写作的环境。所以写这本书是一段相当不错的经验。

也许从基础心理学理论建树的角度看，罗杰斯并不是很重要。即使就跟他关系密切的人本心理学而言，另外几位人本主义的心理学家如马斯洛和奥尔波特在理论上的贡献可能超过了他。应该说罗杰斯不是一个太热衷理论的人。罗杰斯之重要在于心理治疗。在80年代初和90年代初分别有人做过调查，了解在美国的临床心理学家心目中，谁对当代心理治疗的贡献和影响较大。两次都是罗杰斯拔了头筹。然而在中国心理学界，罗杰斯受到的待遇却不怎么样。大致情形是，大家都知道罗杰斯，却没有什么认真的介绍，更谈不上研究。罗杰斯的著作仅有《论成为一个人》在台湾地区被译成了中文。在世界上的华人地区，有那么多的心理学者在从事或学习心理治疗，其中更有不少人专治当事人中心的治疗，对罗杰斯缺少专门介绍和研究不能不说是件美中不足的事。希望这本书对此有一点补救。

今年2月路过洛杉矶，在华人心理学家李绍昆、张宝蕊夫妇的安排下，本计划去参观罗杰斯在拉霍亚（La Jolla）的故居，不巧那里临时关闭，而天又下大雨；而原定跟罗杰斯女儿Natalie Rogers见面的安排也因她感冒住院而作罢，留下不少遗憾。就在写这篇后记的时候，收到Natalie的一封电子邮件，告知她们正在筹备于2002年卡尔·罗杰斯百年诞辰时在加州大学圣迭戈分校开一个纪念性的国际学术讨论会。会议暂名为“罗杰斯百年诞辰纪念：他的一生，我们的工作，全球视野”（Honoring 100 Years of Carl R. Rogers: His Life, Our Work, A Global Vision）。希望届时可以弥补上次的遗憾。

江光荣

2000年8月1日

于香港中文大学

二版后记

本书台湾版后记记录了当时写作的一些情况。我决定一字不改地保留它，既是记录，也带点个人纪念的意思。

江光荣

2020 年 2 月 14 日

于武汉江夏汤逊湖家中

参考文献

Allport, G. W. (1968). Psychological models for guidance. In G. W. Allport (selected essays), *The person in psychology*. Boston: Beacon press.

Anderson, R. & Cissna, K. N. (1997). *The Martin Buber-Carl Rogers Dialogue: A new transcript with commentary.* Albany: State University of New York Press.

Angus, L., Watson, J. C., Elliott, R., Schneider, K., & Timulak, L. (2015). Humanistic psychotherapy research 1990-2015: From methodological innovation to evidence-supported treatment outcomes and beyond. *Psychotherapy Research, 25*(3), 330-347.

Angyal, A. (1941). *Foundations for a science of personality.* New York: Commonwealth Fund.

Ash, M. G. (1995).*Gestalt psychology in German culture, 1890-1967: holism and the quest for objectivity.* New York: Combridge University Press.

Barrett-Lennard, G. T. (1962). Dimensions of therapist response as causal factors in therapeutic change. *Psychological Monographs.* 76(43), 1-36.

Berrineau, P. (1990). Chicago revisited: An interview with Elizabeth Sheerer. *Person-Centered Review,5*(4), 416-424.

Binswanger, L. (1958). The case of Ellen West. In R. May, E. Angel, & H.F. Ellenberger (Eds.), *Existence: A new dimension in psychiatry and psychology*. New York: Basic Books.

Bohart, A. C., Elliott, R., Greenberg, L. S., & Watson, J. C.(2002). Empathy. In J. C. Norcross.(Eds). *Psychotherapy relationships that work: Therapist contributions and responsiveness to patients. 89-108.* Oxford University Press.

Bozarth, J. (1990). The essence of client-centered therapy.In G. Lietaer, J. Rombauts, and R. Van Balen, (Eds.), *Client-centered and experiential psychotherapy in nineties*. Leuven: Leuven university press, 59-64.

Brodley, B. T. (2011). Some observations of Carl Rogers' behavior in therapy interviews. In D. A. Moon, M. Witty, B. Grant, & B. Rice, (Eds.), *Practicing client-centered therapy: Selected writings of Barbara Temaner Brodley*. Herefordshire, UK: PCCS BOOKS.

Bronowski, J. (1956). *Science and human values.*New York: Harper Torchbooks.

Brown, D and Brooks，L. (1996). Introduction to theories of career development and choice. in D. Brown and L. Brooks et al., *Career choice and development*. San Francisco: Jossey-Bass.

Cain, D. J. (1987a). Our international family.*Person-Centered Review, 2*(2), 139-149.

Cain, D. J. (1987b). Carl Rogers: The man, his vision, his impact. *Person-Centered Review, 2*(3), 283-288.

Cain, D. J. (1990a). Celebration, reflection and renewal: 50 years of Client-Centered Therapy and beyond. *Person-Centered Review, 5*(4), 357-363.

Cain, D. J. (1990b). Person-Centered Review: 1986-1990. *Person-Centered Review, 5*(4), 492-493.

Collin, A. & Young, R. A. (1986). New directions for theories of career.*Human Relations, 39*, 837-858.

Combs, A. W. (1978).Humanism, education and future.*The Education Digest*, April, p. 16-17.

Combs, A. W. (1990).Toward a viable psychology of meaning.*Person-Centered Review, 5*(4), 449-463.

Cook, J. M., Biyanova, T., & Coyne, J. C. (2009). Influential psychotherapy figures, authors, and books: An Internet survey of over 2,000 psychotherapists.*Psychotherapy: Theory, Research, Practice, Training, 46*(1), 42-51.

Coulson, W. and Rogers, C. R. (1968).*Man and the science of Man*. Columbus, Ohio: Charles E. Merrill.

Davis, D.C. (1971). *Model for a humanistic education: the Danish Folk Highschool*. Columbus: Charles E. Merrill.

Decarvalho, R. J. (1991). *The founders of humanistic psychology*. New York: Praeger Publishers.

Deci, E. (1975). *Intrinsic Motivation*. New York: Plenum.

Dewey, J. (1906). *The school and the child*. Blachie.

Dolliver, R.H. (1995). Carl Rogers's personality theory and psychotherapy as a reflection of his life experience and personality, *Journal of Humanistic Psychology, 35*(4), 111-128.

Elliott, R., & Farber, B. A. (2010). Carl Rogers: Idealistic pragmatist and psychotherapy research pioneer. In L. G. Castonguay, J. C. Muran, L. Angus, J. Hayes, N. Ladany & T. Anderson (Eds.), *Bringing psychotherapy research to life: Understanding change through the work of leading clinical researchers* (pp. 17-27). Washington, DC: American Psychological Association.

Elliott, R., & Friere, E. (2007). Classical person-centered and experiential perspectives on Rogers (1957). *Psychotherapy: Theory, Research, Practice, Training, 44*(3), 285-288.

Elliott, R., Bohart, A. C., Watson, J. C., & Greenberg, L. S. (2011). Empathy. In J. C. Norcross (Ed.), *Psychotherapy relationships that work: Evidence-based responsiveness* (2nd ed., pp. 132-152). New York: Oxford University Press.

Elliott, R., Bohart, A. C., Watson, J. C., & Murphy, D. (2018). Therapist empathy and client outcome: An updated meta-analysis. *Psychotherapy, 55*(4), 399-410.

Elliott, R., Greenberg, L. S., Watson, J., Timulak, L., & Freire, E. (2013). Research on humanistic-experiential psychotherapies. In M. J. Lambert (Ed.), *Bergin and Garfield's handbook of psychotherapy and behavior change* (6th ed., pp. 495-538). Hoboken,

New Jersey: John Wiley & Sons Inc.

Ellis, A. (1959). Requisite conditions for basic personality change. *Journal of Consulting Psychology*, 23, 538-549.

Evans, R. (1975). *Carl Rogers: The man and his ideas*. New York: E. P. Dutton.

Evans, R. I. (1981). *Dialogue with Carl Rogers*. New York: Praeger Publishers.

Gendlin, E. T. (1996). *Focusing-oriented psychotherapy: A manual of the experiential method*. New York: Guilford Press.

Giorgi, A. (1987). The crisis of humanistic psychology. *Humanistic Psychologist, 15*(1), 5-20.

Goldman, R. N., Angus, L., & Safran, J. D. (2010). Leslie Greenberg: Emotional change leads to positive outcome. In L. G. Castonguay, J. C. Muran, L. Angus, J. Hayes, N. Ladany & T. Anderson (Eds.), *Bringing psychotherapy research to life: Understanding change through the work of leading clinical researchers* (pp. 185-195). Washington, DC: American Psychological Association.

Goldman, R. N., Greenberg, L. S., & Angus, L. (2006). The effects of adding emotion-focused interventions to the client-centered relationship conditions in the treatment of depression. *Psychotherapy Research*, 16(5), 537-549.

Goodyear, R., & Watkins, E. C. Jr.(1983). C. H. Patterson: The counselor's counselor. *The Personnel and Guidance Journal*, 61(10), 592-597.

Greenberg, L. S., & Watson, J. C. (1998). Experiential therapy of depression: Differential effects of client-centered relationship conditions and process experiential interventions. *Psychotherapy Research*, 8(2), 210-224.

Greenberg, L. S. (2011). *Emotion-focused therapy*. Washington, DC: American Psychological Association.

Heidegger, M. (1968). *What is called thinking*? New York: Harper Torchbooks.

Honos-Webb, L., & Stiles, W. B. (1998). Reformulation of assimilation analysis in terms of voices. *Psychotherapy: Theory, Research, Practice, Training, 35*(1), 23-33.

Hoshmand, L. (1989). Alternate research paradigms.*The Counseling Psychologist, 17*, 3-80.

Ivey, A. E. & Simek-Downing, L. (1980). *Counseling and psychotherapy: Skills, theories, and practice*. N. J.: Prentice Hall.

Kirschenbaum, H. & Henderson, V. L. (1989a). *The Carl Rogers Reader*. Boston: Houghton Mifflin company.

Kirschenbaum, H. & Henderson, V. L. (1989b). *Carl Rogers: Dialogues*. Boston: Houghton Mifflin company.

Kirschenbaum, H.(1979). *On becoming Carl Rogers*. New York: Delacorte.

Kirschenbaum, H.(2007). *The life and work of Carl Rogers*. Alexandria, VA: American Counseling Association.

Kirschenbaum, H., & Jourdan, A. (2005). The current status of Carl Rogers and the person-centered approach. *Psychotherapy: Theory, Research, Practice, Training, 42*(1), 37-51.

Kohanski, A. S. (1975). *An analytical interpretation of Martin Buber's I and Thou.* New York: Barron's Educational Series.

Kramer, R. (1995). The birth of client-centered therapy: Carl Rogers, Otto Rank, and "The beyond", *Journal of Humanistic Psychology, 35*(4), 54-110.

Kutash, I. and Wolf, A. (1986). *Psychotherapist's casebook.* Jossey-bass.

Lambert, M. J. (2011). Psychotherapy research and its achievements. In J. C. Norcross, G. R. Vandenbos & D. K. Freedheim (Eds.), *History of psychotherapy: Continuity and change* (pp. 299-332). Washington, DC: American Psychological Association.

Lambert, M. J., Dejulio, S. S., & Stein, D. M. (1978). Therapist interpersonal skills: Process, outcome, methodological considerations, and recommendations for future research. *Psychological Bulletin, 85*(3), 467-489.

Levent, R. & Shlien, J. M. (1984).*Client-centered therapy and the person-centered approach.* New York: Praeger.

Levitt, H. M., Pomerville, A., & Surace, F. I. (2016). A qualitative meta-analysis examining clients' experiences of psychotherapy: A new agenda. *Psychological Bulletin, 142*(8), 801-830.

Lichtenberg, J. , Hutman, H., & Goodyear, R.. (2018). Portrait of counseling psychology: Demographics, roles, activities, and values across three decades. *The Counseling Psychologist, 46*(1), 50-76.

Lieberman, E. J. (1985). *Acts of will: The life and work of Otto Rank.* New York: Free Press.

Maslow, A. H. (1954). *Motivation and Personality.*New York: Harper & Row.

May, R. (1982). The problem of evil: an open letter to Carl Rogers, *Journal of Humanistic Psychology, 22*(3), 10-21.

Milgram, S. (1969).*Obedience to authority.* New York: Harper & Row.

Modgil, S. & Modgil, C. (1987). *B. F. Skinner: Consensus and controversy*. Philadelphia: Falmer Press.

Natiello, P. (1987). The person-centered approach: from theory to practice. *Person Centered Review,2*(2), 203-216.

Natiello, P. (1990). The person-centered approach, collaborative power, and cultural transformation.*Person Centered Review,5*(3), 268-286.

Norcross, J. C. (Ed.). (2002). Psychotherapy relationships that work: Therapist contributions and responsiveness to patients. New York, NY: Oxford University Press.

Norcross, J. C. (Ed.). (2011). Psychotherapy relationships that work: Evidence-based responsiveness (2nd ed.). New York, NY: Oxford University Press.

Norcross, J. C., & Karpiak, C. P. (2012).

Clinical Psychologists in the 2010s: 50 years of the APA Division of Clinical Psychology. *Clinical Psychology Science and Practice, 19*(1), 1-12.

Norcross, J. C., & Lambert, M. J. (2018). Psychotherapy relationships that work III. *Psychotherapy, 55*(4), 303-315.

Norcross, J. C., & Rogan, J. D. (2013). Psychologists conducting psychotherapy in 2012: Current practices and historical trends among Division 29 members. *Psychotherapy, 50*(4), 490-495.

Partyka, R. (2010). Robert Elliott: Commitment to experience. In L. G. Castonguay, J. C. Muran, L. Angus, J. Hayes, N. Ladany & T. Anderson (Eds.), *Bringing psychotherapy research to life: Understanding change through the work of leading clinical researchers* (pp. 283-293). Washington, DC: American Psychological Association.

Passmore, J. (1967). Logical positivism. In P. Edwards (Ed.), *Encyclopedia of Philosophy* (Vol. 5). New York: Macmillan.

Patterson, C. H. (1973). *Theories of counseling and psychotherapy*. New York: Harper & Row.

Patterson, C. H. (1977). *Foundations for a theory of instruction and educational psychology*. New York: Harper & Row.

Patterson, C. H. (1984). Empathy, warmth, and genuineness in psychotherapy: A review of reviews. *Psychotherapy: Theory, Research, Practice, Training, 21*(4), 431-438.

Pervin, L. A. (1989). *Personality.* New York: Wiley.

Prouty, G., Van Werde, D., & Pörtner, M. (2002). *Pre-Therapy: Reaching contact-impared clients.* Ross-on-Wye: PCCS Books.

Raskin, N., Rogers, C., & Witty, M. . (2013). Client-centered therapy. In D. Wedding & R. J. Corsini (Eds.), *Current psychotherapies* (10th ed., pp. 95-150). Belmont: Books/Cole.

Rice, L. N. & Greenberg, L. S. (1993). Humanistic approaches to psychotherapy. In D. K. Freedheim(ed.), *History of Psychotherapy: A Century of Change* (pp. 197-224). Washington DC: American Psychological Association.

Rogers, C. R. (1951). *Client - centered therapy: Its current practice, implications, and theory,* Boston: Houghton Mifflin company.

Rogers, C. R. (1959). A theory of therapy, personality, and interpersonal relationships, as developed in the Client-centered framework. In S. Koch (Ed.), *Psychology: a study of a science,* (Vol. 3): *Formulations of the person and the social context.* New York: McGraw-Hill. 184-256.

Rogers, C. R. (1989a). A theory of therapy, personality, and interpersonal relationships, as developed in the Client-centered framework. In H. Kirschenbaum, & V. L. Henderson (Eds.) *The Carl Rogers reader*. Boston: Houghton Mifflin Company, 236-257.

Rogers, C. R. (1989b). Ellen West—— and loneliness, In H. Kirschenbaum, & V. L. Henderson (Eds.) *The Carl Rogers reader*. Boston: Houghton Mifflin Company, 157-168.

Rogers, C. R. (1942). *Counseling and*

Psychotherapy. Boston: Houghton Mifflin.

Rogers, C. R. (1951). *Client-centered therapy: Its current practice, implications, and theory*. Boston: Houghton Mifflin.

Rogers, C. R. (1957). A note on "The nature of Man", *Journal of counseling psychology, 4*(3), 199-203.

Rogers, C. R. (1958). The characteristics of a helping relationship.*Personal and guidance journal, 37*, 6-16.

Rogers, C. R. (1961). *On becoming a person*. Boston: Houghton Mifflin.

Rogers, C. R. (1967). Autobiography, in E. W. Boring and G. Lindzey (Eds.), *A history of psychology in autobiography*, Vol. 5, New York: Appleton-Century-Crofts.

Rogers, C. R. (1969). *Freedom to learn*. Columbus: Charles E. Merrill.

Rogers, C. R. (1970). *Carl Rogers on encounter groups*. New York, NY: Harper & Row.

Rogers, C. R. (1972). *Becoming partners: marriage and its alternatives*. New York: Dell.

Rogers, C. R. (1977). *Carl Rogers on Personal Power*. New York: Delacorte.

Rogers, C. R. (1982a). A psychologist looks at nuclear war. *Journal of humanistic psychology, 22*(4), 9-20.

Rogers, C. R. (1982b). Reply to Rollo May's letter, *Journal of Humanistic Psychology, 22(4)*, 85-89.

Rogers, C. R. (1983). *Freedom to learn for the 80's*. Columbus: Charles E. Merrill.

Rogers, C. R. (1985). Toward a more human science of the person.*Journal of Humanistic Psychology, 25*, 7-24.

Rogers, C. R. (1986a). A client-centered/ person-centered approach to therapy.In I. Kutash, and A. Wolf (Eds.), *Psychotherapist's casebook*. Jossey-Bass, 197-208.

Rogers, C. R. (1986b). Reflection of feeling and transference.*Person-centered review, 1*(4), 375-377.

Rogers, C. R. (1986c). The Rust Workshop: A Personal Overview. *Journal of humanistic psychology, 26*(3), 23-45.

Rogers, C. R. (1987). Client-Centered? Person-Centered? *Person-Centered Review, 2*(1), 11-13.

Rogers, C. R. (1989d).Some thoughts regarding the current presuppositions of the behavioral sciences. In H. Kirschenbaum and V. L. Henderson (Eds.). *The Carl Rogers Reader*. Boston: Houghton Mifflin.

Rogers, C. R. (1989e). The directive versus the nondirective approach. In H. Kirschenbaum, & V. L. Henderson (Eds.) *The Carl Rogers reader*. Boston: Houghton Mifflin, 77-87.

Rogers, C. R. (1989f). The necessary and sufficient conditions of therapeutic personality change. In H. Kirschenbaum, & V. L. Henderson (Eds.) *The Carl Rogers reader*. Boston: Houghton Mifflin, 219-235.

Rogers, C. R. and Sanford, R.C. (1989).

Client-centered psychotherapy, in H. I. Kaplan, and B.J. Sadock (eds.), *Comprehensive Textbook of Psychiatry, V.* Baltimore: Williams & Wilkins, 1482-1501.

Rogers, C. R. and Skinner, B. F. (1956). Some issues concerning the control of human behavior: A symposium. *Science, V. 124, N. 3231*, 1057-1066.

Rogers, C.R. (1973). My philosophy of interpersonal relationships and how it grew. *Journal of Humanistic Psychology, 13(2)*,3-15.

Rogers, C.R. (1980). *A Way of Being*, Boston: Houghton Mifflin.

Rogers, C.R. (1989c). Growing old: or older and growing, in H. Kirschenbaum, & V. L. Henderson (Eds.) *The Carl Rogers reader.* Boston: Houghton Mifflin.

Rogers, C.R. (1989g). This is Me. In H. Kirschenbaum and V. L. Henderson (Eds.). *The Carl Rogers Reader*. Boston: Houghton Mifflin.

Rogers, C.R., & Haigh, G. (1983). I walk softly through life. *Voices,19,6-14.*

Rogers, N. (1987). Last letter to my father. *Person Centered Review, 2*(3), 291-294.

Sahakian, W. S. (Ed.), (1969). *Psychotherapy and Counseling: Studies in Technique*, Chicago: Rand McNally & Company.

Sanders, P. (2004). Preface. In P. Sanders (Ed.).*The tribes of the person-centered nation: An introduction to the schools of therapy related to the person-centered approach.* Ross-on-Wye, UK: PCCS BOOKS.

Schultz, D. (1977). *Growth psychology: Models of the health personality.* New York: Van Nostrand Reinhold.

Skinner, B. F. (1948). *Walden Two.* New York: Macmillan.

Skinner, B. F. (1953). *Science and human behavior.*New York: Macmillan.

Smith, D. (1982). Trends in counseling and psychotherapy.*American Psychologist, 37,* 802-809.

Snygg, D. & Combs, A. W. (1949/1959). *Individual behavior: a new frame of reference for psychology.* New York: Harper & Bros.

Stiles, W. B. (2011). Coming to terms. *Psychotherapy Research, 21*(4), 367-384.

Stiles, W. B., Barkham, M., Mellor-Clark, J., & Connell, J. (2008). Effectiveness of cognitive-behavioural, person-centred, and psychodynamic therapies in UK primary-care routine practice: Replication in a larger sample. *Psychological Medicine, 38*(5), 677-688.

Tausch, R. & Tausch, A-M. (1980). *Verifying the facilitative dimensions in German schools-families-and with German clients.* Unpublished manuscript.

Thorne, B. (1992). *Carl Rogers.* London: SAGE publications.

Timulak, L., & Creaner, M. (2010). Qualitative meta-analysis of outcomes of person-centred/experiential therapies. In M. Cooper, J. C. Watson & D. Holledampf (Eds.), *Person-centred and experiential psychotherapies work* (pp. 66-91). Ross-on-Wye, United Kingdom: PCCS Books.

Truax, C. B. & Carkhuff, R.R. (1967). *Toward effective counseling and psychotherapy.* Chicago: Aldine.

Van Balen, R. (1990). The therapeutic relationship according to Carl Rogers: Only a climate? A dialogue? Or both?. In G. Lietaer, J. Rombauts and R. Van Balen (Eds.), *Client-Centered and experiential psychotherapy in the Nineties.* Leuven: Leuven University Press, 65-85.

Van Belle, H. (1980). *Basic intent and therapeutic approach of Carl Rogers*. Toronto: Wedge Publishing Foundation.

Walker, D. E. (1956). Carl Rogers and the nature of man, *Journal of counseling psychology, 3*, 89- 92.

Wampold, B. E., & Imel, Z. E. (2015). *The Great Psychotherapy Debate* (2nd ed.). New York: Routledge.

Warner, M. S. (2000). Person-centered psychotherapy: One nation, many tribes. *The Person-Centered Journal,* 7(1), 28-39.

Watson, N. (1984). The empirical status of Rogers's hypotheses of the necessary and sufficient conditions for effective psychotherapy, in R. F. Levent and J. M. Shlien (Eds.), *Client-centered therapy and the person-centered approach.* New York: Praeger, 17-40.

Young, M. E. (1993). Theoretical trends in counseling: A national survey. *Guidance and Counseling, 9(1),* 4-9.

Zimbardo, P.G., Bands, W.C., Haney, C., and Jaffee, D. (1973). The mind is a formidable jailor: A Pirandellian prison. *New York Times Magazine,* April 8, 1973.

Mearns, D., Thorne, B., & McLeod, J. (2013/2015). 以人为中心心理咨询实践（刘毅，译．第4版）．重庆：重庆大学出版社．

Merry, T. (1997). 人本心理学入门（郑玄藏，译）．台北：心理出版社．

Shaffer, J. B. P. & Galinsky, D. (1987). 团体治疗与敏感度训练（夏林清，麦丽蓉，译．）．台北：张老师出版社．

Sharf, R. (2008/2009). 心理治疗与咨询理论：概念与案例（董建中，译．第4版）．北京：中国人民大学出版社．

Wilkins, P. (2016/2017). 以人为中心疗法：100个关键点与技巧（辛志勇，顾冰，岑明颖等，译．第2版）．北京：化学工业出版社．

奥尔森，赫根汗．（2018）．人格心理学入门（陈会昌，苏玲，译．）．北京：中国人民大学出版社．

陈照雄．（1986）．当代美国人文主义教育思想．台北：五南图书出版公司．

冯友兰．（2013）．中国哲学简史（涂又光，译．）．北京：北京大学出版社．

弗洛伊德．（1986）．精神分析引论（高觉敷，译．）．北京：商务印书馆．

弗洛伊德．（1987）．文明及其缺憾（傅雅芳，郝冬瑾，译．）．合肥：安徽文艺出版社．

高申春，王栋.(2013).人本主义心理学：历史与启示.学习与探索，5，23—27.

格林伯格，L. S.(2011/2015).情绪聚焦疗法(孙俊才，郭本禹，译).重庆：重庆大学出版社.

龚耀先，李庆珠.(1996).我国临床心理学工作现状调查与展望.中国临床心理学杂志，4(1)，1—9.

吉伦，E.(2007/2016).人为中心疗法(方双虎等，译).北京：中国人民大学出版社.

江光荣，林孟平.(2003).三种人的本质观及其对心理治疗的影响，中国临床心理学杂志，11(2)，153—156.

江光荣.(1988).白板、野兽、天使：对人性的生物学基础的思考(硕士学位论文)，武汉：华中师范大学.

江光荣.(2012).心理咨询的理论与实务(第2版).北京：高等教育出版社.

江光荣.(1993).对人性的生物学基础的思考，教育研究，第6期.

凯恩，D. J.(2010/2012).以人为中心心理治疗(高剑婷，郭本禹，译).合肥：安徽人民出版社.

李绍昆.(1991).美国的心理学界.台北：商务印书馆.

林孟平.(1988).辅导与心理治疗.香港：商务印书馆.

林孟平.(2019).孟平的中国心与中国梦.载毕淑敏.与自我狭路相逢.北京：生活书店出版有限公司，iv-xv.

刘晓敏，曹玉萍，施琪嘉，姜长青，刘建新，魏虹，...张亚林.(2013).不同从业系统心理咨询师和心理治疗师的理论取向.中国心理卫生杂志，27(8)，578—582.

鲁艳桦，江光荣.(2012).心理治疗中的同化模型.心理科学进展,20(12),1—10.

马斯洛.(1987a).存在心理学探索(李文恬，译.).昆明：云南人民出版社.

马斯洛.(1987b).动机与人格(许金声等，译.).北京：华夏出版社.

邵瑞珍，皮连生.(1988).教育心理学.上海：上海教育出版社.

沈雪妹.(1997).罗杰斯与弗洛伊德理论与实践的比较研究(硕士学位论文)，武汉：华中师范大学.

吴波.(2012).我国心理健康服务方法的现状研究.(博士学位论文)，重庆：西南大学.

希尔，C. E.(2013).助人技术：探索、领悟、行动三阶段模式(胡博，等，译).北京：中国人民大学出版社.

许惠珠.(1987).人际关系的新天地：罗嘉思的人本教育.台北：张老师出版社.

杨文登.(2010).风险社会、管理医疗与循证心理治疗的兴起.青岛大学师范学院学报，27(3)，33—37.

赵梅.(2000).美国反文化运动探源，美国研究，1，68—97.